コーヒーと南北問題

「キリマンジャロ」のフードシステム

辻村英之

日本経済評論社

目　　次

序章　課題と方法 ……………………………………………………1

　第1節　南北問題論からフードシステム論までの論点整理　　1
　　1.　南北問題運動の終焉と開発経済論　1
　　2.　南北問題論と一次産品　3
　　3.　世界システム論と商品連鎖　4
　　4.　フードシステム論・アグリビジネス論と連鎖概念　6
　　5.　垂直的価格調整システムと途上国産一次産品・コーヒー　9
　　6.　不完全市場論と途上国・価格・品質　14
　第2節　「途上国産一次産品のフードシステム」の分析枠組　　16
　第3節　本書の構成と各章の課題　　22

第1部　タンザニアにおけるコーヒー豆の生産と流通

第1章　コーヒー生産者達の生活 ……………………………………30

　第1節　課題と方法　　30
　第2節　コーヒー畑の父系制分割相続　　33
　第3節　コーヒー販売と互酬性　　37
　第4節　コーヒー販売と医療　　40
　第5節　コーヒー販売と教育　　43
　第6節　コーヒー所得と農村開発　　46
　第7節　む　す　び　　52

第2章　構造調整政策の農村協同組合への影響 ……56
－コーヒー販売農協の危機－

第1節　問題意識と分析課題　　　　　　　　　　　　　　　56
第2節　構造調整政策下における組合育成手段の実態　　　　57
　1.　西欧型組合育成の実態：健全経営の追求　57
　2.　政府介入なき組合育成の実態　59
第3節　構造調整政策下における組合育成手段の影響　　　　60
　1.　全国の農村協同組合の概況　60
　2.　ルカニ協同組合の状況　61
第4節　む　す　び　　　　　　　　　　　　　　　　　　　68

第3章　コーヒー豆流通自由化と小農民・協同組合 ……71
－新しい流通・格付制度の影響－

第1節　問題意識と分析課題　　　　　　　　　　　　　　　71
　1.　コーヒー産業の歴史　71
　2.　コーヒーの流通制度の変容と自由化　72
　3.　本章・次章の分析課題　75
第2節　コーヒー豆流通の自由化の実態　　　　　　　　　　76
　1.　輸出制度の変容　76
　2.　流通制度の変容　77
　3.　自由化以後の流通制度と格付制度　78
第3節　流通自由化の小農民・協同組合への影響　　　　　　85
　1.　小農民への影響　85
　2.　協同組合への影響　88

第4章　新しい価格形成制度の現状と課題 ……93

第1節　はじめに：流通自由化と価格形成制度　　　　　　　93

第2節　農村における価格形成制度　　　　　　　　　　　　94

　　1. 2つの流通経路　94

　　2. 買付価格の変動　94

　　3. 民間経路における価格形成の仕組み　95

　　4. 組合経路における価格形成の仕組み　95

　　5. 農村における生産者価格低迷原因　96

第3節　競売所における価格形成制度　　　　　　　　　　　　97

　　1. 競売価格の変動　97

　　2. 競売価格形成の仕組み　97

　　3. 競売所における生産者価格低迷原因　100

第4節　生産者価格引き上げの課題　　　　　　　　　　　　　100

第5章　コーヒー産業の構造調整と品質管理問題 ……………105

第1節　問題意識と分析課題　　　　　　　　　　　　　　　　105

　　1. コーヒー豆の品質低下とその原因　105

　　2. 構造調整と品質管理　106

第2節　小農民による品質管理の実態　　　　　　　　　　　　108

　　1. コーヒー豆生産と農薬　108

　　2. 第1次加工と果肉除去機　110

第3節　流通業者による品質管理の実態　　　　　　　　　　　113

　　1. 差別的買付・支払制度の不全　113

　　2. 民間参入と品質管理の緩慢化　115

第4節　政府による品質管理の実態　　　　　　　　　　　　　117

　　1. 苗木生産計画の強化　117

　　2. 全国コーヒー投入財バウチャー計画　118

　　3. 農村部における品質管理　120

第5節　品質管理の課題　　　　　　　　　　　　　　　　　　122

　　1. 政府による品質管理の限界　122

2．流通業者による品質管理の限界　122

　　　3．小農民による品質管理の限界　123

　　　4．構造調整と品質低下　123

　　　5．低価格と品質低下　124

第6章　農村協同組合とコーヒー産業の最新事情 …………………127

　　第1節　農村協同組合の最新事情：新聞記事の整理　　　　　127

　　　1．協同組合危機の深化と政府の対応　127

　　　2．組合復興のための施策案　128

　　　3．組合復興と民間流通業者　130

　　　4．キリマンジャロ原住民協同組合連合会の事業改善　130

　　　5．新たな農村協同組合の役割　131

　　第2節　コーヒー産業の最新事情：新聞記事の整理　　　　　133

　　　1．コーヒー産業の現状と課題：年次会議の報告　133

　　　2．コーヒー産業の復興・自由化政策への批判　134

　　　3．国際価格の低迷と輸出留保制度　136

　　　4．日本への輸出の位置　137

　　第3節　ルカニ村の農村協同組合とコーヒー産業：現地調査報告　138

　　　1．コーヒー豆生産量の回復　138

　　　2．生産者価格の変動　138

　　　3．ルカニ協同組合の苦難　139

　　　4．ルカニ協同組合の役割　140

　　　5．コーヒー産業の未来　143

　　　　　　　第2部　タンザニア産コーヒー豆の貿易と消費国日本

第7章　コーヒー豆の輸出構造と価格形成制度 …………………148
　　　　－日本への輸出を事例として－

第1節　問題意識と分析課題　148
第2節　輸出量・輸出価格と日本の位置　150
　1．輸出量と輸出価格の変化　150
　2．主要輸出相手国と日本の位置　151
第3節　日本への輸出の経路と形態　153
　1．日本への国際流通経路　153
　2．大手総合商社による購入形態：ニチメン経路を中心に　154
第4節　支配的輸出経路における価格形成制度　156
　1．輸出価格・競売価格・先物価格の関係　156
　2．輸出価格形成の仕組み　156
　3．割増・割引額の程度　161
第5節　輸出価格形成制度の本質的問題と対応方向　162

第8章　日本におけるタンザニア産豆の輸入と消費　168
　－価格形成制度と南北問題－

第1節　はじめに　168
第2節　輸入数量・価格とタンザニアの位置　169
　1．90年代の日本におけるコーヒー消費の動向　169
　2．タンザニア産豆の輸入数量・価格の推移　172
　3．コーヒー消費動向におけるタンザニア産豆の位置　176
第3節　タンザニア産コーヒー豆の流通経路と価格形成制度　179
　1．流通経路の概要　179
　2．表示・ブランド・品質・規格　180
　3．流通価格形成の仕組み　182
第4節　生産者価格と消費者価格の格差と南北問題　187

第9章　先物市場における価格変動と生産者　194
　－タンザニア産コーヒー豆を事例として－

第 1 節　史上最低水準の先物価格：新聞記事の整理　194

第 2 節　先物価格とタンザニア小農民：現地調査報告　197

 1．先物価格低迷と日本の消費者価格　197

 2．先物価格低迷と生産者価格　197

 3．先物価格急落と流通業者　198

 4．先物価格低迷と生産者　199

 5．先物価格低迷への生産者の対応　200

 6．価格理論と生産者　201

第 3 節　ニューヨーク先物価格の変動要因　202

 1．各種の変動要因と「史上最安値」　202

 2．各種要因のウェイト：中長期的変動に関して　205

 3．各種要因のウェイト：短期的変動に関して　206

第 4 節　む　す　び　209

第 10 章　オルタナティブな価格形成制度の探究　212
　　－タンザニア産コーヒーのフェア・トレードの実践－

第 1 節　問題意識と分析課題　212

第 2 節　フェア・トレードの理念　213

 1．フェア・トレードの歴史　213

 2．フェア・トレードの原則　215

 3．フェア・トレードによる価格形成の仕組み　217

第 3 節　日本におけるタンザニア産コーヒー・フェア・トレード　218

 1．コーヒーのフェア・トレード　218

 2．タンザニア産コーヒーのフェア・トレード　219

第 4 節　タンザニアにおけるコーヒー・フェア・トレードの影響　222

 1．キリマンジャロ原住民協同組合連合会への影響　222

 2．単位協同組合・小農民への影響　226

 3．フェア・トレードの課題　228

結章　南北問題とコーヒー・フードシステム ……………………234
　　　－垂直的価格調整システムの不利さ－

　第1節　コーヒー産業と南北問題・構造調整政策　　　234
　第2節　農村段階における価格形成の不利さ　　　236
　　1.　品質情報の不完全性・非対称性と価格形成　236
　　2.　価格情報の非対称性と基準価格：不利さ①　236
　　3.　生産者の取引力と協同組合の弱体化：不利さ②　237
　　4.　価格の外部性と価格形成　238
　　5.　競争構造と価格形成　239
　　6.　価格カルテルと「フルコスト・マイナス」：不利さ③　240
　　7.　生産者を取り巻く経済・社会・文化条件と価格形成　241
　第3節　競売所段階における価格形成の不利さ　　　242
　　1.　品質情報の不完全性と加工工場・検査所の内部組織化　242
　　2.　品質情報の不完全性と競売所における企業内取引　242
　　3.　入札談合と購入競争制限：不利さ①　243
　　4.　基準価格と供給実勢：不利さ②　244
　　5.　競争構造と価格形成　244
　第4節　貿易段階における価格形成の不利さ　　　245
　　1.　品質情報と価格形成　245
　　2.　多国籍企業による企業内貿易：不利さ①　245
　　3.　日本向け輸出の競争構造と品質情報の不完全性　246
　　4.　フォーミュラ・基準価格と供給実勢：不利さ②　247
　第5節　基本価格・基準価格・「需要独占」　　　248
　　1.　ニューヨーク・コーヒー取引所の価格発見機能　248
　　2.　コーヒー・フードシステムにおける「需要独占」の力　250
　　3.　基準価格の国内化の重要性　252
　第6節　消費国日本における価格形成の不利さ　　　253

1. 生豆の価格形成：商社から焙煎業者へ　253
  2. 焙煎豆・コーヒーの価格形成：焙煎業者から小売店・喫茶店へ　254
  3. フェア・トレードの必要性とシステム疲弊　255
 第7節　「途上国産一次産品のフードシステム」の分析枠組確立を
　　　　めざして　256

あとがき：「ポスト構造調整」の萌芽　259
索　　　引　266

序章　課題と方法

第1節　南北問題論からフードシステム論までの論点整理

1. 南北問題運動の終焉と開発経済論

　発展途上国（南）と先進工業国（北）との間の経済的格差，そしてその格差がもたらす南北間の対立構造，いわゆる「南北問題」は，「東西問題」の融和とは対照的に，混迷状態を余儀なくされている．格差の原因（あるいは途上国で経済開発が進み難い原因）を，不平等な世界システムに求める低開発論（あるいはそれを論拠とする開発政策）が力を失い，途上国内部の非効率なシステムに求める近代化論（あるいはそれを論拠とする開発政策）が支配的になっているからである[1]．

　近代化論を論拠とする自由主義的な開発政策は，途上国の経済成長を促すが，その成果が自動的に貧困層まで浸透するわけではない．それを問題視した一部の近代化論者は，70年代後半にBHN戦略（人間の最低限の基本的ニーズを満たすことが開発目標）を重視するに至った．しかし80年代初めに世界銀行総裁やアメリカ大統領が交代した以降は，市場メカニズムを最大限に尊重する構造調整政策が支配的開発政策となっている[2]．同政策においては，市場メカニズムの恩恵を享受できる国や階層と，そうでない後発途上国や最貧層の格差を縮めるための，「政府や国際機構等の力による自由主義の秩序の修正」，または「先進国にとっての有利さの一部の放棄」，あるいは

「世界システムの変革」といった視点は，全く確認できない．

一方，低開発論者は，植民地時代に確立された途上国にとって不利な世界システム，特に途上国が生産特化した一次産品の劣悪な交易条件が，低開発の原因であるという認識の下で，1964年に国連貿易開発会議（UNCTAD）を創設した．途上国が結束し，先進国（あるいは先進国が主導する自由主義貿易機関のGATT（関税と貿易に関する一般協定））に対して，異議申し立てを行う機関である．途上国がUNCTADの場でめざしたのは，①一次産品価格の高め安定やその販路確保，②先進国からの開発援助，そして①と②で確保した資金を活用して輸入代替工業化（「モノカルチャー経済」（少数の一次産品に特化した経済構造）からの脱却）を進め，その結果，生産が可能となった，③途上国製品・半製品の販路の確保，である．さらに1974年の国連特別総会で，途上国が樹立要求した「新国際経済秩序（NIEO）」は，上記のUNCTAD三大政策を強化するとともに，「自国のあらゆる富，天然資源および経済活動」に対する恒久主権確立を宣言するものである．しかしながら，途上国が一致団結して先進国へ世界システム変革を迫る「南北問題運動」は，このNIEO樹立要求がピークであった．

一次産品価格の大幅な引き上げに成功したのは石油のみで，産油国と非産油国の大きな経済格差が生じてしまった．途上国製品の販路確保（特恵関税）を活用することで，NIEs（新興工業経済地域）諸国が輸出指向工業化に成功し，同じくその他の途上国との格差が生じてしまった．この途上国側の多様化，すなわち「南南問題」の出現により，途上国の利害が重ならなくなった（結束力が弱まった）のである．また先進国側も，経済的弱体化（世界不況や社会主義崩壊）に伴い，途上国に対する開発援助はもちろん，その他のUNCTADの要求に対しても，耳を傾ける余裕を失ってしまった．さらにアメリカ政府（レーガン政権以降）が主導したGATT立て直し戦略の下で，その対抗機関であるUNCTADは脇に追いやられたのである．

2. 南北問題論と一次産品

　この終焉に至った南北問題運動の主張（「南北問題論」），あるいは UNCTAD の政策の基礎になったのは，低開発論の中でも特に，「プレビッシュ・シンガー・テーゼ」と呼ばれる一次産品の対製造業製品交易条件悪化論である．それは主に，①一次産品需要の所得弾力性小，②一次産品国（「周辺」国）においては，技術進歩（生産性増大）が余剰労働力を増やし，労賃低迷と過剰生産を導いて一次産品価格を低迷させること，③工業国（「中心」国）においては，強力な労働組合の存在を主因として技術進歩が労賃上昇を導き，製造業製品価格が硬直化すること，の3要因によって説明される．

　特に要因②と③から読み取れるように，プレビッシュ・シンガー・テーゼは，「周辺」国と「中心」国の労働市場の特質がゆえに，技術進歩が両国における賃金水準の格差を拡大し，ひいては生産物価格の格差をも著しくすると主張する．その結果，「周辺」国の技術進歩の利益が，貿易を通じて「中心」国に奪い取られるという，不平等性（「周辺」国にとっての不利さ）が生じるととらえるのである[3]．

　しかしその議論は，西川が強調するように，「周辺」国経済の一次産品特化が，「中心」国経済の補完物として必然化したという，支配－被支配関係を無視している重大な欠陥があり，従属論をはじめとする経済自立の理論によってのり越えられていく[4]．

　以上のように，プレビッシュ・シンガー・テーゼを論拠とする南北問題運動においては，「周辺」国が生産特化した一次産品の交易条件の劣悪化が，低開発性の主因であり，それゆえ経済開発を進める上での最大の制約条件とされるのである．

　このように，世界システムが規定する経済開発の制約条件を重視するか否かが，低開発論と近代化論の本質的差異であると考えるが，以下で説明する世界システム論，そして本書においても，この制約条件の解明が最重要課題

の1つとなる．

3. 世界システム論と商品連鎖

　上記のプレビッシュ・シンガー・テーゼや従属論が活用する「中心」国－「周辺」国の概念を，発展的に継承する「世界システム論」，あるいはその創始者であるウォーラーステインは，「商品連鎖（コモディティー・チェーン）」という新しい概念を導入している．

　それは，「1つの最終消費品目（中略）に要する一連のインプット－先行する諸加工作業，原材料，輸送メカニズム，素材加工過程への労働のインプット，労働者への食料のインプット－」という，辿ることのできる「リンクした一連の過程」である[5]．

　この新しい概念の導入により見えてくる世界経済の新しい局面として，森田は以下の3点を挙げている[6]．

① 連鎖のそれぞれの環は，最終製品の生産過程（性格及び技術）によって規定（制約）されること．これは国際分業の非対称的性格という問題につながる．

② 連鎖の中に，世界的平均と比して資本集約的，高度な技術と賃金を特質とする「中心的」生産活動と，労働集約的，低度の技術と賃金を特質とする「周辺的」生産活動が存在すること．

③ 様々に性格の異なる，したがってその再生産様式を異にする労働が存在すること．「二重の意味で自由な賃金労働者」だけが，世界経済に統合されたわけではない．

　本研究の問題意識の下で重要なのは，①と②である．これらに関して森田は，自らが展開する生産様式接合論に結び付けて，以下のような具体的解釈を施している[7]．

　「この連鎖の構成及びその個々の環をなす生産物の価格，したがってそこでの労働報酬は，究極的には最終製品の生産の側から規定されると考えるこ

とができる．端的にいえば，「中心」-「周辺」間の商品連鎖には，「中心」の側からの需要独占の力が作用するのである．ウォーラースティンが，連鎖の個々の環にはたしかに需給関係（競争）が作用するが，それも「独占的な制約」によって操作されると述べているのは[8]，このことを指摘しているものといってよい．そして，この独占力が最も直接に働くのが，垂直統合（多国籍企業・国際下請・契約栽培）の場合であるのはいうまでもない．強調しておきたいことは，「周辺」の労働の世界市場における評価（すなわち労働報酬ないし賃金水準）は，このような関係によっていわば「外から」規定されるという点である」．

　すなわち世界システム論（森田による発展的解釈を含む）は，「中心」国経済の必要性の下で形成された「商品連鎖」の下では，「中心」国からの「需要独占」の力，いわば需要側の独占的，支配的な規定力，取引力がゆえに，「周辺」国の賃金・生産物価格が低く抑え込まれており，それゆえ一次産品をはじめとする「周辺」国産商品が，交易条件に恵まれないのだととらえる．上記の交易条件悪化論による「余剰労働力」→「賃金・生産物価格低迷」を要因とする貿易の不平等性の議論に対して，世界システム論は低い賃金・生産物価格水準にまで価格が抑え込まれてしまう原因を，「需要独占」という「支配-被支配関係」の視点により説明していると理解できよう．

　なお「商品連鎖」は，1つの最終消費品目からさかのぼって複数の原料生産に至る生産諸過程，さらには労働諸過程から成り，分業体系（労働の結合と分割）の分析を主要課題とするが[9]，本書で分析する「連鎖」は，原料用一次産品の生産から消費に至るまでのシステム構成主体による取引の調整が中心である．この取引調整における「需要独占」の力の作用の結果，不平等性（供給側にとっての不利さ）が生じるが，その分析を本研究の最重要課題の1つとする．またこの「需要独占」は，ミクロ経済学の「買い手独占」ではなく，需要側に位置する構成主体の強大な取引力による，「連鎖」に対する規定的作用を表現する，森田の造語であることに留意されたい．

4. フードシステム論・アグリビジネス論と連鎖概念

(1) 連鎖概念とアグリビジネス

　農業・食料経済論の分野においても，世界システム論の「商品連鎖」と同様，連鎖概念を重視する2つの理論が発展している．「アグリビジネス論」と「フードシステム論」である．

　「アグリビジネス」とは，ハーバード大学のデービスとゴールドバーグが，「今日の農業（Agriculture）と，過去に農業が持っていた機能が分化して発生した新しい商工業（Business）との相互に関連した機能を一括して言い表す必要性」[10]のために導入した，「農業への資材供給産業（製造および販売），農業，農産物の貯蔵，加工，販売にかかわる総ての産業を総計した」「全く新しい」「ある部分的な垂直統合概念」[11]である．

　近年，この「アグリビジネス」という用語は，上記の定義から離れ，多様な現象を表現するようになっていると言う[12]．しかし中野達が強調するように，アグリビジネス論の主流は，産業組織論的分析や産業連関分析であり，農業関連企業による「食料供給や食生活の支配・再編等，社会的・政治的側面」[13]の「構造的把握」，「実証的研究」に乏しい[14]．

　そこで中野は，アメリカの「新しい農業の政治経済学」（中でも農村社会学者のグループ）が，アグリエッタをはじめとするレギュラシオン論者による蓄積体制論の影響を受けて提起した「グローバル農業・食料体制（アグリフード・レジーム）」（「小麦コンプレックス」，「家畜コンプレックス」，「加工食品コンプレックス」の3つの「農業・食料（アグリフード）コンプレックス」を中軸とする）の分析枠組に注目する[15]．そして中野達は，そのグローバルな食料調達体制を「支配」する，大手多国籍農業関連企業の行動を主要な分析対象としている．それゆえ彼らにとっての「アグリビジネス」の定義は，「農業ないし農業に関連した商品やサービスの生産・加工・販売に関わる企業活動」の総称となる[16]．

この農業・食料コンプレックス論においては，単一の商品の垂直統合された生産・加工・流通過程を分析する「コモディティー・システム」アプローチを，フードシステムのグローバル化分析のために世界的，多角的に拡張した上で，その世界的規模での統合の立役者である超国籍企業を主要な分析単位とする[17]．すなわち巨大農業関連企業によるグローバル化の行動分析を最重要課題するが，同時にそのグローバル化，とりわけ世界的規模での統合化や支配化が，小農民や途上国に及ぼす悪影響の解明をも重視する．

　この巨大農業関連企業と小農民・途上国との連なり方の不平等性の解明，さらには国民国家を分析単位とする従来の理論に対する批判は，上記の世界システム論と共通，あるいはその影響を受けているところであり，本書においても引き継がれる．

(2)　フードシステムと評価基準

　一方「フードシステム」に関して，新山の説明によれば，一般的には「食料農水産物が生産され，消費者にわたるまでの食料・食品の流れ」と定義付けられ，「この流れは川にたとえられることが多く，農水産業（川上）から始まり，農水産物卸売業，食料品製造業，食品卸売業（川中）→食料品小売業，外食産業（川下）を経て，最終消費者（海ないし大きさの限られた胃袋としての湖）に流れ込むまで」が分析対象とされる．さらに新山自身は，マリオンとNC117委員会[18]によるフードシステム・サブセクターの定義からも影響を受け，「フードシステム」を「食料品の生産・供給，消費の流れにそった，それらをめぐる諸要素と諸産業の相互依存的な関係の連鎖」としてとらえている[19]．

　高橋は「フードシステム」という新しい概念が不可欠である理由を，以下のように説明している．「「食」≒「農」（素材としての農産物がほぼ同じ姿で各家庭で調理）」という時代においては，「「食料問題」≒「農業問題」というフレームで食料問題に対処」できたが，「「食」と「農」の距離が大きくかけ離れ」（「食」←食品製造業者　食品流通業者　外食産業者→「農」），「「食」≠

「農」となった(「素材としての農産物」と「購入する食品との間に近似性」が喪失した)現代においては,「「食」=「農」+「食品産業」というフレーム」によって,「その全体を1つのシステム」としてとらえないと,食料問題を理解できないのだと言う[20]. 上記のデービスとゴールドバーグによる「アグリビジネス」の定義を,フードシステム論は比較的正確に引き継いでいると言えよう.

ただし高橋が強調するように,アグリビジネス論は農業を主軸として分析するため,食品産業に加えて農業資材供給産業も対象にするという分析対象の違いや,以下のような評価基準の違いが生じる.

高橋はフードシステム論の評価基準に関して,システムのいずれの構成主体にも主軸を置かず,客観的立場で分析を行うという特徴を挙げている[21]. 確かに上記の中野達による「大手多国籍アグリビジネス論」や,彼らが分析枠組として注目する農業・食料コンプレックス論においては,弱者としての「小農民」の立場で分析がなされることが多く,例えば久野はそれを,「反独占・家族農業擁護の流れ」の下での,川上と川下の双方からの「資本による農業の包摂」化傾向の分析であると表現している[22]. すなわちシステムの「小農民にとっての」公正性を最大の評価基準とする「主観的分析」である.

ただし高橋自身も,「たんに弱者と強者との力関係」(支配・被支配関係)だけでなく,「主体間関係の内容とその構造的変化」を「客観的に」(「あえていえば消費者の立場」に立って)解明すべきだと主張しているのであり[23],「主観性」を捨て去ったわけではない. さらに時子山と荏開津は,「消費者の満足度」「安全で美味な食品をできるだけ安く供給する」という評価基準を挙げており[24], フードシステム論においては,システムの「消費者にとっての」公正性,とりわけ安価な食品供給を可能にするシステムの効率性を,最大の評価基準とする傾向にある.

しかしながら,「多くの物事や一連の動きを秩序立てた全体的なまとまり」[25]がシステムなのであれば,その「秩序」が一部の構成主体にのみ有利である場合,不利な主体の立場に立ってその不平等性を解明し,システムの

公正性を追求する分析は重要である．とりわけ本書が分析対象とする「途上国産一次産品のフードシステム」に関しては，システムが国内で完結せず，生産から消費に至る過程で必ず南北間の取引が挟まる．そしてその取引においては，既述の南北問題論や世界システム論が強調するように，途上国生産者が最も不利な主体になるのであり，それゆえ本研究においては，「小農民にとっての」公正性という評価基準に固執する．

さらにはこの生産者の不利さ，不平等性が著しい場合，その放置は先進国消費者を含むシステム全体の破綻につながり得るのである．

5. 垂直的価格調整システムと途上国産一次産品・コーヒー

(1) 農産物価格論・産業組織論と価格形成

藤谷が強調するように，独占的要素の確保と供給量の統制が容易である多くの一般消費財の「基本価格の決定」は，「管理価格設定型」となるのに対し，生鮮食料品の「基本価格の決定」は，社会的需要量と社会的供給量の2つの経済力の相互関係によって形成される「需給実勢価格形成型」となる．その場合，「価格発見機能」（「需給実勢評価機能」と「商品価値評価機能」）を果たす場を設ける必要性が生じる[26]．

管理価格を設定し難い要因として藤谷は，①小規模多数者生産を基本とする生鮮食料品の供給面の純粋競争構造と自然条件変動にともなう供給量の恣意的変動性，②小規模多数者需要を基本とする需要面の純粋競争構造，③生鮮性（品質変容性），低規格性（商品価値構成の多様性），品目構成の多様性，の3つの商品特性を挙げている[27]．

また新山は「価格発見」の方法として，農産物代替的価格形成システムに関するトメックとロビンソンの議論[28]を参照し，「価格発見」の意味を「買い手と売り手がある特定の価格に到達する過程」と拡張した上で，上記の藤谷をはじめとする日本の農産物価格論者が重視する卸売市場におけるセリ（①競売（オークション））に加えて，②相対交渉（ネゴシエイション），③公

式（フォーミュラ），④価格（プライス）リスト，⑤費用加算（コスト・プラス），⑥固定価格，を挙げている．

そして組織された取引所における「オークション」は，売り手や買い手の集中度が高まったり，商品の標準化が進んだ場合に非効率になる（直接売買の方が費用が低くなる）こと，「ネゴシエイション」（プライス・リストや指値はその変形）は情報の非対称性や交渉力・取引技能の格差の下では価格形成の目的（短期的需給の均衡化（過剰供給を避ける），将来の生産量の適正化，一定の価格レベルの獲得（福祉目標を達成するための価格安定化や収入確保））を果たさないこと，「フォーミュラ」は，基準価格が適正でなくなった場合（行政価格報告の変化やフォーミュラ依存にともなう市場価格のやせ細り等）に正当性を失うこと等，それぞれの価格発見方法の限界を挙げている[29]．

さらに新山は，日本とアメリカの肉牛・牛肉市場を事例として，両国ともに「需給会合価格」発見の場としての「組織された取引所」と同価格の公表システムが整備され，その価格を基準とする「フォーミュラ」と「ネゴシエイション」のシステムが発展することで，「自由市場システム」（藤谷が言う「需給実勢価格形成型」システム）が機能してきたこと，しかしアメリカにおいて，組織された取引所の衰退が「管理的システム」（藤谷が言う「管理価格設定型」システム）への移行を促進していることを解明している．

そして「管理的システム」における寡占企業の非競争的，すなわち協調・共謀的な行動として，植草の議論[30]を参照しながら，「長期利潤極大化を目標にしたフルコスト原理にもとづく目標価格設定行動」の下での，①カルテル（明白な協定，暗黙の協定），②暗黙の相互了解（プライスリーダーシップ，意識的平行行為），さらには商品が差別化された場合の，③秩序立った価格バンド，④エクストラ協定，⑤基準拠点制価格設定，を挙げている[31]．

その寡占企業の協調・共謀的な行動をはじめとする「市場行動（C）」は，産業組織論の伝統的分析枠組であるS-C-Pパラダイムによれば，「市場構造（S）」（企業間の競争関係を基本的に規定する，①売り手の集中度，②買い

手の集中度，③製品差別化の程度，④新規参入の難易，等の要因）によって規定されると言う．とりわけ①と②に関しては，売り手集中比率や買い手集中比率等の指標があり，それらの指標が高い場合は，強い市場支配力（売り手集中の場合は高め，買い手集中の場合は安めに価格設定），経済厚生の損失，等の可能性を非難されることになるのである[32]．

(2) 価格と品質の垂直的調整システム

上記の「価格発見」の方法（「価格形成システム」）に，「取引形態」（直取引，販売契約，生産契約）と「企業の所有統合」（非統合，準統合（資本提携，グループ化），統合（買収，合併））を加えた3層から成る「垂直的価格調整システム」を分析することで，新山はフードシステムの「連鎖構造」の解明をめざしている[33]．なお彼女は，フードシステムを5つの副構造（「連鎖構造」「競争構造」「企業結合構造」「企業構造・企業行動」「消費構造と消費者の状態」）に分割しているが，「連鎖構造」はそれら副構造のうちの1つである[34]．

さらに新山は，非取引的，非価格的な新しい垂直的調整（連携）システムとして，「品質調整（管理・保証）システム」に注目する．そしてコンヴァンシオン（合意・協約）理論を援用することにより，EUにおける食品の品質政策の評価や品質を規定する諸要因（異なる論理が対決する社会的プロセス，正当化秩序，調整装置としての品質の諸制度（商標，原産地呼称，認証），識別・検証可能な形態，技術（労働の格付），生産・企業組織の状態，等）に関する分析を行っている[35]．

また上記の産業組織論のS-C-Pパラダイムに関して，新山は「市場構造」を「競争構造」，「市場行動」を「企業行動」と表現して，共に「連鎖構造」の外に位置づけた上で，それぞれの変化の対応関係を分析している．例えば，「競争構造」における集中度の高まり（寡占化）は，「連鎖構造」における流通・加工業者の連鎖の短縮（段階減）をもたらし，その集中度高・連鎖短の状態の下では，「企業行動」が「競争構造」「連鎖構造」に決定的な影

響を与えると言う[36]．

　なお本書においては，新山が言う「企業の所有統合」の中に，内部的成長による（垂直的な）事業多角化，を加える．また寡占企業の協調・共謀的行動という価格に直接的影響を及ぼす「企業行動」を「連鎖構造」の中に置く．同時に「価格発見」の方法の⑤と⑥を寡占企業の行動の中に入れ，「価格発見」の方法を「需給実勢」が評価され得るものに限る．そして「基本価格の決定」方式，「価格発見」の方法，寡占企業の行動，の3つを「価格形成システム」と呼称する．

　さらに「競争構造」はフードシステムの「連鎖構造」，すなわち垂直的価格調整システム（「企業の所有統合」，「取引形態」，「価格形成システム」）のあり方を規定する環境として位置づける．また品質の規定は，下記の不完全市場論の説明の際に述べるように，市場が機能する前提である．それゆえ「品質調整システム」を，やはり垂直的価格調整システムに直接的影響を及ぼす環境であるととらえる．そして品質を規定する諸要因，品質情報の非対称性の問題を中心に，できる限りの分析に努める．

(3) コーヒーの基本価格・流通経路の特性

　さて，生産者が小規模多数，消費者も小規模多数，自然条件変動にともなう生産量の恣意的変動性，品目構成の多様性，等の商品特性から考慮すれば，コーヒーの「基本価格の決定」は生鮮食料品同様，「需給実勢価格形成型」となる．そして他の農産物同様，供給の価格弾力性は小さく，需要に関しても，嗜好飲料ではあるがカフェインの習慣性を考慮すれば，やはり価格弾力性は小さく，よって大幅な価格変動が生じ得る．さらに樹木（大型植物）であって，苗木の結実に3～4年かかるという生育期間の長さを考慮すれば，くもの巣定理で説明される周期的で大幅な価格変動も生じ得るのである．

　ただ歴史的に，途上国産一次産品であるコーヒー生豆の基本価格に関しては，既述の南北問題運動の成果である国際商品協定が機能してきた．1962年に締結された国際コーヒー協定（ICA）は，コーヒー生豆価格の高め安定

を図るため(貧しい生産者にとっての「福祉目標を達成するための価格安定化や収入確保」)、国際コーヒー機関(ICO)が「安定価格帯」を設定し、それを「複合指標価格」(「フォーミュラ」に沿ってICOが算定するが、その水準を決めるのは先物取引所における「オークション」で決まる価格)が下回らないように供給統制をする、すなわち各生産国に輸出量の制限(在庫の保管)を課す輸出割当制度(「フルコスト原理」に沿った価格設定を実現するための準生産国「カルテル」(消費国の支援下で機能しており、価格引き上げのみを追求する真の生産国「カルテル」ではない))である.

しかし89年、南北問題運動終焉と類似の理由、すなわち①南南問題(割当配分がブラジルをはじめとする中南米生産国に有利であるという他の生産国の不満)、②不況にともなう先進国援助の余裕喪失(多額の資金援助にもかかわらず、割当配分の結果、需要が増加している高品質豆の確保が困難になっているという消費国の不満)、③アメリカ政府による自由主義の尊重(GATT立て直し戦略→世界貿易機関(WTO)の設立(管理価格の嫌悪)、東西冷戦構造の終焉(計画経済体制の崩壊)→中南米諸国の共産化懸念解消→中南米コーヒー生産国に対する援助の軽視)→アメリカ政府のICO脱退(93年)、等が原因で、輸出割当制度が停止し、その後の真の生産国「カルテル」の試み(93年結成のコーヒー生産国同盟(ACPC)による輸出留保制度)は、統制力と資金力の欠如がゆえに、全く機能していない.

寡占企業ではなく、生産国政府や国際機構が主導した「管理価格設定型」の「基本価格の決定」は終焉し、商品特性を反映した「需給実勢価格形成型」に近づいたと想定できる[37]. その場合は「価格発見機能」を果たす場、すなわち社会的需給を引き合わせ、さらに多様な品目の価値(品質の格差)を比較する特別な場所が必要となる. コーヒー豆の場合は、上記の先物取引所がその有力な場所となるが、「先物」市場が「現物」の「需給実勢」や「品目価値」を正確に評価できるのか、重要な分析課題になろう.

また国際商品であるコーヒーは、以下のように流通経路が極端に長い. コーヒーの果実はほとんどが、「コーヒー・ベルト」(赤道を挟んだ南北回帰線

内の帯状地帯）内にある熱帯・亜熱帯諸国（ほとんどが途上国）の高地で生産され，生産国で生豆に加工（乾燥・脱穀・選別等）された後に，貿易業者によって消費国（ほとんどが先進国）へ海上輸送される．消費国においては，商社から直接，あるいは生豆問屋を経由して焙煎業者へ生豆が渡り，焙煎豆に加工された後に，喫茶店や小売店において消費者に行き着く．

このように，これ以上ないほど，生産者と消費者がかけ離れているため，「基本価格の決定」方式が「需給実勢価格形成型」に近いと言っても，決定した価格が需給実勢から乖離する可能性や，とりわけ流通の各段階においては，取引価格の需給実勢からの乖離，管理的な価格設定，「需要独占」の力の作用（需要側の支配的な取引力による操作）の可能性が高まる．さらには，流通段階ごとに価格発見の場所や方法が異なり，多様で複雑な「価格形成システム」になる可能性もある．

また南北間の取引というのは，為替相場や国際価格を介した途上国と先進国のシステムの結びつきであり，為替相場・国際価格の分析とともに，結合前後のシステムの異質性にも目を向けるべきであろう．同様に，特に生豆が焙煎業者に渡った後は，独占的要素の確保や供給量の統制が容易となり，その前後でシステムの異質性が生じるだろう．

それゆえ本研究では，流通の各段階における構造分析によって，それぞれの価格発見の場所や方法を解明するとともに，それらの場所で決まる取引価格の特質（需要事情や供給事情と関連しているか，「自由的」あるいは「管理的」に決まるか，取引力の著しい格差を確認できるか，等）を明示する．特に南北間の取引が生じる段階と焙煎段階の分析が重要になるだろう．

6. 不完全市場論と途上国・価格・品質

(1) 不完全市場論と途上国

原が言うように，「市場が未発達で不完全である」ため「市場の失敗が格段に多い」ことは，先進国経済と比較した場合の，途上国経済の重要な異質

性である．そして新古典派経済学（「自由市場経済論」）を批判する形で，その市場の不完全性を前提とした議論（「不完全市場経済論」）が発展していると言う．特に彼は，情報の不完全性に関する議論，とりわけ非対称情報下の市場を分析対象とする「情報の経済学」（アカロフやスティグリッツが代表的論者）[38]や取引費用水準を決める制度を分析対象とする「新制度派経済学」（ウィリアムソンやコースが代表的論者）[39]を重視している[40]．この２つの「新しい経済学」は，「情報費用」を巡っては共通の議論を行う．

さらに原は，資源配分を調整するシグナル，パラメーターである価格の情報不完全性に加え，自由市場経済論による「少しでも品質の差異のあるものは全て別の財・サービスとしてそれぞれ独立の市場で取引される」という暗黙の前提を批判する形で，品質の情報不完全性をも重視すべきだと言う[41]．それは「情報の経済学」の議論であるが，「新制度派経済学」と同様に「制度の経済学」の中に位置づけられている既述のレギュラシオン理論とコンヴァンシオン理論による[42]，「市場は，生産物の品質が事前に規定されなければ，有効に機能できない」という共通認識[43]からも，同分析の重要性が支持されるのである．

(2) 情報不完全性の理論

「情報の経済学」は，品質情報が不完全で偏在している（売り手と買い手が持つ情報量が非対称的である）場合に生じ得る現象を理論的に説明するが，売り手に情報が偏る一般的な場合のみ，すでにミクロ経済学の基礎理論の１つになっている．

それは「レモンの原理」「逆選択」と呼ばれる，品質の良い商品が市場から閉め出される現象と，「モラル・ハザード」と呼ばれる，保険加入者による危険予防の怠りや労働者によるさぼりが会社の業績を悪化させ，結局は保険料上昇や賃金低下につながるという現象である．

逆に会社や買い手が，意図的に高めの賃金や購入価格を設定することで，労働者や売り手に高いインセンティブを与え，労働力や商品の品質を引き上

げるという外部性(外部経済)の発生が,この品質情報不完全性の下では容易になる[44].

　ただし,実際の品質情報を買い手が持たない場合であっても,それを推定できるシグナルはある.例えばシグナルが外観である場合,[外観の整備費<整備により生じる利益]の時,売り手は外観の水準を引き上げるのだと言う[45].

　価格情報の不完全性に関しては,価格探索の限界費用が限界期待利益に等しくなる回数だけ,探索を行うのが最適であるという理論的説明を,やはりミクロ経済学の教科書で確認することができる[46].

　このように,価格のみならず品質を含め,さらには取引相手の行動等,情報が不完全で偏在している場合,それらを探索するための多くの取引費用が必要になる.上記の「情報の経済学」と「新制度派経済学」の議論が重なるところである.その場合,取引を市場で行わずに企業内部で行う(市場取引を組織内取引に置き換える)方が有利(コストの節約)になる可能性が高まる[47].

　ちなみに買い手に情報が大きく偏ると,品質情報の場合も価格情報の場合も,マルクス経済学が言うところの「前期的商業資本」的な動き,つまり売り手から安く買い叩いて商業利潤の極大化をめざす買い手の行動が容易になる.既述の「需要独占」の力は,価格のみならず品質をも需要側が規定する力であると考える.それゆえ途上国産一次産品の場合,需要側,買い手側に,価格と品質の情報が偏ることを想定できるのである.

第2節 「途上国産一次産品のフードシステム」の分析枠組

　南北問題論においては,生産特化した一次産品の交易条件の劣悪化が,途上国における経済開発の制約条件とされる.その不平等性,すなわち一次産品の安価さの要因に関して,南北問題論では途上国における「余剰労働力」→「賃金・生産物価格低迷」が強調されるが,世界システム論はその低水

表 0-1　本書の分析枠組の内容

余剰労働力→低水準の賃金・生産物価格←「需要独占」の力（需要側の独占的，支配的な規定力，取引力）

「需給遠隔」→南北間取引→途上国生産者の不利さ→評価基準としてのシステムの公正性
　　「全体を１つのシステム」として分析（国民国家を超えて連なる生産段階から消費段階まで）
　　流通の各段階における分析
　　決定価格（基本価格，取引価格）の評価（①「需給実勢」，②「商品価値」，③「需要独占」）

「垂直的価格調整システム」（フードシステムの「連鎖構造」）
1. 「価格形成システム」
　(1)　「基本価格の決定」方式（①管理価格設定型，②需給実勢価格形成型→「価格発見」（「需給実勢評価」と「商品価値評価」））
　　＊基本価格→基準（参照）価格（市場における取引の前提）
　(2)　需給実勢価格形成型の「価格発見」の方法
　　①競売（オークション），②相対交渉（ネゴシエイション），③公式（フォーミュラ），④価格（プライス）リスト
　(3)　管理価格設定型の寡占企業による非競争的（協調・共謀的）な行動
　　フルコスト原理（費用加算（コスト・プラス））にもとづく目標（固定）価格設定行動の下での，①カルテル（明白な協定，暗黙の協定），②暗黙の相互了解（プライスリーダーシップ，意識的平行行為），③秩序立った価格バンド，④エクストラ協定，⑤基準拠点制価格設定
2. 「取引形態」（直取引，販売契約，生産契約）
3. 「企業の所有統合」（非統合，準統合（資本提携，グループ化），統合（買収，合併），内部的成長による事業多角化）

「品質調整システム」（品質を規定する諸要因，品質情報の非対称性）
　垂直的価格調整システムに直接的影響を及ぼす環境

フードシステムの「競争構造」
　垂直的価格調整システムのあり方を規定する環境

準にまで賃金・生産物価格を抑え込む「商品連鎖」における「支配－被支配関係」を強調している．

　本研究においてはその「支配－被支配関係」，すなわち「独占的な制約」により先進国側が操作する（先進国側からの「需要独占」の力，いわば需要側の独占的，支配的な規定力，取引力で低い水準に押さえ込まれている）途上国産一次産品の価格形成の実態を，「国民国家を超えて連なる生産段階か

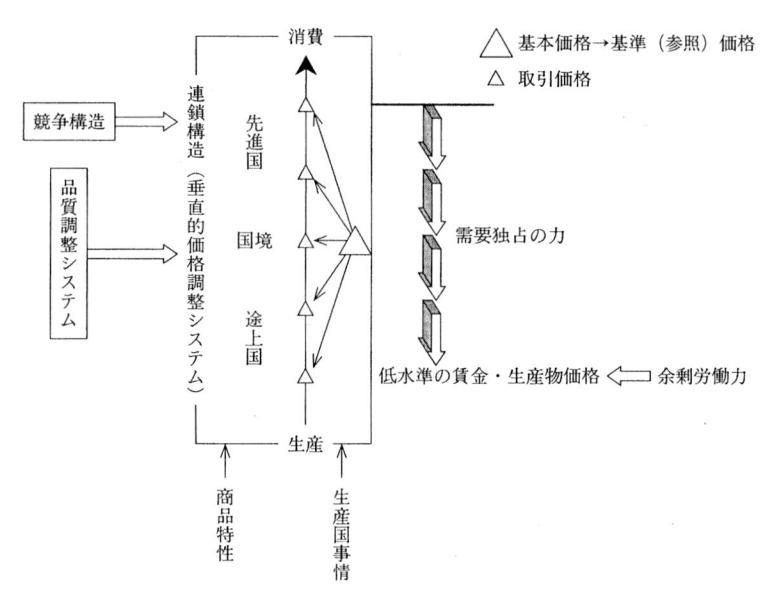

図 0-1 本書における分析枠組の概念図

ら消費段階まで」を分析単位として，解明するのである．それはほとんどのアフリカ諸国のように，未だ一次産品特化から脱却できない途上国にとって，経済開発の制約条件の理解，そして制約を弱めるための課題探求につながる．

ただし，この一次産品の価格形成の不平等性は，品目や生産国ごとに，内容を異にすると考えられる．一般理論としての展開がほとんどであった，これまでの南北問題論，あるいは低開発論には，具体的で詳細な価格形成の現状分析が欠けていたのであり，それを追求する本書においては，分析事例をタンザニア産コーヒーのみに絞り込む．そうした上で，商品特性と生産国事情を価格形成に影響を与える重要な環境として位置づける．

その他の一次産品・生産国の分析や一般性の追求は今後の課題とするが，本章で提起している「途上国産一次産品のフードシステム」の分析枠組に限れば，本書では十分に使いこなせておらず，また未完成ではあるが，一般的利用に耐え得るものをめざしている．

また消費国の分析に関しても，具体・詳細性確保のために日本のみを事例とするが，生産国分析を中心とする本研究においては，一般性確保のみならず消費国日本の十全なる分析も，今後の課題として残される．

ところで，世界システム論と同様に「連鎖概念」を重視する新しい農業・食料経済理論が，フードシステム論とアグリビジネス論であるが，評価基準としては，前者が消費者にとっての公正性（システムの効率性），後者が生産者にとっての公正性（弱者たる小農民の貧困緩和）を強調する傾向がある．本書では以下の理由で，後者の評価基準を優先する．

国際商品である途上国産一次産品は，流通経路が国境を越え極端に長い．システムが国内で完結せず，流通過程で必ず南北間の取引が挟まるが，その取引においては，南北問題論や世界システム論等が強調してきたように，途上国生産者が最も不利な主体になるのである．それゆえ本書においては，途上国生産者（小農民）の立場に立ってその不平等性を解明し，システムの公正性を追求する分析を行うのである．

この生産者と消費者が大きく離れているという「需給遠隔概念」の導入により，上記の評価基準の選択に加えて，フードシステム論が言う，両者を媒介する多数の食品産業を加えた「全体を1つのシステム」としてとらえる分析や，世界システム論や農業・食料コンプレックス論による分析単位の拡張（「国民国家を超えて連なる生産段階から消費段階まで」）の妥当性，重要性を強調できるのである．

そして南北問題論・低開発論の具体化，すなわち「連鎖」（連なり方）の不平等性（一次産品価格形成の生産側にとっての不利さ）の詳細を解明する方法に関して，まずは「基本価格の決定」に関する議論を援用する．フードシステム全体にとっての基本的な価格の決定が，①管理価格設定型，②需給実勢価格形成型，のいずれの方式でなされるかの分析である．

ところでこの基本価格は，流通の各段階での取引における基準（参照）価格になる可能性が高い．本書においては詳細な議論を避けるが，やはり「制度の経済学」の中に「ネオ制度学派」として位置づけられているホジソン

が[48]，基準（参照）価格を含む「価格ノルム（規範，基準）」の重要性に関して，「経済主体のもつ知識が有限な世界において市場を基礎にした経済が作動することを助ける」[49]，「市場が作動するためには，経済主体の心と実践のなかにノルムを成立させるメカニズムが必要」[50]と表現している．市場における取引の前提なのであり，さらに基本価格を分析する意義が高まる．

また需給実勢価格形成型の方式の場合，「価格発見」（「需給実勢評価」と「商品価値評価」）の場所と方法を解明する重要性が生じる．さらに上記の「需給遠隔」がゆえに，決定方式が需給実勢型であったとしても，結果として決定した基本価格が需給実勢から乖離する可能性もあり，同価格が需給実勢と商品価値を正確に反映しているのか，「需要独占」の力が作用していないのか，分析することも重要であろう．

次に「価格発見」の方法に関しては，①競売（オークション），②相対交渉（ネゴシエイション），③公式（フォーミュラ），④価格（プライス）リスト，の4つの方法が分析される．

また管理価格設定型の方式の場合，寡占企業の非競争的（協調・共謀的）な行動として，フルコスト原理（費用加算（コスト・プラス））にもとづく目標（固定）価格設定行動の下での，①カルテル（明白な協定，暗黙の協定），②暗黙の相互了解（プライスリーダーシップ，意識的平行行為），③秩序立った価格バンド，④エクストラ協定，⑤基準拠点制価格設定，の5つが分析される．

以上の「基本価格の決定」，「価格発見」の方法，寡占企業の協調・共謀的な行動，の3つを，本書においては「価格形成システム」と位置づける．これに「取引形態」（直取引，販売契約，生産契約）と「企業の所有統合」（非統合，準統合（資本提携，グループ化），統合（買収，合併），内部的成長による（垂直的な）事業多角化）を加えたものが「垂直的価格調整システム」であり，それを分析することにより，フードシステムの「連鎖構造」の解明をめざすのである．さらに，「品質調整システム」（品質を規定する諸要因，品質情報の非対称性等）とフードシステムの「競争構造」（売り手の集中度，

買い手の集中度，製品差別化の程度，新規参入の難易）に関しては，「垂直的価格調整システム」の環境として位置づける．

　このように本研究の分析枠組は，フードシステム論から強い影響を受けているが，分析対象とするシステム構成主体が巨大農業関連企業である場合，その議論を「大手多国籍アグリビジネス論」や農業・食料コンプレックス論として位置づけることも可能であろう．

　以上の「価格発見」の方法と寡占企業の協調・共謀的な行動に関しては，基本価格のみならず，流通の各段階における取引価格が分析対象となる．その重要性も「需給遠隔概念」によって強調できる．つまり生産者と消費者がかけ離れているため，「基本価格の決定」方式が需給実勢価格形成型であっても，流通段階では需給実勢から乖離したり，管理的な価格設定がなされたりする可能性が高まる．逆に基本価格が管理価格設定型であっても，流通段階では需給実勢を評価できている可能性もある．流通段階ごとに価格発見の場所や方法が異なるかもしれない．

　この流通段階ごとの構造分析に関しては，「連鎖の個々の環」における「独占的な制約」（「需要独占」の力）の下にある「需給関係（競争）の作用」と表現されるように，世界システム論も重要な分析対象としている．しかし具体・詳細性確保を重視する本研究にとっては，世界システム論やアグリビジネス論をはじめとするグローバル経済やマクロ経済の分析を得意とする理論では不十分であり，上記のように農産物価格論や産業組織論，そして下記の不完全市場論の成果が援用されるのである．

　ところで市場メカニズムの十全たる機能のためには，すべての市場参加者が価格と品質の情報を正しく把握している必要がある．しかしながら上記の「需給遠隔」，そして途上国経済の異質性（著しい市場の不完全性）がゆえに，途上国産一次産品に関しては，とりわけそれらの情報が不完全である．それゆえ不完全市場論のうちの「情報不完全性の理論」（売り手と買い手が持つ情報量の非対称性，価格の外部性，品質のシグナル，市場取引→組織内取引による取引費用節約，等）を，本書は必要としている．

以上のように，本書における「途上国産一次産品のフードシステム」の分析枠組は，システム全体の「基本価格（基準（参照）価格になる可能性大）の決定」と各流通段階における取引を対象とした「垂直的価格調整システム」の分析によって，システムの「連鎖構造」の詳細を解明するものである．しかもその「連鎖」は，「商品連鎖」概念によって強調されているように平等な連なりではなく，「需要独占」の力（需要側の独占的，支配的な規定力，取引力）により供給側（生産者・生産国）にとって不利，すなわち生産者価格や輸出価格が低水準に抑え込まれている．この連なり方の不平等性の解明は，途上国における経済開発の制約条件の解明に等しいのである．

第3節　本書の構成と各章の課題

　第1部（第1～6章）においては，「コーヒー豆の生産と流通」を巡る生産国タンザニアの事情が明らかにされる．また生産から輸出に至るまでのコーヒーの商品特性が表現できるように，意識的な執筆がなされている．

　第1章は，96年以降の複数回の現地調査によって収集できた資料を組み合わせ，「生産者達の生活」とコーヒー産業の関係，それらを取り巻く経済・社会・文化条件を説明するものである．2000年の調査時に現地で執筆し，「キリマンジャロ・コーヒーの生産者達」（『月刊アフリカ』第40巻5～6号・10～12号，2000年5～6月・10～12月）として公表したものに対して，多少の修正を施した．

　第2～5章においては，世銀・IMF主導の構造調整（経済自由化）政策を，コーヒー豆の流通を巡る最重要な生産国事情であるととらえ，同政策の「農村協同組合への影響」を第2章，同政策下での「コーヒー豆流通自由化」の実態とその影響を第3章，流通自由化によって確立された「新しい価格形成制度」の詳細と同制度下での生産者価格低迷要因を第4章，同政策下での「品質管理問題」の実態と品質低迷要因を第5章で明らかにする．

　第2章は96年の現地調査で収集した資料を基にして，『南部アフリカの農

村協同組合』(日本経済評論社,1999年,第6～7章)に公表したものの中から,コーヒー豆流通を議論するために重要だと思われる部分を抜き出し,多少の修整を施したものである.第3～4章に関しては,上記の96年の現地調査,および98年の現地調査で収集した資料を基にして,「タンザニアにおけるコーヒー豆流通自由化の実態と小農民・協同組合への影響」(池上甲一(研究代表者)『東・南部アフリカにおける食糧生産の商業化がもたらす社会再編の比較研究 科学研究費補助金 研究成果報告書』1999年3月)として公表したものに対して,大幅な修整を施した.第5章は,上記調査の成果のうち,同報告書に公表できなかった部分をまとめ,「タンザニアにおけるコーヒー産業の構造調整と品質管理問題」(『金沢大学経済学部論集』第20巻第1号,2000年3月)として公表したものである.

そして第6章は,以上で明らかにした生産者,農村協同組合,流通自由化,価格形成制度,品質管理問題,等の「最新事情」を,2000年の現地調査の成果と新聞記事の整理によって説明する.コーヒー産業の最新事情に関する部分は,「タンザニアにおけるコーヒー産業の最新事情」(『地域経済ニューズレター』第56号,2001年1月),農村協同組合の最新事情に関する部分は,「アフリカ農村協同組合の現状と課題」(『協同組合経営 研究月報』No.568,2001年1月)に,それぞれ一部が公表されている.

第2部(第7～10章)においては,「コーヒー豆の貿易と消費」を巡る生産国タンザニアと消費国日本の事情が明らかにされる.また輸出から消費に至るまでのコーヒーの商品特性が表現できるように,意識的な執筆がなされている.

第7～8章においては,コーヒーがタンザニアから輸出され,日本で消費されるまでの構造分析がなされ,「キリマンジャロ」のフードシステム分析が全うされる.第7章は,98年,99年,2000年の現地調査と99年の国内調査で収集した資料を基にして,「輸出構造と価格形成制度」を解明するものである(「タンザニアにおけるコーヒー豆貿易の現状と課題」『フードシステム研究』第8巻第2号,2001年10月,として公表).また第8章は,1999～2001

年に国内調査で収集した資料を基にして,「輸入と消費の構造」と価格形成制度を解明するものである(「日本におけるタンザニア産コーヒー豆の輸入と消費の構造分析」『金沢大学経済学部論集』第22巻第2号,2002年3月,として公表).

第9章においてはまず,2001～02年のコーヒー先物価格の史上最低水準への下落が,消費国日本に与えた影響に関して,新聞記事をまとめる形で,そしてタンザニア小農民に与えた影響に関して,01年8月の現地調査で収集した資料を基にして解明される.さらには,その先物価格の変動要因が分析される(「先物市場におけるコーヒー豆価格の変動と生産者」新山陽子(研究代表者)『コーヒーのフードシステムに関する理論的実証的研究 科学研究費補助金研究成果報告書』2003年6月,として公表).ここでは生産国,先物市場,消費国の連関が分析されるのであり,「1つのシステム」としての機能が強調される部分であるが,同じく前章4節における,生産者から輸出入を経て消費者に至るまでの流通段階毎の価格水準の比較も,この「1つのシステム」分析に位置づけることができよう.

以上の分析により,ニューヨーク先物価格を基準として輸出価格を設定する支配的流通経路の下では,タンザニア産コーヒー豆の生産者価格引き上げは困難であることがわかるが,新たな流通経路の創出により価格引き上げをめざす試みがすでに始まっており,そのフェア・トレード(「オルタナティブな価格形成制度」)の実態を解明するのが第10章である.1999年の国内調査,1999～2000年の現地調査で収集した資料を基に執筆し,「タンザニア産コーヒー豆のオルタナティブな流通経路・価格形成制度の探究」(『金沢大学経済学部論集』第21巻第1号,2001年1月)として公表されたものである.

そして最後の結章は,以上で明示した生産国事情,消費国事情に対して,本章で提起した分析枠組を本格的に適用するものである.なお序章と結章は要点のみ,「途上国産一次産品のアンフェア・トレードの分析枠組-タンザニア産コーヒーのフードシステムとフェアトレード-」(『農林業問題研究』第39巻第3号,2003年12月)として公表されている.

年代順にタンザニアの事情を確認されたい方は，第2章（1996年），第3～5章（98年），第1, 6, 7, 10章（2000年），第9章（01年），あとがき（03年）の順番で読まれたい．

　以上のように本書は，タンザニアの貧しいコーヒー小農民が，その生産物から十分な利益を上げられない現状を，現地調査の繰り返しによって学んだ生産現場での視点を最大限に尊重して，定性的に分析することから始まる．そしてその利益が生じない要因を解明するため，生産から消費までの流通段階毎の詳細なる構造分析を行う．さらには生産者価格を引き上げ，タンザニアにおけるコーヒー農村の発展や小農民の貧困緩和を実現させるための課題探求にまで分析が及ぶ．

　なお現地調査においては，聞き取り調査が重視されているが，複数のインフォーマントから聞き取ったデータに関しては，特に出所先を明示していない．また96年の調査はJA研究奨励事業と学術振興会特別研究員制度，98年の2回の調査は文部省科学研究費補助金（国際学術研究・池上甲一代表），99年の調査は学術振興会科学研究費補助金（奨励研究(A)），2000年の調査は文部省在外研究員（若手教官）制度，01年と03年の調査は学術振興会科学研究費補助金（基盤研究(C)(2)・新山陽子代表）による助成を受けている．ここに記して感謝の意を表したい．

注

1) 経済発展（開発）論を低開発論と近代化論に分類することに関して，西川潤『経済発展の理論』（第2版）日本評論社，1992年，ロバート・ギルピン（大蔵省世界システム研究会訳）『世界システムの政治経済学―国際関係の新段階―』東洋経済新報社，1990年，近藤正臣『開発と自立の経済学―比較経済史的アプローチ―』同文舘，1989年，等を参照している．
2) 初期のBHN戦略は，雇用確保や所得再分配の政策によって，経済成長の恩恵を貧困層に浸透させることが目的であり，近代化論に沿った開発の失敗を補うものではあるが，その枠組を越えた政策だとは言えない．それゆえ同戦略は，世銀・IMF主導の構造調整政策の下でも，補助的な位置づけではあるが，ILO, UNICEF, UNDP等によって引き継がれ，多くの途上国の開発計画の中に取り入れられた．さらには，自律的・内発的発展論者やその実践者であるNGOによ

り，成長よりも BHN 充足を優先するという新たな解釈を与えられ，近代化論を越えた開発論に昇華したと考える．それゆえ，絵所秀紀『開発の政治経済学』日本評論社，1997 年，においては，BHN 戦略が「改良主義」と分類され，近代化論（絵所の分類では「新古典派アプローチ」）とは異質のものとしてとらえられている．
3) さらにエマニュエルやアミンは，「周辺」国製品と「中心」国製品の不等価交換論を展開し，賃金水準格差そのものを貿易の不平等性の最大の要因として取り上げた．一次産品に限らず，「周辺」国はより多くの労働（労働報酬低）を費やした自国製品を，少ない労働（労働報酬高）を費やした「中心」国製品と交換（貿易）しているため，経済余剰の流出（価値の移転），低開発性が生じるのだと言う．
4) 西川潤，前掲書，第 11 章．
5) I・ウォーラーステイン編（山田鋭夫他訳）『ワールド・エコノミー』藤原書店，1991 年，44 ページ．
6) 森田桐郎（室井義雄編）『世界経済論の構図』有斐閣，1997 年，158-161 ページ．
7) 同上書，170-171 ページ．
8) I・ウォーラーステイン（川北稔訳）『新版 史的システムとしての資本主義』岩波書店，1997 年，30 ページ．本書においては，「需給関係は独占体がかける抑制によって操作される」と訳出されている．
9) 詳しくは，T・K・ホプキンス／I・ウォーラーステイン「1800 年以前の世界―経済における商品連鎖」I・ウォーラーステイン編（山田鋭夫他訳）『世界システム論の方法』藤原書店，2002 年，を参照されたい．
10) 小野寺義幸『日本のアグリビジネス―その構造特性と政策的含意―』農林統計協会，1982 年，22 ページ（引用部分の原典は，Davis, John H. and Goldberg, Ray A., *A Concept of Agribusiness*, Boston, Harvard University, 1957, p. 133)．
11) 小野寺義幸，前掲書，同ページ．
12) 中野一新編『アグリビジネス論』有斐閣，1998 年，53 ページ．
13) 同上書，156 ページ．
14) 中野一新「食糧調達体制の世界的統合と多国籍アグリビジネス」同上書，4 ページ．
15) 同上稿，4-7 ページ．
16) 中野一新編，前掲書，53 ページ．
17) Heffernan, W.D. and Constance, D.H., "Transnational Corporations and the Globalization of the Food System", Bonanno, A., Busch, L., Friedland, W.H., Gouveia, L., and Mingione, E. (eds.), *From Columbus to ConAgra: The Globalization of Agriculture and Food*, University Press of Kansas, 1994（上野重

義・杉山道雄訳『農業と食料のグローバル化―コロンブスからコナグラへ―』筑波書房，1999年），chap. 1.
18) Marion, B.W. and NC 117 Committee (eds.), *The Organization and Performance of the U.S. Food System*, Lexington Books, Massachusetts, 1986.
19) 新山陽子『牛肉のフードシステム―欧米と日本の比較分析―』日本経済評論社，2001年，2-5ページ．
20) 高橋正郎「フードシステムとその分析視角―構成主体間関係とその新たな構築―」高橋正郎編『フードシステム学の世界―食と食料供給のパラダイム―』農林統計協会，1997年，4-5ページ．
21) 同上稿，6ページ．
22) 久野秀二『アグリビジネスと遺伝子組換え作物―政治経済学アプローチ―』日本経済評論社，2002年，20ページ．
23) 高橋正郎，前掲稿，10-11ページ．
24) 時子山ひろみ・荏開津典生『フードシステムの経済学 第2版』医歯薬出版，2000年，11-14ページ．
25) 西尾実・岩淵悦太郎・水谷静夫編『岩波 国語辞典 第5版』岩波書店，1994年，483ページ．
26) 加茂祐子・藤谷築次「農産物流通・消費政策の課題と展開方向」藤谷築次編『農業政策の課題と方法』家の光協会，1988年，395ページ．
27) 藤谷築次『現代農業の経営と経済』富民協会，1998年，162ページ．
28) Tomek, W.G. and Robinson, K.L., *Agricultural Product Price*, Cornell University Press, 1972.
29) 新山陽子，前掲書，214-223ページ．
30) 植草益『産業組織論』筑摩書房，1982年．
31) 新山陽子，前掲書，223-232ページ．
32) 詳しくは，植草益，前掲書，新庄浩二編『産業組織論』有斐閣，1995年，等を参照されたい．
33) 新山陽子，前掲書，197-200ページ．
34) 同上書，14-20ページ．
35) 同上書，第10章．
36) 同上書，20-25ページ．
37) 詳しくは，村田武『世界貿易と農業政策』ミネルヴァ書房，1996年，66-75ページ，を参照されたい．
38) 例えば，藪下史郎『非対称情報の経済学―スティグリッツと新しい経済学―』光文社新書，2002年，永谷敬三『入門 情報の経済学』東洋経済新報社，2002年，等を参照されたい．
39) 例えば，O・E・ウィリアムソン（浅沼萬里・岩崎晃訳）『市場と企業組織』日本評論社，1980年，ロナルド・H・コース（宮澤健一・後藤晃・藤垣芳文訳）

『企業・市場・法』東洋経済新報社, 1992年, 等を参照されたい.
40) 原洋之助『開発経済論』岩波書店, 1996年, 第3章, 第4章.
41) 同上書, 51-53ページ.
42) ロベルト・ボワイエ（井上泰夫訳）『現代「経済学」批判宣言—制度と歴史の経済学のために—』藤原書店, 1996年, 140-144ページ, において, ヴィルヴァルによる「制度の経済学」の分類が紹介されている. 新制度派経済学（同書では「新制度学派」）とレギュラシオン・コンヴァンシオン理論との差異に関して, 制度の選択が「効率性」でなされるとする前者に対して, 後者は「集団的交渉」を通して人為的に,「効率性」に先立ってなされると言う. さらにレギュラシオン理論とコンヴァンシオン理論の差異に関しては, マクロレベルでの制度の出現（マクロ社会的整合性）を分析する前者に対して, 後者はミクロレベルでの制度の出現（行動のローカルな調整）を分析すると言う.
43) G. アレール・R. ボワイエ「農業と食品工業におけるレギュラシオンとコンヴァンシオン」G. アレール・R. ボワイエ編著（津守英夫他訳）『市場原理を超える農業の大転換—レギュラシオン・コンヴァンシオン理論による分析と提起—』農山漁村文化協会, 1997年, 9ページ.
44) 詳しくは, 原洋之助, 前掲書, 52-53ページ, を参照されたい.
45) 詳しくは, 倉澤資成『入門 価格理論 第2版』日本評論社, 1988年, 293-298ページ, を参照されたい.
46) 詳しくは, 同上書, 284-288ページ, を参照されたい.
47) 詳しくは, 今井賢一・伊丹敬之・小池和男『内部組織の経済学』東洋経済新報社, 1982年, 等を参照されたい.
48) ロベルト・ボワイエ, 前掲書, 143ページ.
49) G.M. ホジソン（八木紀一郎・橋本昭一・家本博一・中矢俊博訳）『現代制度派経済学宣言』名古屋大学出版会, 1997年, 203ページ.
50) 同上書, 196ページ.

第1部　タンザニアにおけるコーヒー豆の生産と流通

第1章　コーヒー生産者達の生活

第1節　課題と方法

　東部アフリカ・タンザニア連合共和国の北部にあるキリマンジャロ州ハイ県ルカニ村は，キリマンジャロ山の西斜面，標高1,584mにある，人口1,744名，世帯数290戸（96年7月時点）のチャガ人の農村である．著者は94年12月に初めて，この「キリマンジャロ」コーヒーの生産地を訪問して以降，96年7月に農村協同組合育成の調査，そして98年2月，98年8～9月，99年8月，2000年4・6・7月，2001年8月，2003年3月にコーヒー豆の生産と流通の調査を，同村にて継続している．本章は2000年の調査時に現地で執筆したものである．

　それらの現地調査の目的は，開発経済論，南北問題論，農産物流通論等に触れる，経済研究者としての興味の範疇に過ぎない．しかし調査方法に関しては，聞き取り調査を中心にしながらも，できる限り長く村に住み込ませてもらい，できる限り多くの社会生活の現場を共有させてもらう参与観察に努めている．

　人類学や社会学で活用される同調査法に挑む理由として，まずは，異国人である調査者が単なる「通過者」である限り，回答者からは「客人」向けの対応しか期待できないこと，記録された資料がほとんど存在しない同村においては，協同組合，コーヒー豆に分析対象を絞り込んだとしても，調査者自身の五感を最大限に駆使した資料収集に頼らざるを得ないこと，等の消極的

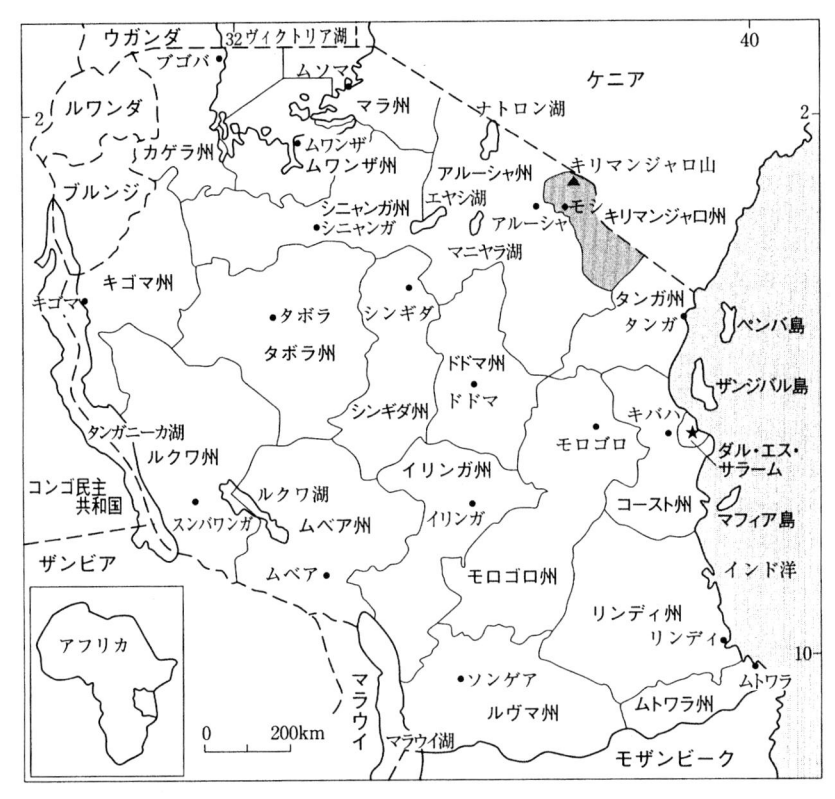

図1-1　タンザニアの地図

な理由を挙げることができる．

　さらには，本書が重視する分析方法にとって最適であるという，積極的な理由を挙げることもできる．例えば，「生産者の視点」を著者が身に付けること，「定性的」「構造的」な分析のための資料収集，そして下記の「制度の経済学」的な観点を満たすためにも，参与観察が重要なのである．

　生産者にとっての協同組合やコーヒー豆の意義を分析するためには，「合理的経済人」の行動のために必要な経済情報のみならず，それらを取り巻く社会・文化に対する情報が不可欠である．既述のホジソンが強調するように，人間の認知や行為は「制度」（「伝統，慣習ないし法的制約によって，持続的

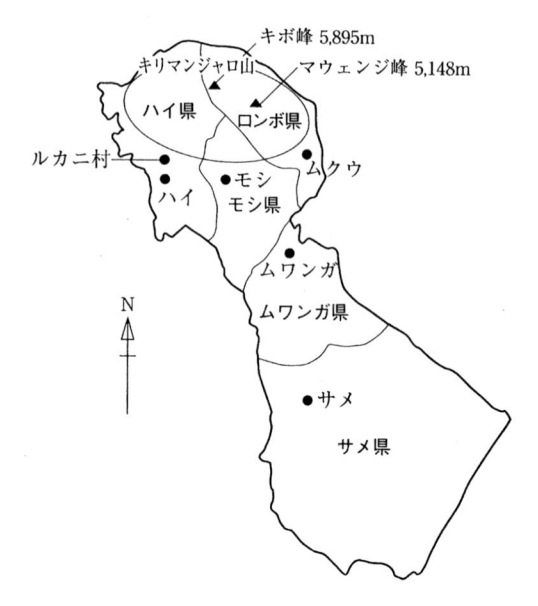

図1-2　キリマンジャロ州におけるハイ県ルカニ村
　　　の位置

かつ定型化された行動パターンをつくりだす傾向のある社会組織」）から強い影響を受けるのであり，経済主体はただ，主観的，自律的に経済的合理性を追求する（外生的に与えられた個人的な選好や生産技術の下で経済的な最適化行動をとる）のみではない[1]．

それゆえコーヒー生産者達の経済行動に対しても，経済的のみならず社会・文化的な合理性からの評価が求められるだろう．さらに2つの合理性の関係に関して，アフリカ農村経済研究に強い影響を与えたヒデーンの「小農生産様式」「情の経済」論[2]においては，競合するものとしてのみ把握されているが，例えば社会・文化的価値に沿った行動が，中長期的には一種の社会保障制度につながる等，補完関係の場合もある．経済的価値に社会・文化的価値を加え，さらに複数の価値間の関係をも考慮した，総体的合理性の評価が求められているのであり，その重要性は著者が早くから指摘している通

りである[3].

　ただ残念ながら，最長でも2週間滞在の短期調査しか実現できておらず，ルカニ村の社会・文化構造そのものを解明するには程遠い水準にある．そうであると言っても，本章で課題とする，生産者達の日常生活とコーヒー産業の関係，それらを取り巻く経済，社会・文化条件を説明するための一定の資料や経験は，不十分ながらも蓄積できたと考える．本章は，上記の数回の参与観察によって収集できた幅広い分野の一次資料を組み合わせ，この分析課題を満たそうとするものである．

　それは同時に，第10章で論述する日本のフェア・トレードが重視する生産者と消費者の「顔の見える関係」，すなわちコーヒー生産者達の「顔」を，一般のコーヒー消費者に知らしめる役割も帯びている．それゆえ記述方法に関しても，通常の論文とは異なり，参与観察者である著者自身も登場人物に含む，読みやすいエッセイ調を選択した．

　なお個人の生活史や言説を記述している場合であっても，そこから読みとれる社会・文化構造等に関しては，一般性や客観性を維持するために，複数のインフォーマントに確認をとっている．しかしそれは，ルカニ村における一般性に過ぎず，チャガ人社会全体に拡張できるか否かの評価は，今後の課題として残しておきたい．

第2節　コーヒー畑の父系制分割相続

「神の山」　アフリカ大陸最高峰のキリマンジャロ山・キボ峰には，自分たちの世界を司る神が住んでいると，山の住民・チャガ人の老人達は言う．著者はこのチャガ人の村の1つ，ルカニ村にホームステイし，彼らが生産するコーヒー豆の調査を続けている．

畑の取得　ルカニ村の長老の1人，デビディー・シラーさんは，著者が同村に滞在する際の「おじいさん」役を担ってくれた．80歳を超えているのにもかかわらず，徒歩で1時間以上かかる遠くの畑に，早朝から出

写真1　ルカニ村から見たキリマンジャロ山・キボ峰

写真2　剪定を行うデビディーじいさん

かけるのが日課であった．また夕方には村内を「散歩（tembea）」し，友人達とバナナ酒をくみ交わしながら，会話を楽しんでいた．

彼は1933年に20歳で結婚すると同時に，父親からコーヒー畑の一部を受け継ぎ，本格的なコーヒー生産を始めた[4]．そのレミラ村の2エーカーの畑に加え，49年にシャンガリ首長から[5]，ルカニ村の6エーカー[6]の土地を分け与えられた[7]．その森林を切り拓いてコーヒー畑とし，2人目の妻とともに[8]，ルカニ村での生活を始めたのである．さらに54年にチャレシ首長から，ンソンゴロ村の10エーカーの土地を分け与えられた．同様に開拓後，コーヒーの木を植え，そこに1人目の妻が住んでいる．

以上のコーヒー畑は，家屋を取り巻く「家庭畑（kihamba）」である．チャガ人の主食であるバナナを日陰樹（shade tree）とし，コーヒーの木や実にとって望ましくない直射日光を避けている．さらにその下に芋類，豆類などが混作されている．その「家庭畑」とは別に，ほとんどのチャガ農家は山麓にある「下の畑（shamba la chini）」を持つが，山間にあるルカニ村からは

写真3　バナナを日陰樹にしたコーヒー生産

徒歩で1時間程度の「通勤」となる．標高が低く降水量も乏しくて，コーヒー生産に適さない「下の畑」では，主に準主食であるトウモロコシが，牧草やひまわりなどと混作されている[9]．彼はやはり54年に，チャレシ首長から1.5エーカーを分け与えられた．

このようにデビディーじいさんは，子供が結婚する前，コーヒー畑18エーカー，トウモロコシ畑1.5エーカーの利用権を保持していた[10]．

相続と父系制度　1人目の妻との間に，2人の娘を授かった．しかし父系制度に従うチャガ人の場合，女性は結婚にともない夫の居住地に移住し，他の家族に属することになる．そのため今や，ンソンゴロ村には年老いた妻が残っているだけである．伝統制度に固執すると，この土地を相続する者は娘の夫となる．しかし人口急増（50年代の3倍）にともない，山間に土地の余裕が皆無となった現在，子孫の資産を確保するため，他の家族への財産分与はできる限り避けたい．相続が不確定であるため，この土地には新規投資が向かず，昔ながらの土製の住居のままで，コーヒー畑も荒れた状態が続いている．

15歳の時，20歳年上のデビディーさんの2人目の妻となったアパティキシ・シラーさんは，著者の「おかあさん」役を担ってくれた．1人目の妻との間に，財産の後継者である息子をもうけることができなかったため，彼は若い妻をめとったと言う．その期待通り，アパティキシかあさんは子宝に恵まれ，10人の子供（男4人，女6人）を育て上げた．彼女はどっしりした

第1章　コーヒー生産者達の生活

快活な女性で，早朝から炊事洗濯や掃除，水や薪の運搬，「家庭畑」の管理や家畜の世話，さらに余裕を見つけて青空市場に出かけるなど，非常にあわただしい毎日を送っていた．

ルカニ村の6エーカーのコーヒー畑は，5つに均等分割され，夫妻が住む1.2エーカーを除いて，それぞれの結婚時に4人の息子へ相続された．

長男テレワイルと次男シーサは専業農家であるが，その1.2エーカーのみでは家計が成り立たない．そこでテレワイルはレミラ村の2エーカーを相続し，またシーサは都市に住む友人のコーヒー畑（友人がマシュア村の老人から購入した0.5エーカーの畑）を管理している（管理費の受取）．さらにトウモロコシ畑1.5エーカーも，この2人で相続している（三男と末男が村に戻ってくれば，新たに分配する）．

三男アレックスと末男アーネストは兼業農家であり，首都ダルエスサラームでの兼業所得が，村での農業所得を大きく上回っている．畑の日常的管理は，両親や兄弟，そして現在はお手伝いさんに任せてある（管理費の支払）．しかし兼業所得に余裕が生じた場合，彼らは少しずつルカニ村へ投資し，自分の畑の中に，老後になってから移り住むコンクリート・ブロック製の住居を完成させた．現金収入をコーヒー販売に依存する長男と次男にとっては，木造の住居が精一杯である．さらに次世代へコーヒー畑が分割相続され，またコーヒー価格が現状のままでは，専業農家の困窮化はより顕著となるだろう．

夫妻の最期　「生まれ育った村で，キリマンジャロ山に見守られながら，友人や子供達，そしてバナナやコーヒーに囲まれて，皆で助け合いながら生きていくのが，チャガ人の理想の生き方なんだよ．」暖かいまなざしで，ゆっくりとさとすように語った言葉が，著者への最後の「教育」となった．デビディーじいさんは97年，83歳の長寿を全うされた．

「我が子よ，いつまでも家族のことをよろしく．」すでに病に冒され，急激にやせ衰えた彼女であったが，最後もしっかりと手を握り締め，村を離れる著者を見送ってくれた．アパティキシかあさんは99年，66歳で亡くなられ

た．癌だった．

　慣習に従い，デビディーじいさんのお墓はンソンゴロ村，アパティキシかあさんのお墓はルカニ村にある．墓参りは著者の「年課」である．その度にさいなまれる喪失感は，「家族の準成員」として著者に何ができるのか，強く意識した時，少しだけやわらぐのである．

第3節　コーヒー販売と互酬性

リーダーの相続　　デビディーじいさんは死の床で，最後の力をふりしぼり，アレックスにつえを手渡したと言う．彼は当時34歳の三男を，家族の次のリーダーとして指名したのである．

　アレックスは父親から引き継いだ，リーダーの象徴であるつえとジャケットを誇らしげにかざす．しかし同時に，意外さと不安の気持ちを隠すことができない．「伝統制度に依れば，長男が指名されるはずなのに，どうして僕になったのか理解できない．」「首都に住む僕が，遠い村に住む家族を見守っていけるのだろうか．」

　夫婦の最後の1.2エーカーの土地は，死後に末男に相続されたため，コーヒー畑は最終的に，長男に3.2エーカー，次男と三男に1.2エーカー，末男に2.4エーカー振り分けられた[11]．長男と末男への多くの土地の相続は，伝統制度に従っている．同制度の下では，末男には両親の老後の世話をする役割，そして長男には家族のリーダーとしての役割が課せられるからである．しかしコーヒー販売で，12人の子供を育て上げた自分の時代とは異なり，現代においてコーヒーだけでは，日常の生活費もままならない．コーヒー畑を最大の現金収入源とみなす伝統制度の「老朽化」を，デビディーじいさんは「現実」として理解していた．それが長男をリーダーにしなかった理由の1つであろう．

都市での就職　　アレックスは1978年，16歳の時に首都の姉の家に移り住み，彼女の紹介で得たダルエスサラーム大学の用務員の仕事を続

けながら，4年間の中学生活（夜間）を終えた．しかし用務員の給料のみでは生活が成り立たず，大学で知り合った友人とともに，87年に小規模な輸出・旅行会社を設立した．96年には公務員削減の政策下で大学の職を失ったものの，上記会社は本格的な旅行会社に成長し，彼は営業担当マネージャーとして活躍している．失業問題が深刻化しているタンザニアの経済状況の下では，非常に恵まれた現金収入を得ていると言える．

リーダーの責務 彼が不安を抱くのは，リーダーの責務の大きさである．彼が見守るべき「家族」は，現代日本のような核家族あるいは祖父母を含めても5〜6人の1世帯でなく，複数の世帯を包括する拡大家族を指すのである．もちろん日常的な家計のやりくりは，それぞれの世帯の両親の責任である．しかしながら，どうしても首が回らなくなり，助けを要求された時は，リーダーはそれに積極的に対応する責務がある．

例えば拡大家族の成員が病気になった時，その世帯に医療費の余裕がない場合，まずはリーダーに助けを求める．リーダーに資金的余裕がある場合は，彼がそれを負担する．その余裕がない場合は，リーダーが成員を集め，あるいは成員の家を回って，何とか資金を融通しなければならない．それを果たすことができないと，リーダーとしての資質を疑われ，非難を浴びると言う．彼はその非難を強く恐れている．

そういった互酬性の価値観の下では，幸いにも恵まれた現金収入源に巡り合った者は，他の拡大家族の成員に対して，一種の社会保障を提供していると言える．

拡大家族と互酬性 首長制度が強固だった頃は首長が，「豊か過ぎる」者から徴収した税（食料，牛など）を「貧し過ぎる」者に再分配したり，「貧し過ぎる」者に仕事や土地を与えたりして，「首長国」内部の平等が保たれていた．「豊かになり過ぎる」ことの罪悪感もあり，その強権による資産の平準化に対する不満は，大きく表面化しなかった．逆にその貧困救済の行為が首長の尊厳を高め，権力を維持できていたと言う．また首長に従っていれば，勇猛なマサイ人や他の「首長国」との戦争時（主に牛の争奪

戦）には，彼が徴収した兵士に守ってもらえた．そのように個人の繁栄より，共同体全体の存続が優先されていたのである．

　その「首長国」内部の互酬性はもちろん，首長制度衰退で過去のものとなった．また互酬性の価値観自身も，植民地化以降の西欧化（資本主義化，個人主義化，キリスト教化など），そして独立後の社会主義化にともない大きく変容した．今やそれを，チャガ人社会一般の価値観としてとらえるのは限界がある．個人的な富の蓄積を追求する者が増え，その罪悪感やそれを非難する首長もいなくなった．と言うよりも，首長自身が有利な地位を利用して，最も富の蓄積を追求した．一方で，その機会のない普通の住民は貧困化し，助け合う余裕がなくなったのである．

　ただ少なくてもルカニ村においては，拡大家族内部の互酬性に関し，未だ根強いものがある．近年の「拡大家族」は，昔のようなクラン（氏族）全体，すなわちアレックスのフル・ネーム「アレックス・デビディー・シラー」の場合であれば，「シラー」という氏族全体を意味するわけではない．あくまで「デビディー」という父親を中心とする関係に縮小している．そうであったとしても，母親，兄弟，離婚・未婚の姉妹，そして既婚の姉妹であっても夫婦喧嘩して「里帰り」した場合，そしてそれぞれの子供や孫ができた場合など，すべてを考慮すれば，容易に100人に至ってしまう．

　100人に対して社会保障を提供する責務を考えると，リーダーにとって，いくら現金をかせいでも「豊か（所得が十分）」であるとは言えない．逆に低所得者であっても，互酬性の強い拡大家族の中にいる限り，「貧しい（所得が不十分）」とは言えないのである．このように「豊かさ」や「貧しさ」の概念も，構造的で複雑なものになってくる．

コーヒー販売と農村の価値　確かにコーヒー販売のみで，上記のリーダーの責務を果たすのはつらい．コーヒーが十分な現金収入源とならない近年においては，農村の価値も見くびられる傾向にある．長男テレワイルは，いつも著者に嘆く．「機会があれば，都市で仕事をしたい．若者が村に残っていると，馬鹿にされるんだ．」しかしながら，若者が競って都

市に出ても，就職口はあまりに狭く，さらなる困窮化を余儀なくされる場合がほとんどである．

　ただ幸いなことに，まだコーヒーは見捨てられてはいない．ほとんどの農家は，近年の凶作や生産者価格の低迷が，急激に改善することを夢見ている．祖先から引き継いだ大事なコーヒーの木やコーヒー・バナナの畑を，容易には放棄できないという文化的な理由もある．コーヒー栽培の緩慢化，作物の多様化や他作物の重視は一般的であるが，大半のコーヒーを切り倒して他作物に植え替える例は，未だ一部で確認できるのみである．ルカニ村における最大の現金収入源は，相変わらずコーヒーのままなのである．

　このコーヒー販売を再度，魅力的なものにすることができれば，農村の価値が再評価され，少しは若者を引き付けることもできるだろう．それがデビディーじいさんの言う，チャガ人の「理想」の生き方につながっていくのではないだろうか．

第4節　コーヒー販売と医療

「ハレの場」　　ほとんどがキリスト教徒であるルカニ村民にとって，キリスト教の祝祭が「ハレの日」となる．たとえば，伝統的な村祭りはすでに消え，クリスマスがそれに取って代わっている．毎週日曜日のミサには，Tシャツ・Gパンしか持っていない著者が，恥じらいを感じるほどの着飾った格好で，多くの村民が村の教会に集まる．説教の合間には合唱団と吹奏楽団が，アフリカ風にアレンジされたリズミカルな賛美歌を奏で，村の単調な生活にいろどりが添えられる．

　今回の調査は，ちょうどイースターの祝日と重なり，「イスラム教徒であろうが仏教徒であろうが，本日教会に行かない者は，村民から馬鹿にされる」と，アレックス夫妻からおどかされたため，相変わらずの汚い身なりのまま，教会に足を向けた．

教会への寄付　ところが今回のミサは，いつもと様相を異にした．牧師の説教中であっても，あちこちで「コッコ，コッコ」と，にわとりがかしがましい．その理由は，教会への寄付の時間になって，やっと理解できた．

　現金収入にとぼしいルカニ村民は，多くがお金でなしに現物で寄付を行う．ミサの終了後，教会の庭でそれらを競売にかけて，現金化するのである（購入者は主に，都市での就職者）．それもまた，娯楽の少ない村民にとっての楽しいひとときである．そして今回は，バナナ，トウモロコシなどの農産物に加えて，1,500～2,000タンザニア・シリング（Tshs）[12]もする，彼らにとって高価なにわとりが，10羽以上も寄付されたのである．

　ルカニ村唯一の診療所が，閉鎖の危機に直面している．実は今回の寄付は，その閉鎖を避けるためのものであった．村民がいかに診療所を重要視しているか，うかがい知ることができよう．

ルカニ診療所　1987年に開設されたルカニ診療所は，タンザニア・ルーテル教会・北部教区の主教が管理する私立診療所であった．資金的には，ドイツのルーテル教会からの援助に大きく依存していた．その支援金で，マチャメ・ルーテル中央病院が医薬品を購入し，複数の村にある診療所へ振り分けていたのである．しかしドイツからの援助が減少し，また各診療所の経営も思わしくなく，主教はそれらの管理を放棄せざるを得なくなった．98年よりすべての村診療所は，各村の教会によって管理されている．

　ルカニ診療所は，内科と産婦人科の2つのセクションから成り，前者は准医者（メディカル・アシスタント）と看護婦の2名，後者は助産婦1名で運営されている．前者による処置は風邪，マラリア，下痢などの軽い疾病や傷害に限られる．後者においても，例えば初産で難産の場合は処置をあきらめ，すぐに病院へ運ばれる．

　しかし最も近くにある県立病院であっても，ミニバス（時刻表はなく，いつ乗車できるか不明）を1，2回乗り継ぐため，1時間以上の時間と約1,000Tshsの運賃が必要となる．また県立病院などでは，診察のみでも最低

写真4　ルカニ診療所の産婦人科

500Tshs の料金を徴収されるが，同診療所では無料である．薬や注射の代金は，他より多少安い程度であるが，顔見知りであるがゆえに後払いが可能である．

この身近さや安価さがゆえに，体調を崩した，あるいは妊娠・出産した村民がひんぱんに立ち寄る，村の不可欠な施設であった．

コーヒー販売と診療所危機

中央からの支援停止にもかかわらず，料金の調整がなされなかったことも，危機の原因の１つである．しかし近年のコーヒーの凶作や価格の低迷は，診療所の独立採算制の試みを大きくくじいてしまった．

コーヒー販売により十分な現金を獲得できなかった村民は，高価な薬や注射を嫌い（例えばマラリアは3,000Tshs），できる限り通院を避けるようになった．診察を避けたために，手遅れで死亡した老人もいる．昔のように，家で出産する女性も出てきた．また処置を受けても，支払の滞る患者が増えた．今や診療所の赤字額は，計算できない程にふくらんでしまったと言う．

アリス先生は同診療所で働き始めて，まだ３カ月に過ぎない．前任の准医者は，給料未払に耐えかねて「逃げ出し」，彼女自身の給料も，すでに滞納となっている．「教会が目標としている150万 Tshs（約21万円）の寄付が集まれば，給料の支払，建物のリハビリ，医薬品の購入などが実現し，しばらくは閉鎖を避けることができるでしょう．でもその後の経営は，村民自身の通院と支払にかかっている．それを促進するためには，コーヒー販売額の向上が不可欠なんだけど，最近の不調が続くようでは，ちょっと難しいね．」

商売と共同体

診療所問題の担当者は，サムソン社長である．彼は農業投入財小売店とひまわり油搾油工場を経営する，村一番の商売人である．10年前に農業普及員の仕事を辞めて，村での生活を始めた．しか

し村のコーヒー畑や家畜の管理は労働者や家族に任せ，自分は毎朝1時間以上かけて，都市にある小売店や工場に通っている．

　彼の小売店には「安物買いの銭失い」という内容の，タンザニアには似合わない経営哲学が掲げてある．この国で経済開発が進まないのは，「商売」と「共同体（家族・友人）」の混同が原因であると，いつも嘆いていた．その彼が，商売を1週間余り休んで首都に出て，寄付の依頼に奔走しているのである．さらに彼は本年度より，ルカニ協同組合の組合長（無給）に選出されている．

　それを冗談まじりに問いただすと，「村に10年間も腰を落ち着かせると，個人的に金もうけする「商売（biashara）」より，お金やものを分け合う助け合いの「共同体（ujamaa）」の方が，大事になっちゃうんだよね」と，彼は笑いながら答えた．

寄付の状況　サムソン社長は，首相（夫人がルカニ村出身）への陳情を果たした．しかし「小さな政府」を尊重する政策下において，政府からの補助金は問題外であった．そして個人的な寄付に関しても，10月に総選挙をひかえ，自分の選挙区への寄付で精一杯であるという返答だった．ただ首都においては，「ルカニ開発協会」（首都に住むルカニ村出身者が，同村の開発のために組織した自律組織）から，50万Tshsの支援の約束を取り付けた．さらに村において，20万Tshsの寄付が集まった．目標まで，あと80万Tshs（約11万円）である[13]．

第5節　コーヒー販売と教育

家から教育へ　「人生は苦難である．」キリスト教の影響であろう．多くのタンザニア人が口にする言葉である．しかし彼らの多くは，楽天家で底抜けに明るい．人生の楽しみ方に長けているように見える彼らにとっては，あまりに似合わない言葉のように思われる．しかしチャガ人を知れば知る程，彼らの「苦難」が実感できるようになる．

チャガ人の若者（男性）ができる限り早く家を持ちたがるのは，それを結婚の前提とみなす伝統が残っているからである．家がない場合，恥ずかしくて，恋人の両親に結婚のお願いに行けないと言う．そして結婚後は，子供の教育が最優先される．

教育重視　チャガ人は教育を重視することで有名で，その結果，政治や経済の要職を握っているため，他民族からねたみを買うほどである．土地を相続できない者にとっては，都市での就職を実現するために，さらに教育の意義が高まる．しかしこれも，コーヒーの貢献が大きい．近年のコーヒー産業の不調に，受益者負担原則の導入にともなう教育費上昇が重なって，そのチャガ人の優位性も揺らいでいる．

　村の最も優秀な専業農家であるという紹介で，キオロンドゥワさんに話を聞いた．98年度の凶作時には，ほとんどの村民が5キロ未満の収穫量で苦しんでいたが，彼は41キロ（49,200Tshsの販売額）という，うらやましい収穫量を実現していた．それにもかかわらず，彼は繰り返し，「この収穫量では，中学校に通う2人の子供を休学させざるを得ない」と嘆いた．

最悪の就職状況　さらに言えば，たとえ教育に恵まれても，就職状況は最悪である．

　ブライソン君は1983年，ルカニ小学校を卒業し，7年間の義務教育をいったんは終えた．しかし卒業時の全国試験の成績が悪く，志望中学へ進めないため，兄が住んでいたドドマ州に引っ越しして，小学6〜7年をやり直した．その後は中学（4年間）修了時の全国試験，高校（2年間）修了時の全国試験で優秀な成績を修め，兵役2年間，中学教師1年間を経て，1994年に26歳で，ダルエスサラーム大学理学部への入学を果たした．タンザニア唯一の国立総合大学である．しかし超エリートのダル大生（ルカニ村からは，1年に1人が入学できるか否か）であっても，卒業は難しいし，卒業後に就職が保証されるわけではない[14]．

　彼も詰め込み教育，半分が中退するという競争の激しさ，勉学が就職につながらない状況，などに嫌気が差し，3年修了時から休学中である．現在は，

兄が近くの街で経営している肉屋のアシスタントや、宝石のブローカーをしている。この社会勉強を通じて、じっくりと自分の将来を見極めた後、大学を卒業したいと言う。

写真5　キマロ先生の幼稚園の授業

生涯一教師　著者の調査に最も貢献してくれているのは、キマロ先生である。彼は25歳の時から25年間、ルカニ小学校の校長を務め、50歳で自主退職した以後は、午前中に同小学校の一角で幼稚園、夕方に自分の家で塾を運営している。「ルカニ村出身の若者は、すべて私の教え子である。首相夫人をはじめ、皆の活躍は私の誇りである。」

義務教育である小学校の就学率低下（全国平均で55%）と中退者急増（全国で20万5千人）、アフリカで最も低い中学への進学率（全国平均で5%）が、深刻な問題となっている中で、ルカニ小学校はほぼ100%の就学率と卒業率、そして中学進学率40%余りを誇っている（ちなみに高校への進学率は全国平均で0.3%）[15]。

コーヒー販売と学費　父親はコーヒー販売だけで、彼を一人前の教師に育てた。それゆえ自分と同程度の教育を、我が子にも受けさせてあげたいと言う。

彼は中学卒業後、海沿いのタンガ州にある教師専門学校を経て、同州の小学校に就職、現地の女性と結婚して3人の娘をもうけた。しかしルカニ村への転勤に際して妻は、山の中では魚が食べられない、チャガ人は勤勉過ぎる、などの文化の違いを嫌い、離婚を余儀なくされた。娘は妻が引き取ったが、養育費は彼が負担した。そして希望通り、3人とも専門学校を卒業させて、2人が小学校の先生、1人が小児科の准医者になった。

しかしルカニ村の女性と再婚し、授かった5人の娘と1人の息子に関しては、近年のコーヒー販売不調が原因で[16]、希望通りの教育を与えられずにい

る．長女は教師専門学校を経て幼稚園の先生になったが，それ以後は資金不足である．長男は専門学校に行けず，中学卒業後に大工になった．次女は中学にも行けず，小学校卒業後に洋裁学校へ通って，デザイナーをめざしている．三女は中学2年生で，年間12万Tshsの学費がかかる（四女は小学5年生，五女は幼稚園児）．ちなみに教師専門学校の学費は，学生寮の費用も含めて年間40万Tshsであると言う．

　82年より少しずつお金を貯め，少しずつ建設を進めてきた新しい家も，コンクリート・ブロック製の壁が完成した時点でお金が尽きたため，屋根を付けられないまま，5年以上も放置してある．全員の教育が終わるまで，放置する可能性が大きい．

コーヒー生産と教育　「天候で激変する生産量，国際価格で激変する生産者価格，そういう不安定なコーヒー生産に依存したままでは，ルカニ村民の生活は改善しない．それゆえしっかり教育を受け，都市で就職して，そこでもうけたお金を村に投資するのが，近年の最善の生き方だね．しかしその教育も，コーヒー生産に依存しているし，就職状況は悪いし……．」

　お気に入りのキボ・ゴールド・ビールでほろ酔い気分になると，キマロ先生はいつも，著者への大きな期待を語る．「おまえも私の教え子で，ルカニ村のコーヒーのおかげで大学教官にまで育ったのだから，村の発展のために貢献してくれるよね．」

第6節　コーヒー所得と農村開発

収穫カレンダー　チャガ人の主食であるバナナは，10種類あまりが栽培されているため，1年中収穫できる．準主食であるトウモロコシの収穫期は6〜9月であるが，倉庫に保管しておき，1年中消費できる．その他，牛乳は1年中搾乳，芋類も1年中収穫，豆類は保管して1年中消費できるなど，ルカニ村民が食料（自給用）作物で苦労することはほとんどな

い．

　輸出（換金用）作物であるコーヒーに関しては，新年度のための農薬・肥料を投入するのが1～2月で，2～3月に草取りや枝落とし（剪定）を行い，豆が付き始めるのは3～4月である．さらに6～7月，果実病を避けるためにもう一度農薬の投入，また豆の付き方が悪い枝をもう一度切り落とし，収穫や販売が実現するのは8～12月である．そして12月末には，その販売収入の一部を利用して，「クリスマスの村祭り」を大いに楽しむのである．

コーヒー産業の不調　　現金収入をコーヒー販売に依存しているルカニ村民にとって，既述のようにその不調は，享受できる教育や医療の水準低下につながる．さらには，互酬性の価値観の下での「伝統的社会保障制度」が困難になる．

　ところが近年，ルカニ村のコーヒー産業は不調続きである．自由化にともない，政府による補助価格での提供が停止し，農薬価格は高騰している．対照的に，買付競争の促進で引き上げを試みた生産者価格は，低迷を余儀なくされている．さらに96年度から3年間，異常気象にともなう凶作が続いた．99年度以降，気候は改善しているものの，すでにほとんどの農家が十分な農薬を投入していないため，果実病が大発生してしまった．

　そもそもタンザニアにおけるコーヒーの生産性は，世界一低い水準にある（93～97年におけるマイルド・アラビカ種の全国平均で172kg/ha）[17]．山間部傾斜地にある1.5～2.5エーカー（ルカニ村の平均）の狭い畑において，経済寿命を大きく超えた老木を育てているからである．その背景には，コーヒー畑の分割相続という文化条件が存在する．政府はEUからの援助を利用して，安価な苗木の供給に努めている．しかし苦労して育てても，高く売れない現状のままでは，樹木の更新も進まない．

小農民の所得水準　　それでは，コーヒー所得の水準はどの程度なのであろうか．まずは96年度に農業省が行った農業経営調査の結果を紹介しよう（キリマンジャロ／アルーシャ州における小農民生産の1ha当たりの平均値）．

まず同年度のコーヒー豆の生産量は150kg/haで，生産者価格は1,000Tshs/kgであるため，コーヒー売上は150,000Tshsである．労働力に関しては，コーヒーには年間でのべ143労働者・日数が利用されるが，そのうちの雇用労働力はのべ29労働者・日に過ぎない．1日当たりの労賃は870Tshsであるため，25,230Tshsの経費が生じている．また肥料（化学肥料を含む）には9,500Tshs，農薬には34,000Tshs，出荷時の麻袋に1,102Tshs，農具（果肉除去機や剪定用はさみ等）に11,908Tshsの経費が生じている．以上を計算すると，生産コストは81,740Tshs，よってコーヒー所得は68,260Tshsになる[18]．

次に，ルカニ村におけるコーヒー所得の水準を紹介しよう．残念
労働力の利用水準 ながら，記帳している村民は1人もおらず，また価格，生産量，投入財の利用水準は，年により大きく変動してしまう．それゆえ複数のインタビューからの概算しか不可能である[19]．ここでは，平均的面積の畑を持つ3名（2.7エーカーのテレワイル（40歳），2エーカーのキマロ（55歳），2.5エーカーのシレサリオ（79歳））の所得水準を概算してみよう．

労働力に関しては，過去には例えば，富裕者が牛を貸す（牛乳，血，肥料（糞）を援助），その代わりに貧困者が畑の労働力を提供するという，一種の互酬性が存在した．現在では，下記の老人による収穫や家族（世帯内）労働力を使う場合を除いて，ほとんどが現金化されている．

剪定には専門性が必要とされるため，ほとんどが労働者を雇う．テレワイルとキマロは1名を1日1,000Tshsで，前者は年5日，後者は年6日雇用している．さらにシレサリオは2名を年5日，1日2,000Tshsで雇用している．

農薬散布のためには，重い噴霧器をかつぐ必要があり，老人にとっては困難である．そのゆえテレワイルは自分で行うが，キマロは1回の散布が2,000Tshsで，年3回の雇用を行っている．さらにシレサリオは，1回の散布が8,000Tshsで，年3回の雇用を行っている．

収穫に関しては，現在でも老人が摘み取りを開始すると，親戚の者が自発

的に手伝いに来る（御礼はお金でなく，昼食，紅茶，バナナ酒など）．若者の場合は，家族労働力を使うのが一般的である．テレワイルとキマロは，自分，妻，子供達で摘み取りを行う．シレサリオの場合は，既婚の子供達の家族が手伝いに来る．ただ村の収穫量が

写真6　家族で行うコーヒーの実の摘み取り

多い時は，自然に他地域から若者が集まってきて，仕事を欲しがるので，その場合はバケツ1杯の収穫でテレワイルは100Tshs，シレサリオは350Tshsを支払っている．

　その他，施肥にテレワイルが年間4,500Tshs，シレサリオが年間30,000Tshs，草取りにシレサリオが年間56,000Tshsを費やしている．それゆえ雇用労働力の経費として，テレワイルが年間9,500Tshs，キマロが12,000Tshs，シレサリオが130,000Tshsを費やしている．

農薬・肥料の利用水準
　肥料に関しては，ほとんどの村民が自家所有の牛や山羊の糞を利用している．しかしテレワイルは，堆肥にする手間を惜しみ，近所の農家から年間6,000Tshsで購入している．農薬に関しては，希望通りに散布すると仮定すると，テレワイルが44,000Tshs，キマロが50,000Tshs，シレサリオが150,000Tshsを費やす．

　以上の労働力と農薬・肥料の経費を計算すると，テレワイルは年間59,500Tshs，キマロは年間62,000Tshs，シレサリオは年間280,000Tshsの生産コストを費やしていることになる．

生産量と所得
　そうすると，例えば生産者価格が1,000Tshs/kgの年度は，テレワイルが60kg，キマロが62kg，シレサリオが280kg以上の収穫を実現しないと，赤字が生じることになる（農薬を利用しなければ，それぞれ16kg，6kg，106kg以上で黒字）．平均的気候の際には，テレワイルが350kg，キマロが300kg，シレサリオが500kgの生産量を期待で

きると言い（豊作時はその1.5〜2倍），その場合，所得は29.1万Tshs（4.0万円），23.8万Tshs（3.3万円），22.0万Tshs（3.0万円）となる．

　しかし凶作時，例えば97年度（干ばつとその直後の集中豪雨）の生産量は，テレワイルが5kg，キマロが4kg，シレサリオが50kgに過ぎず，3人とも大きな損失を被った（生産者価格は民間への販売で1,500Tshs/kg）．また昨年（99年）度は，気候は改善したものの，キマロとシレサリオは農薬をほとんど利用しなかったため，それぞれ20kg，56kgしか収穫できなかった．テレワイルは，農薬を不十分ながらも投入し，また畑への日当たりも良かったため，果実病の発生を避けることができ，210kgの収穫を実現した（生産者価格は民間への販売で700Tshs/kg）．

農村開発への影響　30年あまり，ルカニ協同組合のコーヒー加工場長や理事を務めてきたシレサリオじいさんは，非常に物静かな老人で，冷静にコーヒー所得の重要性を語る．「同村の開発にとっても，コーヒー所得が不可欠である．例えば95年度は豊作だったため，寄付金がたくさん集まり，教会や小学校の改築がなされた．新しい家の建築，新しい家畜やその他の作物の増産も進んだし，「下の畑」を購入することもできた．コーヒー自身に関しても，農薬や苗木を投入することができた．」

　しかし著者が調査を開始した96年度以降，上記のように凶作続きで，確かに村はあまり変わっていない．

　同じく協同組合の組合長や理事を務めてきたシャンガリじいさんは，首長の息子であるため，相続が終わっても6エーカーの畑を維持できている．10年ほど前までは，豊富な資金力を活用して，年間10名の労働者を雇用，農薬もふんだんに投入，豊作時には300万Tshsを稼ぐことができた言う．

　彼を訪問する時は，気合いが必要である．自分が経営する飲み屋で醸造したバナナ酒を飲み干さないと，帰してくれないからである．彼自身，いつも酔っぱらっており，シレサリオじいさんとは対照的に，あまりにじょう舌である．「昔のようにコーヒー畑だけでは，家族を養うことができなくなってしまった．それどころか近年は凶作続きで，一晩眠る毎に，村がどんどん貧

しくなっていく．たとえ違法であっても，お前が我々から高く買って，日本で売ってくれれば，村が生き残っていけるんだ．」[20]

自律的開発組織　その一方で，自律的開発組織もしっかり存在する．それがチャガ人の長けているところである．

写真7　ルカニ村の中央広場とルカニ協同組合の建物

　キマロ先生は，小・中学校を卒業後も就職に恵まれない若者達を痛み，96年に「ルカニ村若者会」を組織した．30名の入会金（苗木：2,500Tshs，養蜂：3,000Tshs，養殖：5,000Tshs）を着手資金として，①コーヒー苗木生産（8名が参加．種子は県の農業普及員より2,000Tshs/kgで購入．育苗後に苗木を1本150Tshsで販売する予定だったが，異常気象のため，1つの育苗場を除いて失敗），②養蜂（12名が参加．少雨のため生産量が少なく，まだ自家消費の段階．1瓶35Tshsで販売する予定），③養殖（10名が参加：稚魚はルーテル教会より贈与．育成後に1匹150〜200Tshsで販売の予定だったが，干からびた池が多く，うまく管理されている池も，まだ自家消費の段階），の3プロジェクトを実施している．

　首都ダルエスサラームに住むルカニ村出身者は，近年の村の貧困化を痛み，97年に「ルカニ開発協会」を組織した．すべての村出身者（約120世帯）が加入しており（年間10,000Tshsの会費），プロジェクト実施に応じて寄付金を集めている．すでに，①図書館の設立（内装の途中），②小学校の2部屋の改築（工事中），③診療所再建の支援，の3プロジェクトを実施している．さらに④中学校の設立（建設地の選定中），⑤コーヒー加工場の再建，⑥キリマンジャロ登山口としての開発，などを計画している．

　その他，農村協同組合，村会（社会事業・自律委員会が組織する村民による共同作業），教会（寄付金を利用した社会事業）なども，自律組織に加えるべきだろう．

第1章　コーヒー生産者達の生活

これらの自律組織を主体とする村の開発プロジェクトに対して，何らかの支援関係を構築していくこと，それが「キリマンジャロ」コーヒーの生産者達の「顔」に触れることのできた，我々消費者の良心であると考えるのである．

第7節　む　す　び

　コーヒー生産者達の日常生活を取り巻く社会・文化条件として，本章では主に，①コーヒー畑の父系制分割相続，②拡大家族内の互酬性の価値観の下での「伝統的社会保障制度」，③結婚の前提としての家建設，④祖先から引き継いだがゆえに容易には放棄できないコーヒーの木・畑，等を記述することができた．経済条件としては主に，⑤村における最大の現金収入源としてのコーヒー販売，⑥その不調がゆえに若者を引き付ける都市での就職（兼業化），⑦その都市での最悪の就職状況，⑧生活必需品以外の現金の使途（農業投入財，家から教育へ，医療，農村開発（寄付金）），等を記述することができた．

　それゆえコーヒー販売の不調は，上記の⑥の影響に加えて，②の「伝統的社会保障」，そして⑧に関連して，農業投入財（特に農薬）の利用，享受できる教育・医療，農村開発，等の水準を低下させるという悪影響をもたらすのである．さらには，①にともなう農地の細分化とそれを1要因とした生産性低下も，コーヒー販売の不調を強化してしまう．以上のような，生産者達の日常生活とコーヒー産業の関係に関しても，本章で説明することができた．

　その他，このコーヒー産業の不調に対処するための村の自律的開発組織や，「環境保全的」と評価される「家庭畑」におけるコーヒー生産の方法を紹介することもできた．

　　注
　1）　詳しくは，G.M.ホジソン（八木紀一郎・橋本昭一・家本博一・中矢俊博訳）

『現代制度派経済学宣言』名古屋大学出版会，1997年，を参照されたい．「制度」の定義は，8ページからの引用である．
2) Hyden, Goran, *Beyond Ujamaa in Tanzania, Underdevelopment and an Uncaptured Peasantry*, Berkeley and Los Angeles, University of California Press, 1980.
3) 辻村英之『南部アフリカの農村協同組合―構造調整政策下における役割と育成―』日本経済評論社，1999年，第4章第3節．
4) 土地は父親の死去時に相続されると言うが，実質的には，息子の結婚時に一部の利用権が移っている．
5) 独立前のチャガ人社会は多くの「首長国」で構成されており，それぞれが封建的権力（土地分配権，徴税権，労働者や兵士の徴集権等）を持つ首長を有していた．有名な首長は，キリマンジャロ東斜面（首長の名にちなんでロンボ）に住んでいたオロンボ，南東斜面（キレマ）に住んでいたマリアレ，南斜面のモシに住んでいたリンディ，キボショに住んでいたシナ，そして西斜面（マチャメ）に住んでいたシャンガリ（ムシ）である．独立後の近代化，社会主義化の過程で，その首長制度は衰退し，現在では村の指導者のほとんどが，投票で選ばれている．
6) 1ha＝2.47acre.
7) 土地は無償で与えられるが，その恩恵を被るためには牛，山羊，バナナ酒などを貢ぎ物として，しばしば首長に献上し，彼に気に入られる必要があった．
8) 一夫多妻制であるが，妻をめとるために夫は，妻の家族に牛（婚資）を結納する必要があった．それゆえ，牛を数頭所有できる豊かな男のみが，複数の妻を持つことができた．
9) 池上は，5層から成るチャガ人の「家庭畑」（上層から順に，①高木（材木用），②中木（燃料用），③バナナや果樹，④コーヒー，⑤芋類・豆類，等の混作）に関し，①，②，③が提供する日陰が④コーヒーの生産にとって重要であること，食料作物と換金作物の巧みな組み合わせ，労働配分・投入の効率性，等の利点を挙げ，それを「農林複合システム」と呼んでいる．さらには，牛をはじめとする家畜の糞が「家庭畑」の肥料となる一方で，「家庭畑」や「下の畑」で育つ牧草やバナナの仮茎等が家畜の飼料になるという相互関係を加え，全体を「農林牧複合システム」と呼んでいる．そしてその利点として，「家庭畑」における集約的土地利用がもたらす土壌肥沃度の低下を家畜肥料やマルチ（敷草やバナナの葉等による根覆い）によって妨げること，自給経済と換金経済のバランスの良さ，多様な作物・植生や肥料・マルチによる土壌流出の防止，等を挙げている (Ikegami, Koichi, "The Traditional Agrosilvipastoral Complex System in the Kilimanjaro Region, and its Implications for Japanese-Assisted Lower Moshi Irrigation Project", *African Study Monographs*, 15 (4), 1994, pp. 189-209).
　この日陰樹の下での伝統的コーヒー生産（混作）は，ほとんどの生産国で確認されるが，中南米を中心に普及している日陰のない大農園における近代的生産

（単作）と比較した場合，森林伐採，生物多様性喪失，農薬依存，土壌流出等を妨げる環境保全的な農法として，特にアメリカにおいて高く評価されている．そして同農法で生産されたコーヒーに対して，「鳥に優しい（Bird Friendly)」，「エコ・オッケイ（ECO-O.K.)」等の認証マークが貼付され，販売促進がなされている．詳しくは，林口宏「サステイナブルコーヒーとフェアトレード」新山陽子（研究代表者）『コーヒーのフードシステムに関する理論的実証的研究―生産農民の貧困緩和に貢献するための原産国と消費国の新たな結合の可能性―』科学研究費補助金研究成果報告書，2003年，第10章，を参照されたい．

10) 村内の土地の所有権は，社会主義化を経て首長から国へと移った．自由化が進む現在でも，土地の所有権は国のままで，個人は「占有権」（99年間以内）の売買や賃貸を行うことができる（Tanzania, Government of, The Land Act, 1999）．村内の土地においては，「慣習的占有権」の売買や賃貸に関し，村会の許可を得る必要がある（Tanzania, Government of, The Village Land Act, 1999）．

11) 現在は土地の不足がゆえに，長男・末男以外には，あるいは長男・末男であっても，土地を相続できない事例が増えた．多くのチャガ人が，山間での生活をあきらめ，他地域へ移住せざるを得ない状況になっている．また息子が少ない家族において，娘に土地を相続させる事例もある．なおンソンゴロ村の土地は，1人目の妻が健在であり，未だ相続は確定していない．

12) 執筆時（2000年5月）に1円=7.3Tshs．

13) 執筆時の状況．7月末の時点では，目標の150万Tshsを集め，建物のリハビリ開始や給料支払が実現している．即座の閉鎖を免れることができたのだが，彼らの最終目標は，従来は小学校の教室であった建物を拡張し，政府の診療所建築基準を満たすことである．そのためには，総額で約1,500万Tshsが必要であると言う．

14) 社会主義の時代は，大学卒業生には公務員や公団・公社職員の地位が保障されていた．

15) 小学校就学率，中学進学率，高校進学率の全国平均は，*Business Times*, June 23, 2000，小学校中退者数は *The Guardian*, May 2, 2000．

16) 退職時であっても，教師の月給は17,000Tshsに過ぎず，凶作時以外は，コーヒー所得が同給料を大きく上回っていたと言う．

17) Agrisystems, *Tanzania Coffee Sector Strategy Study: Final Report*, Appendix C, Government of Tanzania and European Commission, 1998, p. 2. なお世界一生産性が高いブラジルにおいては，876kg/ha（2000/01年度におけるアラビカ・ロブスタの全国平均）の生産性が実現していると言う．ちなみに同国の大規模農園（500ha以上）の生産性は3,000〜4,200kg/haにまで至る（圓尾飲料開発研究所による調査）．

18) Agrisystems, *op. cit.*, Appendix G, pp. 1-3のTable 3より算出．

19) 出荷時の麻袋は農村協同組合からの貸与がほとんどで，農具に関しても拡大家

族内での貸借が頻繁に行われるため，今回は生産コストの概算対象としない．
20) たとえ1粒であっても，買付免許なしに農民からコーヒー豆を購入することは違法である．

第2章 構造調整政策の農村協同組合への影響
―コーヒー販売農協の危機―

第1節 問題意識と分析課題

　タンザニアはイギリスからの独立（1961年）の後，ウジャマー（家族共同精神）を重視するアフリカ型の社会主義政策（1967~82年）を試みた．しかしながらこのウジャマー社会主義政策に失敗した結果，1986年以降，世界銀行・国際通貨基金（IMF）主導の典型的な構造調整（経済自由化）政策を受け入れざるを得なかった[1]．

　さらに同社会主義政策は，ウジャマー村建設を中核としたが，それは3段階の構想に沿って実践された．①散村の集村化，そしてその集村に，②家族畑と小規模な共同農場を設立し，最終的には，③共同農場を主体にする，という構想である．その最終目標であるウジャマー村第3段階は，村を基礎単位，農業生産・流通事業を主体とする，多目的な農村協同組合であった．それゆえ同政策の失敗は，現在の組合育成政策にも多大なる影響を与えている[2]．

　本章の基本課題は，タンザニアにおける社会主義から市場主義への急速なる改革，そして自由経済の制度基盤の確立が，農村協同組合に与えている影響を分析することである[3]．

　協同組合法を中心とする制度分析[4]で明らかになるのは，構造調整政策の下では，典型的・近代的な「西欧型」協同組合育成と，「政府介入なき」協同組合育成しか許されないことである．そしてそれは，アフリカにおける組

合育成の失敗原因[5]と一般的に見なされている,「共同体的伝統の利用」と「過度の政府介入」を,避ける方向での改革となっている.しかしながら,この新たな育成手段の下で,農村協同組合の望ましい発展は可能なのであろうか.

本章では,主に96年7~8月の現地調査で収集した資料を基にして,組合育成手段の現状分析を試みる.まず第2節では,構造調整政策下での新たなる育成手段の実態(上記の2つの組合育成手段の詳細)を明らかにする.そして第3節では,コーヒー販売農協であるルカニ単位協同組合とキリマンジャロ原住民協同組合連合会(KNCU)を事例として,その育成手段の影響を解明する.

第2節　構造調整政策下における組合育成手段の実態

1.　西欧型組合育成の実態:健全経営の追求

(1)　規模の経済性の重視

新しい「協同組合法(91年)」(以下,「91年法」と略称)の下に登記を果たした農業流通事業を行う単位農村協同組合と地域協同組合連合会の数を,「協同組合法(82年)」(以下,「82年法」と略称)下の登記数と比較してみると,単協の激減(5,616 → 2,526組合)とは対照的に,地域連合会が増加している(27 → 44組合)ことがわかる[6].

すでに7つの地域連合会が清算されたのにもかかわらず,その数が増加しているのは,事業開始・継続の前提条件である健全経営の要件として,規模の経済性が重視されているからである.つまり従来の1州1連合会が大規模過ぎるとの認識の下で,取扱高・組合員数に従って,1県あるいは複数の県で1つの地域連合会を持てるよう,その分割が実践されているのである.

単協の激減も,清算の進展に加えて,規模の経済性の重視で説明される.つまり従来の1村1単協が小規模過ぎるとの認識の下で,とりわけ取扱高・

組合員数が少ない単協に関しては，複数の村で1つの単協を持てるよう，その合併が実践されているのである．

(2) 単営・専門化の重視

「82年法」による組合の3層（単協・地域連合会・全国連合会）構造の固定は，「91年法」による組合の事業地区任意化により，法制度的には否定された．しかしながら実際は，地域連合会と全国協同組合連合会の間に作物別全国連合会を挟む，4層構造の形成が進展しており，96年8月時点で，コーヒー，綿花，カシューナッツ，タバコ，穀物の5つの作物別全国連合会が設立されている．

さらに「82年法」による組合の5種兼営の義務づけも，「91年法」による組合の事業内容任意化により，制度的に否定された．実際，最も利益の上がる特定の農産物の流通（特に販売）事業に専念する，専門協同組合の育成が重視されている．作物別全国連合会の設立も，この単営・専門化の動きの1つである．

この改革の動きは，組合職員の管理能力を超える多種多様な事業の実践が，経営悪化につながるという認識の下で，健全経営の要件として，事業のスリム化が重視されているからである．要するに，「多目的農村協同組合」から「専門農業流通協同組合」への改革が進んでいるのである．

(3) 自発・民主化と民営化の重視

もう1つ，健全経営の要件として重視されているのが，自発・民主化と民営化の進展である．「91年法」では，総会の最大限の機能強化を図っている．また「82年法」による村民の自動的組合加入の原則は，「91年法」による自発的加入と出資組合の原則により，制度的に否定された．

組合員の自発性に沿って組織され，また総会の民主的運営に成功さえすれば，上記の最適規模や事業スリム化は，彼らの必要性に応じて，自然にそして漸進的に調整され得るという認識の下で，組合の自発・民主化が進んでい

る.そして出資組合化で自己資本が充実すれば,政府補助金や銀行借入金への依存度が軽減し,財務健全化を図ることができるという認識の下で,組合の民営化が進んでいるのである.

2. 政府介入なき組合育成の実態

上記の農村協同組合の健全経営追求に対しては,国民の反対意見はあまり確認できないが,政府介入(支援・指導・統制等)の廃止に対して,政府は強い非難を浴びている.

例えば国会における96年度農業省予算案の討論において,小農民の貧困を緩和し得る,協同組合に対する支援削減に関して,政府への非難が浴びせられた.しかし一方で,組合が貧困緩和の役割を果たせていない悲況は,組合役職員による汚職が主因であるとし,それを統制(監督・懲罰等)できないことも,政府に対する非難となった[7].

それに対して国会は,協同組合基金の創設を決定し,特に監査充実のための費用〔連合会監査役(主に単協の監査を担当)の研修費や彼らの単協への出張費等〕として,それを活用することになった[8].

この監査に対する支援の他,残存している政府支援は,多少の免税措置および役職員・組合員の研修・教育に対する支援だけである.

役職員・組合員の研修・教育は,従来から政府が最も重視してきた支援であり,具体的にはモシにある協同組合専門学校[9]と協同組合教育センター[10]の政府による運営と,両機関における政府主催のセミナー,研修会等が行われてきた.しかしながら予算制約がゆえに,すでに教育センターの支部は機能しておらず,また本部は専門学校に吸収された.さらに専門学校自身も,学生と教職員の数が大幅に削減され,セミナー,研修会等も政府主催でなく,国連食糧農業機関(FAO),国際労働機関(ILO),国際協同組合同盟(ICA)等の国際機関や,西欧諸国の政府,協同組合,NGOの主催で行われている[11].

その他にも自由化以前には，新たに組合の事務所・倉庫を建設する際の補助金（公社が補助金を得て建設）をはじめとし，協同組合（あるいは組合を吸収した村）に対する各種の政府支援が存在したと言う．しかしながら，組合にとって最も重要であった支援は，間違いなく，政府の保証下での銀行からの借入金と，政府から与えられた農民からの農産物独占的買付権である．それらを失うことで，農村協同組合は大きな打撃を被っているのだが，その影響に関しては次節で詳細に分析する．

第3節　構造調整政策下における組合育成手段の影響

1. 全国の農村協同組合の概況

タンザニア農民が組織した農村協同組合の歴史は，ウジャマー社会主義政策を経て，植民地時代にまでさかのぼる．特にアラビカ種コーヒー豆（主にレギュラー・コーヒーに利用）の名産地であるキリマンジャロ山麓やメルー山麓，ロブスタ種コーヒー豆（主にインスタント・コーヒーに利用）の名産地であるブコバ地域，綿花の名産地であるヴィクトリア湖周辺地域において，それぞれの輸出作物を農民から独占的に買い付ける権利を，植民地政府から与えられたことを主因として，協同組合連合会[12]とそれらに加入する単位流通協同組合が大きく発展していた．

ウジャマー村政策および「82年法」により，政府はすべての村に組合を設立した．しかしながら現在，構造調整政策の下で十全に機能している組合は，上記の輸出作物名産地において，植民地時代にも活躍していた組合に限られている．その他の地域では，農民が必要に駆られて組織した組合は少なく，多くの村民は組合，とりわけ組合連合会を，「農民から金を騙し取るために政府が押し付けた機関」だととらえている[13]．それゆえ自由化後，すぐに崩壊，あるいはその危機にさらされている．

ただし自由化によって，魅力的な輸出作物の名産地でなくても，経済的弱

者が自発・民主的に組織化する試みを，我々は確認できるようになった．現時点ではそれらの組織はほとんどが，登記を認められないほどの，若く小さいインフォーマルな協同組合型組織に過ぎないが，草の根協同組合の萌芽として注目すべきである．

以上のように，同国の農村協同組合は大きく，①現在も十全に機能している数少ない組合（植民地時代から活躍），②崩壊の危険にさらされている数多くの官製組合，③組合の歴史に影響されずに新たに育成された組合型組織，の3つに分けることができる．本章では①の事例として，コーヒー販売農協であるキリマンジャロ原住民協同組合連合会（KNCU）とルカニ単位協同組合とを挙げ，構造調整政策が組合に与えている影響を分析する．

2. ルカニ協同組合の状況

(1) キリマンジャロ原住民協同組合連合会（KNCU）の歴史

KNCUは，チャガ人の居住地であるキリマンジャロ州ロンボ・ハイ・モシ県を管轄する協同組合連合会である．

KNCUの前身，キリマンジャロ原住民耕作者協会（KNPA）は，アフリカ人コーヒー生産者への農薬販売を目的に，1925年に設立された．アフリカ人によるコーヒー生産の拡大が，病虫害流行の危険を高めるため，ヨーロッパ人コーヒー生産者はその禁止を主張した．これに対して，県政府が提案した懐柔策が組合組織化であった[15]．

しかしKNPAがアフリカ人農民の政治的利益を代表するようになったため，伝統的指導者である共同体首長層との対立を招くことになる．1928年には，首長層がヨーロッパ人コーヒー生産者と組んでKNPAの解散を迫ったところ，アフリカ人農民による暴動が生じた．そこで植民地政府は1933年，首長層をも役職員に取り込んだKNCUと，共同体を基礎単位する11の単協を，当国最初の協同組合法（32年制定）の下に登記し，KNPAの後継とした．さらに植民地政府はKNCUに対して，コーヒーの独占的買付権

を与えた[16]．

　ところがアフリカ人農民は当初，KNCUを自分達の組織と見なさなかった．それは植民地政府，首長層による統制が強固だったこと，コーヒー国際価格が低迷していたことが原因である．その不満は37年，アフリカ人農民による暴動につながった．首長層の権力を傘にしたKNCUの独占的買付権に反対し，彼ら自身も所属する単協の閉鎖とコーヒー販売の自由化を要求したのである[17]．

　ただその後のKNCUは，42年以降コーヒー国際価格が急速に改善していくにつれ，イギリス人経営者[18]の指導や独占的買付権に後押しされて，組合員の所得を大きく引き上げた．組合員の所得向上は基金創設を可能にし，その基金でKNCUは，商業専門学校，中学校，図書館，診療所，等を設立し，他のアフリカ人協同組合運動の憧れ，手本として崇められるまでに至った[19]．

　ところが，ウジャマー村政策（多目的協同組合の育成）の強行に伴う，農業流通協同組合の再編（75年の村による単協の吸収合併・76年の連合会の解散）により，KNCUの資産は流通公社・州交易公社・州政府に没収された．6年後に政府が過失を認め，KNCUは84年に復活したが，流通公社等がもたらした8年間の損失は補填されず，資産は激減した．8年前の優秀な役職員も，すでに多くが転職し，KNCUに戻らなかった．それは古き良きKNCUの復元ではなく，新生KNCUの設立に過ぎなかったのである[20]．

　それでも調査時において，KNCUは93の単協を傘下に置き，3つのコーヒー用大倉庫，コーヒー選別場，繰綿工場，精米場，3つの農場，19台のトラック，等を所有し，当国最大の農村協同組合の成功例としての地位を保っている[21]．

(2)　ルカニ協同組合の概要

　キリマンジャロ州ハイ県ルカニ村における村民の生活は，第1章で論じたように，コーヒー販売に大きく依存している．

　ルカニ村におけるコーヒー買付は，1960年にKNCUの全面的支援により

ルカニ協同組合が設立された以降，徒歩で数分の当単協の事務所へコーヒーを販売し，そこへ KNCU のトラックが買付に来るという仕組みになった．

ところが当単協の機能は，75年に同村に組み込まれ，例えば村長と単協組合長，村総会と単協総会の垣根を失った．さらに76年には，コーヒー流通公社が当事務所を占拠した．しかし84年の KNCU 復活と同時に，村から分離された単協へと事務所が返還され，ルカニ村民→ルカニ単協→ KNCU という，植民地時代からのコーヒー買付の仕組みが甦った．

村広場で行う総会（年2回の通常総会と臨時総会）には，その決定がコーヒー依存の村民の生活を大きく左右するため，村民全員が参加する（ただし非組合員は投票権を有さない）．また事業内容は，コーヒーの販売事業とコーヒー用農薬の購買事業が中心で，専門協同組合のそれに近い．

コーヒーの販売事業は，KNCU による銀行からの借入→コーヒー購入時における組合員への第1次支払（通常は生産者価格の5～8割）→モシのコーヒー競売所でのコーヒー販売過程の組合員への第2次支払（生産者価格の残額・通常は4月）→コーヒー販売後の KNCU から銀行への借入金返済→剰余金の組合員への特別配当（高価時のみ・高価コーヒーを出荷した単協のみ）という，買付代金の2回払い，あるいは2回払いおよびボーナスという仕組みで行われている．この分割払い制度は植民地時代から採用されているものである．またコーヒー用農薬の購買事業における，組合員に対する農薬の掛売制度も，植民地時代からの仕組みであると言う．

(3) 健全経営追求の影響

健全経営の追求に関して当単協に課せられた改革は，「自発・民主化と民営化の重視」のうちの，自発的加入と出資組合の原則の導入だけである．改革前のルカニ単協の組合員数は，原則的に各世帯1名が加入することで，300名余りに至っていたが，200タンザニア・シリング（Tshs）から500 Tshs に引き上げた加入金および1口1,000Tshs の出資金を支払わない者，掛売の借金を返済しない者から組合員資格を奪ったため，現時点での組合員

数は211名と減少している．

(4) 独占的買付権の剝奪（民間流通業者の参入）の影響

ただこの組合員数の減少には，協同組合がコーヒーの独占的買付権を喪失したこと，すなわち民間流通業者がコーヒー買付に参入したことが，大きく影響している．

ルカニ村では，ミルカフェという民間のコーヒー流通業者が，95年7月（同年度の買付開始時）に，単協の対面に村事務所を構え，事業（コーヒーの買付，コーヒー用農薬および肥料の販売，コーヒーの苗木の販売）を開始した．その村事務所の事業や設備の規模は，単協のそれと大きな違いはないが，協同組合との規模の格差は川下に近づくにつれ拡大する．

ミルカフェはアフリカコーヒー会社（ACC）の子会社であるが，ACCは当国（モシに支社）のみならず，ケニアとウガンダの首都にも支社を持ち，3カ国でコーヒー買付に従事する，東アフリカ最大の民間コーヒー流通業者である．さらに本社はロンドンであるが，本社機能は金融システムが整備されたスイスに移している他，イギリス，ドイツ，フランス，ベルギーに大倉庫を持つ[22]，巨大なイギリス系多国籍企業である．

聞き取りしたすべてのKNCU／ルカニ単協の役職員が嘆くように，組合では到底かなわない豊富な資金力を武器に，ACC／ミルカフェはすでにKNCU／単協から，多くのコーヒーや職員を奪った．例えばミルカフェ・ルカニ村事務所長は，KNCU傘下のコーヒー加工工場で4年余り働いたが，低給が不満で辞職し，数年の個人運送業の後に，高給に惹かれてミルカフェに就職した．また事業開始1年目の95年度，ミルカフェ・ルカニ村事務所は80トンのコーヒーを買い付けたが[23]，同年度のルカニ単協の買付量は49トンである．事業地区はミルカフェの方が広い（3つの村を担当）ので，単純な比較は不可能であるが，自由化以前の豊作時（95年度は豊作）のルカニ単協の買付量が平均80トンである[24]ことを考慮すれば，すでに同村の約4割のコーヒーは，ミルカフェが奪取したと推測できる．

ミルカフェによるコーヒー買付は，分割払い制度の協同組合とは対照的に，一括払い制度・即金に強く固執しており，現金が手元にない場合は買付を停止する．当事務所の買付用に本社が準備する現金は，年間買付目標の80トンの代金を多少超える程度で，原則的にそれが尽きた時点で，当年度の買付事業は終了する．

　コーヒー買付価格に関しては，95年度のKNCU／単協の第1次支払が1キロ当たり800Tshs[25]であったのに対し，ミルカフェは品質の良いものだけを，1キロ当たり700～1,000Tshsで購入した．

(5) 銀行借入金の停止の影響

　ミルカフェのコーヒー買付価格700～1,000Tshsは，ミルカフェ・ルカニ村事務所長からの聞き取りであるが，村民によれば価格の変動はもっと激しかったと言う．組合が買付価格を設定する前は，ミルカフェは1,200Tshsでの購入を公表していたが，組合がそれを800Tshsに固定した時点で，ミルカフェ価格は1,000Tshsに降下した．そして95年度は後述のように，KNCUは十分な銀行借入金を得られなかったのだが，それが発覚した時点で，ミルカフェ価格は700Tshsに急降下した．さらに買付期終盤，ミルカフェの現金が底を突いてきた時点で，現金の必要性がゆえに，500Tshsで販売した農民もいると言う．

　政府保証下での銀行からの借入金は，協同組合にとって最も重要な政府支援であり，その借入金の存在がゆえに，コーヒー購入時の，つまりモシ競売所で販売する以前の，農民に対する第1次支払，および農薬の掛売が可能になっていたのである．ところが95年度より，民営化された銀行は市場原理で組合への貸付を評価するようになり，インフレ抑制のための高金利政策（短期貸出金利27.7～45.0%）[26]と相まって，KNCUは同年度，第1次支払に必要な55億Tshsのうち，30億Tshsしか銀行借入金を得ることができなかったのである．さらに不運なことに，95年度はKNCUが価格を固定してから，国際価格が降下してしまった[27]．

その影響で95年度は，植民地時代から慣れ親しんできたルカニ単協の分割払い制度が破綻した．通常は購入時に農民に手渡す第1次支払を，2回払いせざるを得なくなり，しかも第1次前期支払（500Tshs）を，すべて払い終えたのが半年以上後の96年6月．第1次後期支払（300Tshs）は7月から支払を開始し，月末には数人を残してほぼ完了したが，まだ受け取れない農民は当単協を強い口調で非難していた．95年度の第2次支払とボーナスは期待できないと言う．また農薬の掛売制度も停止した．

(6) 村民への影響

それゆえルカニ単協の組合員数の減少に関しては，自発的加入と出資組合の原則の導入に加えて，以下の2つを原因として挙げることができる．まずは，政府による重要な支援の1つであった，農民からのコーヒー独占の買付権を失った結果，一括払い・即金を原則とし，組合より高い買付価格を設定する民間流通業者が，村レベルでの買付に参入を果たしたこと，もう1つは，同じく政府による重要な支援の1つであった，政府の保証下での銀行からの借入金を失った結果，民間流通業者による即金・高価格の買付に対抗するための現金を得ることはもちろん，長年慣れ親しんできた農民への支払制度を維持することも，不可能になってしまったことである．

　上記の変化に対し，多くの村民は冷静にかつ合理的に対応しようと試みている．さすがに買付期序盤は，高価格に釣られてほとんどが民間へと足を向けたが，その価格が組合の窮状に乗じてあからさまに低下したこと，必要量以上は購入しないこと，等の営利主義一辺倒に対する嫌悪感や，目新しい民間の一括払い制度に対する違和感（毎年楽しみなボーナスを期待できないこと，年間で平均した現金保有ができないこと，「金の切れ目が縁の切れ目」というドライな関係）から，村民は次第に組合へ販売を向けるようになり，最終的には民間へ半分，組合へ半分の販売が一般的になったのである．ただ学費や医療費のために，ある程度の即金は不可欠である．それゆえ96年度以降も，ほとんどの村民は，民間へ半分，組合へ半分の販売を行い，民間か

らの即金を確保した上で，組合からの分割払いを待ち，さらにボーナスをも期待するという，販売形態を採る模様である．

またKNCU／ルカニ単協に対し，ほとんどの村民は，「昔（ウジャマー村政策の導入以前）は素晴らしかった（高価な買付価格，安価で良質の投入財）が，現在は役職員の能力不足と自由化が原因で潰れつつある」という評価を下している一方で，「協同組合は自分達農民の組織であるため，潰れて欲しくない」という希望を抱き，特にその存在がゆえに民間の買付価格が高く維持されるという，一種の外部経済の役割を重視している．

(7) 生き残りのための努力

ルカニ単協職員（常勤3名，非常勤1名）の給与は，組合員が支払うコーヒー販売1キロ当たりの手数料から捻出されるが，買付量が年間目標の40トンに満たない場合，支給額が激減，無給の可能性もあると言う．それゆえ年間40トンの買付が，当単協の生き残りには不可欠であるが，凶作時（96年度は寒気，長雨，KNCU販売の農薬が不良のため，凶作）は村の生産量が40トンを下回るため，95年度のような民間との共存は不可能である．そこで倒産を免れる（民間の買付に対抗する）ために，いかに買付のための，特に購入時の第1次支払のための現金を確保するか，すなわち銀行借入の減額をいかに埋めるかが，KNCU／単協の緊急課題になっている．

この課題に対するKNCUの努力は，オランダの協同組合銀行Rabobankからの強力な技術支援を得て，キリマンジャロ協同組合銀行（KCB）の開設（96年8月）という，画期的な成果にまでつながる．KNCUとVUASU協同組合連合会[28]，両連合会の傘下にある118の単協，さらには同州の農村で組織された信用組合（同州に22組合）やインフォーマル金融グループ（同州に104組織）等によって，農村住民から集められた現金が，KCBの資本金（4億Tshs）や預金になっている[29]．

KCBは来年度から，コーヒー買付用資金を連合会へ貸付し始めると言うが，当初は設立後4年間で一般銀行からの借入をなくす，つまり第1次支払

に必要な額を当銀行で集金できると考えていた．しかしながら民間流通業者の参入により，第1次支払価格を引き上げざるを得ず，おそらく今後10年間は，一般銀行からの借入で補充することが必要であると言う[30]．

この協同組合銀行の開設に関しては，誰もがそれをKNCUの最後の生き残り策であるととらえている．しかしながら評価は2つに割れ，一般銀行より低い利率で，KNCUの必要額の借入が可能になり，KNCUが甦るという楽観論よりも，協同組合銀行であるとはいえ，結局は市場原理の下で事業を行わざるを得ず，利率の割引は不十分，必要額を集めるのも不可能で，やはりKNCUは崩壊に向かうという悲観論の方が強い．

第4節　む　す　び

以上のように，構造調整政策による政府支援の除去，特に農産物独占的買付権の剥奪と銀行借入金の停止が主因で，植民地時代に育成された，当国最大の組合の成功例であるKNCU／単協でさえ，それがすでに健全経営追求の要件を具え，村民から一定の評価を得ているのにもかかわらず，最後の生き残り策を強いられているのである．

それでも農村協同組合に対する介入，とりわけ支援を求める国民の期待に政府が応えられない，つまり政府が構造調整政策の圧力に屈するならば，その圧力下にいかなる望ましい育成手段が残されているのであろうか．その課題の分析は，組合の自立性を巡る議論，すなわち自発・民主性を維持したまま，支援組織からの自立性をいかに崩すか，つまり政府支援の欠如を補うために，他の支援組織（援助諸国，国際機関，NGO等）といかなる関係を結ぶべきかという議論から，出発しなくてはならないだろう．

注
1) 構造調整政策に関して，詳しくは，辻村英之『南部アフリカの農村協同組合―構造調整政策下における役割と育成―』日本経済評論社，1999年，第2章を参

照されたい.
2) ウジャマー社会主義政策に関して,詳しくは,同上書,第4章を参照されたい.
3) 本章は,同上書,第6章および第7章から,コーヒー豆の流通構造を議論するために重要だと思われる部分を抜き出し,多少の修整を施したものである.組合育成手段の現状と影響に関して,詳しくは,原著を参照されたい.
4) 同上書,第6章第2節.
5) 組合育成の失敗原因に関して,詳しくは,同上書,第3章を参照されたい.
6) 「82年法」下の登記数に関しては,World Bank; *Tanzania: Agriculture Sector Memorandum*, 1993, p. 69, 「91年法」は協同組合長官補佐からの聞き取り.
7) *Daily News*, July 5-6, 9-10, 1996, *Sunday News*, July 7, 1996.
8) *Daily News*, August 2, 27, 29, 1996.
9) 協同組合の役職員と政府の協同組合担当官のための高等教育機関,協同組合の研究機関・経営コンサルタント,等の機能を有する.
10) 協同組合の役職員・組合員のための研修・情報センターで,モシに本部,各州に「協同組合の翼」と呼ばれる支部がある.
11) 協同組合専門学校講師からの聞き取り.
12) キリマンジャロ原住民協同組合連合会,メルー協同組合連合会(現アルーシャ協同組合連合会),ブコバ原住民協同組合連合会(現カゲラ協同組合連合会),ヴィクトリア協同組合総連合会(現ニャンザ協同組合連合会)等が有名である.
13) ソコイネ農業大学農業経済学科教授からの聞き取り.
14) 例えば,Sadleir, T.R., *The Cooperative Movement in Tanganyika*, Dar es Salaam, Tanganyika Standard Ltd., 1961, pp. 8-9, 参照.
15) Iliffe, John, *A Modern History of Tanganyika*, Cambridge, Cambridge University Press, 1979, pp. 276-77.
16) *Ibid.*, pp. 277-79.
17) *Ibid.*, pp. 279-81.
18) 組合長は当初からアフリカ人であったが,参事は「チャガの親友」と賞賛されたイギリス人が務め,彼は自分が直接指導したアフリカ人に参事職を譲った後も,経済アドバイザーとして組合に残り,計30年間KNCUの経営に貢献した.
19) Sadleir, T.R., *op. cit.*; Kimario, Ally M., *Marketing Cooperatives in Tanzania: Problems and Prospects*, Dar es Salaam, Dar es Salaam University Press, 1992, pp. 4-7.
20) ルカニの隣村ロサー村の長老で元大臣からの聞き取り.
21) KNCU総参事からの聞き取り.
22) ACCモシ支社長からの聞き取り.
23) ミルカフェ・ルカニ村事務所長からの聞き取り.
24) ルカニ単協参事からの聞き取り.
25) 品質によらないKNCU統一価格であるが,品質が悪過ぎる場合は単協が購入

を拒否したり，第2次支払を減ずる場合がある．国際価格を考慮して買付開始前に固定するが，その後に価格が上昇した場合は第2次支払で上乗せする．
26) Bank of Tanzania, *Economic Bulletin for the Quarter Ended 31st March*, 1996, p. 29.
27) KNCU 総参事からの聞き取り．
28) パレ人の居住地である，キリンマンジャロ州ムワンガ・サメ県を管轄する協同組合連合会である．
29) *Daily News*, March 1, 1995, July 17, 1996, October 7, 10, 19, 1994, *Business Times*, January 27, 1995, *Sunday News*, August 11, 1996.
30) KNCU 総参事からの聞き取り．

第3章　コーヒー豆流通自由化と小農民・協同組合
―新しい流通・格付制度の影響―

第1節　問題意識と分析課題

1. コーヒー産業の歴史[1]

　タンザニア産コーヒー（マイルド・アラビカ種）は，その世界第2位の消費国日本で「キリマンジャロ」コーヒーとして人気を博している．

　その生産国タンザニアは，「東アフリカにおけるアラビカ種コーヒー豆商業生産の父」と呼ばれている．初めてタンザニアにアラビカ種コーヒー豆の木を持ち込んだのは，1868年にザンジバルで伝道活動を始めたフランスのローマ・カトリック教会のミッションである．フランス領レユニオンからザンジバルに持ち込んだ後，本土ではまずバガモヨ，そしてその後6カ所で試験栽培をした結果，最も生産に適していたキリマンジャロ山中で普及が進むのである．

　1901年に，キリマンジャロ南斜面のキボショにある教会運営の複数の小学校で栽培が始まったのが最初である．児童やその親は，この小学校の農園でコーヒー生産の方法を身に付ける．また同年，キレマのフンバ首長が，教会から苗木をもらって自分の家庭畑（主食であるバナナを中心に混作）に移植したが，これが個人による最初のコーヒー生産である．

　このキリスト教会による，タンザニア小農民（特にキリマンジャロ山中に住むチャガ民族）に対する伝道活動の一環（伝道の第1段階としての近代化，

脱貧困化) としてのコーヒー生産の普及とは別に，1890年に植民地支配したドイツ当局による普及活動もあった．ドイツ東アフリカ会社は，1892年から東ウサンバラで巨大な農園の確保に努め，実験栽培を行うと同時に，ドイツの複数の会社やドイツ人入植者に農園経営を促した．

しかしこの東ウサンバラでの試みは，気候や土壌が適していなかったこと，従順な労働者の確保に失敗したこと（自給自足や共同体の相互扶助の下にいるタンザニア小農民は，賃金を必要としない），ブラジルの増産で国際価格の低迷期に入ったこと，等が理由で失敗に終わった．その後，植民地当局は，キリマンジャロとブコバにおける入植者による農園経営，さらにはタンザニア小農民によるコーヒー生産をも奨励するようになった．なおタンザニア南部ムベヤのルングウェにおいても，ドイツのキリスト教会の指導で小農民生産が進んだ．

この小農民にコーヒー生産を奨励する政策は，第1次世界大戦後のイギリスによる植民地支配後も継続する．前章で説明したように，キリマンジャロ原住民耕作者協会（KNPA）設立（1925年）は，隣国ケニア同様に小農民生産の禁止を主張した，ヨーロッパ人入植者に対する懐柔策である．同じくキリマンジャロ原住民協同組合連合会（KNCU）設立（1933年）も，小農民組織KNPAを解散させようとした首長層と入植者に対する懐柔策である．さらに政府はKNCUに対して，小農民からの独占的買付権を与えた．そして42年以降，コーヒー国際価格が急速に改善していくにつれ，小農民によるコーヒー生産が自主的に急速に拡大していくのである．

2. コーヒーの流通制度の変容と自由化[2]

第2次世界大戦中，イギリス政府は一括購入制度によって，必要不可欠な食料・原材料を植民地から独占的に買い付けた．コーヒーに関しては，東アフリカ3カ国（ケニア，タンザニア，ウガンダ）の輸出可能量をすべて購入し，消費量の半分から4分の3を満たした．購入価格は生産費（入植者農

園)を基準として設定した．

　戦後は1947年より，イギリス政府による長期契約制度が始まる．入植者は国際価格の変動を嫌い，それゆえ5年間の長期契約を歓迎した．しかし価格設定方法に関して，一括購入制度同様，生産費基準の固定価格を求めた入植者に対して，イギリス・食料省は生産費を考慮するものの，参照基準はニューヨークにおけるコロンビア産豆の現物価格とし，125～150£/poundの範囲で変動させる価格設定方法を主張したため，交渉が難航した．結果的には，後者の国際価格を基準とする設定方法が採用され，この入植者(タンガニーカ・コーヒー生産者協会(TCGA))とイギリス・食料省が契約した内容に，小農民も従うことになる．

　本制度の下では，相変わらずすべての輸出はこの経路(入植者→TCGA→タンガニーカ・コーヒー加工工場(TCCCO)→イギリス・食料省，小農民→KNCU(単位協同組合→連合会)→TCCCO→イギリス・食料省)を義務づけられるが，変動価格に対する不満や国際価格の上昇傾向の下で，同年に東アフリカの入植者達がケニアのナイロビにアラビカ種，モンバサにロブスタ種の産地現物市場を開設し，長期契約価格より高価な販売に成功する(47年10月には，長期契約価格が150£/poundであるのに対し，ケニア産最高品質豆は170～190£/pound)．

　その後，ブラジルの減産，ドイツのドル不足(東アフリカ産コーヒーの購入)でさらに価格が高騰し，イギリス・食料省による購入価格引き上げも効果なく，1953年にはKNCUもタンザニア・モシに産地現物市場を開設した．小農民産コーヒー豆の輸出経路は，KNCU(単協→連合会)→TCCCO→モシ競売所→輸出業者(ケニア・モンバサに輸送後にケニア産豆とブレンドした上で船積)という，現在の経路に近いものになった．

　上記のように第2次世界大戦後は，コーヒー需要の回復・急増，そしてブラジルの相次ぐ霜害を主因として国際価格が上昇し，生産費を考慮した管理価格水準よりも市場価格水準が上回った．この国際価格の上昇が，50年代におけるタンザニア小農民による急速なコーヒーの木の植え付け(60年代

前半の大増産），さらには世界の生産国（とりわけアフリカの新興生産国）の著しい増産を導いたのである．しかし50年代の終わりには，ブラジルが霜害から回復しつつあり，すでに生産過剰，国際価格暴落の兆候が生じていた．

この国際価格暴落を避けるために，1963年に国際コーヒー機関（ICO）による輸出割当制度が始まり，各生産国は輸出量の制限を課された．タンザニアにおいては，1961年の独立直前に，タンガニーカ・コーヒー・ボード（TCB）が設立され，同流通公社が輸出割当量を管理した．

独立後に社会主義化が進み，TCBによるコーヒー流通の統制が強まる．1976年までの輸出経路の基本は，農園→TCGA→TCB（TCCCO→モシ競売所）→輸出業者（74年よりタンガからの輸出を義務付け），小農民→KNCU→TCB（TCCCO→モシ競売所）→輸出業者（タンガから輸出）であった．さらに75年に村会が単協を吸収，76年に連合会が解散させられ，TCBを後継したタンザニア・コーヒー・オーソリティー（CAT）が，集荷から輸出までを担当するようになった．

生産者へのコーヒー代金支払方法に関しては，現在の組合経路同様，競売所での販売前の第1次支払，販売後の第2次支払，高価時のボーナス支払である．価格設定者は流通公社・政府であるが，とりわけ生産費や国際価格を考慮して設定する第1次支払は，国際価格の低迷時でも一定の価格水準を支持するものとして位置づけられていた．ただし流通統制の強化が進むにつれ，流通公社の非効率さが流通コストを大きく引き上げ，生産者価格に悪影響が生じるようになる．それを反省した政府は，1984年に協同組合（単協・連合会）を復活させ，小農民→KNCU（単協→連合会）→流通公社（タンザニア・コーヒー・マーケティング・ボード，TCMB）（TCCCO→モシ競売所）→輸出業者の経路に戻った．

いずれにせよ，1989年のICOの輸出割当制度の停止，さらには94年のコーヒー豆流通の自由化（とりわけ民間業者による農村買付への参入）によって，ほとんどのタンザニア小農民は初めて，最低限の生産者価格を支持す

る仕組みを持たない制度の下に放り出されたことになる．ブラジルにおける増産（国際価格の暴落）やタンザニアにおける非効率さ（赤字）が著しくて，機能しないことも多かったが，最低価格を保障する努力は常に存在したのである．

3. 本章・次章の分析課題

以上の歴史的経緯を経て，コーヒー豆はタンザニアにとって，最大の輸出品，換金作物となった．その輸出額に占める割合は，1976～80年平均が30％余り，91～95年平均が20％余り，そして96年が18.8％（2位は綿花で17.5％），97年が16.4％（2位は綿花で16.2％）と，減少傾向は止まっていないものの，第1位の地位を保っている[3]．また90年において，人口の7.1％を占める約178万人が直接的にコーヒー産業に従事している[4]．

タンザニア経済は，その最有益な輸出品であるコーヒー豆を小農民が生産するという，小農輸出経済で特徴づけられる．例えば93～97年平均で，大農園（主に外国人や村が所有するエステート）におけるマイルド・アラビカ豆の生産量は7.0％に過ぎず[5]，その他は小農民の家屋を取り囲む1ha程度の家庭畑において生産されている．それゆえ典型的な二重構造を呈するナミビア経済[6]等とは異なり，輸出部門の成長が小農民の貧困解消に貢献し得る．

ところでタンザニアにおける農業部門の構造調整（経済自由化）政策は，94年（法制上は93年）のコーヒー豆流通の自由化によって完成した[7]．本章の分析課題は，その流通自由化の実態を明示するとともに，当国随一の農作物を生産する小農民と，彼らが組織する協同組合がいかなる影響を被っているのか，流通・格付制度を中心に分析することである．さらに次章では，流通自由化によって確立された新しい価格形成制度の詳細と，同制度の下で生産者価格が低迷する要因を分析する．

なおタンザニアにおけるコーヒー豆の主要生産地は，先進地であるキリマンジャロ山麓およびその周辺部の北部地域（マイルド（水洗式）・アラビカ

豆の生産地であるキリマンジャロ州とアルーシャ州), 南部地域 (マイルド・アラビカ豆の生産地であるムベヤ州ムボジ県とルヴマ州ムビンガ県等), 西部地域 (ハード (非水洗式)・アラビカ豆とロブスタ豆の生産地であるカゲラ州等) である.

本研究ではエステート, そしてハード・アラビカ豆とロブスタ豆を分析対象とせず, 小農民によるマイルド・アラビカ豆を中心に分析する. さらに調査地として先進地のキリマンジャロ州, 特にハイ県ルカニ村を選択するため, 北部地域中心の分析となる.

本章・次章で利用するデータは, コーヒー研究のために行った1998年1~2月と8~9月の2度の現地調査, および協同組合研究のために行った96年7~8月の現地調査で収集したものである. 98年1~2月には, 主にモシ市において, 協同組合連合会, 民間流通業者, 加工工場, 流通公社, 農業省 (州事務所), 大学等での聞き取り調査を重視した. 98年8~9月には, 主にルカニ村における参与観察 (小農業, 単位協同組合, 民間流通業者等) を重視した.

第2節 コーヒー豆流通の自由化の実態

1. 輸出制度の変容

国際コーヒー機関 (ICO) の輸出割当制度が停止した後, 生産国側は93年にコーヒー生産国同盟 (ACPC) を設立し, 輸出留保制度 (価格低下時に輸出可能量のうちの一定量を在庫として留保) を開始したが, 今のところ成果は確認できない.

タンザニアの場合, コーヒー流通公社による在庫管理により, 輸出割当を満たしていた. しかし新興生産国タンザニアにとって, 過去の輸出実績 (特に62年時点) を基礎として算出する割当量が, 当時の輸出可能量と比較して極めて過少であった. その結果, 在庫 (次年度への繰越) 量増加にともなう

出費，非加盟消費国への低価格での販売が拡大し，輸出割当制度の悪影響を被った[8]．

新しい輸出留保制度に関しては，生産量の停滞が主因で，同国においては一度も発動していない．発動の場合，もはや流通公社（TCB）には在庫管理の資金的余裕がないため，管理主体の確保という難題が生じる．そもそも世界のコーヒー豆貿易量に占めるタンザニア産豆の割合は1％に満たず，輸出留保による価格上昇への貢献は皆無に等しい．よってベトナムのように，同制度への参加を辞退する可能性もあると言う[9]．

なお81年以前は，コーヒー輸出代金（外貨）はすべて，公定レート（自国通貨を高めに評価）でのタンザニア・シリング（Tshs）への換金を義務づけられていたが，82年より10％の外貨留保，そして94年より100％の外貨留保が認められた．

2. 流通制度の変容

(1) 植民地時代からウジャマー村政策の終焉まで

ウジャマー村政策（村の多目的協同組合化）の強行に伴い，1976年に流通協同組合が解体され，植民地時代からの小農民→単位協同組合→組合連合会→流通公社（TCB）→輸出業者→輸出の流通経路が，同じく単線ながら，小農民→村→流通公社（CAT）→輸出の経路に変わった（「1975年村及びウジャマー村法」「1977年コーヒー産業法」）．

また買付価格の設定者は，協同組合から流通公社・政府に変わった．しかしながら，この流通公社主体の流通制度はほとんど機能せず，多額の債務を残して破綻したため，84年に協同組合を主体とする旧経路が復活した（「1982年協同組合法」「1984年コーヒー・マーケティングボード法」）．

(2) 協同組合の復活から民間流通業者の参入まで

ただしこの小農民→単協→連合会→流通公社（TCMB）→輸出業者→輸出

の単線経路の復活は，協同組合による価格設定の復活を伴わなかった．買付前に流通公社の提言（生産費や国際市況を考慮，特に後者を重視）に沿って，全国統一の第1次支払価格を政府が設定する，そして販売状況を考慮した後に，全国統一の第2次支払とボーナス支払の価格を政府が設定するという仕組みは変わらなかったのである．ただ組合連合会は，買付価格（政府設定）・流通経費等に一定の加算額を上乗せして決定する「倉庫入口価格」（公社による連合会からの買付価格）に関し，流通公社と折衝することができた．

しかし89年度，流通制度の効率化をめざし，まずは買付価格のうちの第2次支払とボーナス支払の設定を，各地域の協同組合連合会に委ねる改革がなされた（第1次支払は政府による価格支持として機能．国内流通時の豆の所有権は，TCMBから協同組合へ委譲）．そして91年度，政府による第1次支払の設定額が，設定後に急落した国際価格と比較して高過ぎたため，組合が巨額の損失を被った．それゆえ政府は，組合へ価格設定の権限を返還せざるを得なくなった（政府による価格支持政策の廃止）．

さらに93年8月，「1993年作物別公社法」の導入と，それに伴う「1984年コーヒー・マーケティングボード法」の改正がなされ，民間流通業者の参入が認められた．そして94年度，民間業者の参入が実現し，協同組合と流通公社によるコーヒー豆の流通独占の歴史に幕が引かれた．価格設定は組合と民間に委ねられることになった．

なお同様に，流通公社→協同組合→小農民という単線経路しか認められていなかった農業投入財（農薬・農機具等）の流通に関しても，民間業者の参入が認められた．

3. 自由化以後の流通制度と格付制度

(1) 新しい流通経路

協同組合連合会は改革前と同様，単協以外からの購入は許されていない．しかし民間業者は，小農民，単協，連合会のどこから購入してもよいため，

法制度上の流通経路は混線的である．しかし調査時においてコーヒー豆は，後述のように，基本的には，協同組合経路と民間業者経路の2経路を流通している．

具体的な組合経路は，小農民→単協→連合会→加工（キュアリング）工場→検査（リカリング）所→競売（オークション）所→輸出業者である．具体的な民間経路は，小農民→民間業者→加工工場→検査所→競売所→輸出業者である．

(2) 小農民からの買付と格付制度

流通公社（コーヒー・ボード，TCB）から買付免許を得ることができれば[10]，すべての業者が小農民からの買付を行うことができる．つまり小農民は，従来の単協[11]に加え，買付免許を持つすべての民間業者に販売することができる．農民による流通経路の自由な選択が可能になったのである．

また単協は，連合会を通さずに民間や加工工場に売ってもよい．さらに連合会や民間と同様，加工（工場に委託，所有権は単協が維持）後の競売所での販売も可能である．実際，キリマンジャロ州の一部の単協はKNCUの傘下から脱し，民間への販売契約を結んでいる．しかしKNCU傘下に残る単協は，民間との競争関係を維持している．そして同じ村で買付を行う民間は，すべて同じ価格を設定しており[12]，民間業者間の協調・共謀関係を確認できる．つまり現時点では，単協の連合会離れはごく一部で確認できるのみであり，組合制度と民間制度の2つのコーヒー豆買付制度が併存していると言える．

なおすべての買付業者は，常時的であれ一時的であれ，正式な買付所（農業普及員が格付に適していると評価した場所が望ましい）を開設する必要がある．そしてその買付所において，買付価格（各階級の1kg当たりの単価）を常に掲示した，開放的な買付が義務づけられている．

小農民がパーチメント・コーヒーの状態（内果皮（パーチメント）が付いた状態）で出荷するコーヒー豆は，単協あるいは民間の買付担当者によって，

出荷現物ごとに以下の4階級が付されることになっている．色（特に清潔度，乾燥度の評価．乾燥度は豆を割って評価することもある），密度・重量（特に完熟度の評価），形（特に変形度の評価）等を目測で評価して，高品質なものから順にスペシャル（欠点豆なし），パーチメント1（欠点豆20％未満），パーチメント2（欠点豆20％以上），パーチメント3（フロート，チェリー・ブニ）である．フロートは水洗時に水に浮いた軽い豆，チェリー・ブニは外皮付きで乾燥した黒豆であり，通常は取り除いて廃棄，または自家消費するが，不作時には買付期の終了後，安く販売されることもある．この格付制度の基本は，植民地時代からほとんど変わっていない．

(3) 加工工場における加工・選別と格付制度

1987年まですべてのマイルド・アラビカ豆の加工は，モシにある加工工場（TCCCO，流通公社所有・1935年に操業開始）が独占していたが，南部産コーヒーの加工に関しては，88年に操業を開始したムビンガとムボジの工場（流通公社所有）に委ねられた．さらに93年の法改正に伴い，TCBから加工工場免許を得ることができれば，すべての業者が加工工場を操業できるようになった．また上記の公社所有の加工工場はすべて民営化され，協同組合連合会が主な出資者となっている．例えばTCCCOの出資者は，キリマンジャロ原住民協同組合連合会（KNCU，51％の出資），タンザニアコーヒー生産者協会（TCGA，エステート生産者の連合組織・31％の出資），アルーシャ協同組合連合会（ACU，10％の出資），リフトバレー協同組合連合会（RIVACU）とVUASU協同組合（両者で8％の出資），となっている[13]．

流通業者はコーヒー豆を加工工場に売ってもよいし，料金を支払って加工を委託し，自分の名前で（所有権を維持して）競売にかけてもよい．加工工場の機能は，乾燥度の検査，異物の除去，コーヒー豆をパーチメント・コーヒー状態から生豆（グリーン・コーヒー）状態に加工（内果皮と銀皮（シルバースキン）を脱殻）すること，および生豆の選別・格付を行うことであり，それらの作業をコーヒー・キュアリングと呼ぶ．実際の選別・格付は機械で

自動的に行われるが，その仕組みは以下の通りである．

まずはスクリーン（丸い穴の空いたふるい）を使って，豆の直径（短径）で格付を行う．基本的には，スクリーン18（直径7.14mm）を通過しない最も大型の豆にAA，スクリーン16（直径6.35mm）以上AA未満の大型豆にA，スクリーン15（直径5.95mm）以上A未満の中型豆にB，スクリーン14（直径約5.56mm）以上B未満の小型豆にCの階級（グレード）を付す．ただしこの主要4階級から，変形豆（ピーベリー（PB，丸豆），エレファント・ビーン（E，2つの豆が合体した超大型豆））は取り除かれる．またC未満の最も小型の豆はTと呼ばれる．

この大きさ，形による格付の後，重量（密度）による格付がなされる．まず上記の主要4階級から，弱い風圧（セカンド・ブラスト）で飛ばされた最軽量豆にFの階級を付す．次にAAとAの階級から，強い風圧（ファースト・ブラスト）で飛ばされた軽量豆にAFの階級を付す．同様にBの階級から飛ばされた軽量豆にTTの階級を付し，またCの階級から飛ばされた豆をTと呼ぶ．この重さ分類のTと大きさ分類のTをあわせて，TEXの階級が付される．飛ばされない重量豆には，そのままAAからCの階級名が残る．

以上のように，同国のマイルド・アラビカ種の生豆は，AA，A，B，C，PB，E，AF，TT，TEX，Fの10階級に選別されている．また加工工場では電子色選別機による欠点豆（発酵豆，黒豆等）の除去がなされ，その豆はRejectと呼ばれる．さらに販売後，輸出業者の要請に応じて，手選別（ハンド・ピッキング）による欠点豆の除去がなされ，その豆はHPと呼ばれる．このHPとRejectをあわせてUGの階級が付され，安く販売される．水洗時に小農民が取り除くが，まれに販売される上記のパーチメント3（CBの階級），さらには南部加工工場の新型機械でのみ選別できるAASP（AAから強い風圧で飛ばされる軽量豆）の階級を加えれば，階級数は13となる．

そしてAAとAは，大きさ，形，重量，色ともに最高級豆である．この段階の格付制度の基本は，植民地時代からほとんど変化していない．

(4) 検査所における品質検査と格付制度

加工工場において機械による選別・格付を受けた生豆は，次にコーヒー鑑定士（リカラー）による品質検査・格付を受ける．階級別の山積（バルク）の中から，サンプル500gが抽出され，加工工場内の検査所，検査所を持たない加工工場であればTCBの検査所に送られる．検査所では，免許を持つ鑑定士が品質検査を行うが，その免許発行はTCBが行っている．研修所入学試験，1年間の研修，免許取得試験を経て，免許が発行される．ただしイギリスやケニア等の外国で取得した免許も有効である．

品質検査においては，生豆，煎り豆，液体の3つの状態で評価がなされる．生豆の評価は大きさ，色，欠点豆の割合でなされる．例えば大きさに関して，AAの標準品質（FAQ）の生豆には，スクリーン18が90%以上，スクリーン17（直径6.75mm）が8~10%以内，スクリーン16が2%以内という基準がある．またAのFAQには，スクリーン16/17が90%以上，スクリーン15が10%以内という基準がある．煎り豆は色（表面の色とその均一性，中央の溝（センター・カット）の色）で評価される．液体の評価は，香味（酸味，こく，香り，等）の鑑定を行う味覚テスト（カップ・テスト）である．

以上の3状態の評価を総合して，例えばAAとAの生豆あれば，FAQ

表3-1 タンザニアにおけるマイルド・アラビカ豆の等階級表（主要豆のみ）

等級＼階級	AA & A	PB & B & AF	E & TT & C	…UG
1	Fine			
2	Good			
3	Fair to Good	Good		
4	FAQ Plus	Fair to Good		
5	FAQ	FAQ Plus	Good	
6	FAQ Minus	FAQ	Fair to Good	
7	Fair to Poor	FAQ Minus	FAQ Plus	
8	Poor	Fair to Poor	FAQ	
9		Poor	Fair to Poor	
10			Poor	
⋮				
17				

(Fair Average Quality) を標準品質として，それより高品質な豆を上から順に，Fine, Good, Fair to Good, FAQ Plus と格付ける．そして標準より低質な豆を，上から順にFAQ Minus, Fair to Poor, Poor と格付ける．さらにAAとAのFineという，大きさ，形，重量，色（生豆および煎り豆），香味ともに最高級豆に対して，1の等級（クラス）が付されるのである（表3-1）．なお等級数は全部で17ある．この格付制度の基本は，植民地時代からほとんど変わっていない．

以上の加工工場における加工・選別，検査所における品質検査は，出荷現物ごとに行われ，その現物の出荷者（所有者）とTCB検査所に，階級・等級レポートが渡される．階級レポートには各階級の豆の，出荷現物に占める割合，重量，等が記されている．そして等級レポートには，その各階級の豆の，3状態での評価，総合品質（Good, FAQ等），階級，等が記されている．

その後，加工工場は別のサンプル500gを山積みから抽出し，TCB検査所へ送付する．TCB検査所は「競売前味覚テスト」を行い，その結果と階級・等級レポートに従って，競売カタログを作成する．この競売カタログは，さらなるサンプル300gとともに，競売の2週間前までにすべての輸出業者に送付される．そして輸出業者は，競売カタログと自らの味覚テストの結果を指標として，競売に臨むことになる．

この格付後から競売に至るまでの制度に関しては，基本は大きく変わっていないが，自由化にともなう加工工場や輸出業者の急増に対処するため，かなり複雑化している．なお競売において，輸出業者が最も重要な指標とするのは，階級（AA, A…），総合品質（Good, FAQ…），液体評価（加工工場検査所，TCB検査所，自社による味覚テストの結果），そして所有者名であり，現在は等級（1, 2…）にはあまり注目しない．

(5) 競売所における輸出業者への販売

競売制度は改革前とほとんど変わっていない．大きな変化は，競売を主催するTCBの機能縮小である．つまり改革前，流通公社は自らが所有権を持

つコーヒー豆を，自らの競売所にて輸出業者に販売していた．しかしながら改革後，TCBは「タンザニア・コーヒー産業の規定・促進者」とされ，その主要な機能は，①流通業者，輸出業者，加工工場等への免許発行，②コーヒー豆の品質管理，③競売の主催，④コーヒー生産・流通に関する情報の収集と提供，及び政策提言，⑤ICO等の国際機関の代表，等に削減された．そして豆の所有権を持つ流通業者（協同組合を含む）が，TCBに委託して，同公社主催の競売にかけ，そこで輸出業者が購入する制度になったのである．

　タンザニア産のすべてのコーヒー豆は改革前同様，モシにあるTCBの競売所を経由する必要がある．ただ競売所には競売カタログが持ち込まれるだけで，北部産豆の現物は主にモシ（改革前は，すべての豆をモシのTCCCOの倉庫で保管），南部産豆の現物は主にマカンバコかムボジの，コーヒー倉庫（要免許）に保管されている．

　競売（セリ）は1週間に1度（木曜日）開催され，TCBセリ人の口頭による20セントずつのセリ上げ方式で，単価（US$/50kg）が決まる．TCBは競売前に，国際市況を考慮した最低競売価格（内密）を，出荷現物ごとに設定しており，同価格に達しない低価格で終わった場合は，当該輸出業者と所有者の相対交渉で最低価格以上に引き上げる（最低価格で合意する例がほとんどであるが，商談不成立で再競売となる例もある）．

　TCBから輸出免許を得ることができれば，すべての業者が競売所での購入に参加できる．改革前同様，輸出業者による競売所外でのコーヒー豆購入は違反である．希望の豆を競り落とした輸出業者は，2週間以内に所有者に料金を支払い，豆の所有権（コーヒー倉荷証書）を得る．そして当該倉庫業者と運送業者に委託して，輸出用の袋詰め（60kg用の麻袋），タンガ港（北部産豆）やダルエスサラーム港（南部産豆）への輸送，船積みを行うのである．

第3節　流通自由化の小農民・協同組合への影響

1. 小農民への影響

(1) 生産者価格の低迷

まずキリマンジャロ州におけるコーヒー豆の買付価格の変動は，農業省の統計によると，表3-2の通りである．

次にルカニ村におけるコーヒー豆の買付価格の変動は，著者の同村での聞き取り調査によると，以下の表3-3の通りである．

2つの表から明らかなように，政府が買付価格の設定権を維持していた91年度の価格と比較した場合，改革後の豊作時（95年度）の価格（1,000Tshs）は4.35倍になっているが，物価水準を考慮した実質価格に換算すると1.67倍で，小農民の実質収入の大幅な引き上げにはつながっていない．また民間業者（ほとんどが多国籍企業）にとって重要なドル換算値に関しても，95年度価格は91年度価格の1.68倍に過ぎない．さらに凶作時（96年度，

表3-2 キリマンジャロ州における協同組合・民間業者によるコーヒー豆買付価格（1kg当たり）の変動

コーヒー年度	民間流通業者	協同組合 [KNCU]	消費者物価指数換算	為替相場換算
1990/91		186Tshs	186Tshs (1.00)	0.95US$ 〔196.6〕
1991/92		230Tshs	178Tshs (1.29)	0.98US$ 〔233.9〕
1992/93		316Tshs	201Tshs (1.57)	0.94US$ 〔335.0〕
1993/94		841Tshs	427Tshs (1.75)	1.97US$ 〔479.9〕
1994/95	1,150Tshs 40.6Tshs, 2.20US$	1,300Tshs[3]	498Tshs (2.61)	2.48US$ 〔523.5〕

注：1)　（　）内は消費者物価指数（1990=1），〔　〕内は為替相場（Tshs/US$）．
　　2)　Coffee Management Unit, Ministry of Agriculture; *Coffee Production, Processing and Marketing 1976-1995 An Overview*, 1996, p.26, を参照して作成．なお消費者物価指数は，Bank of Tanzania; *Economic Bulletin for the Ended 31st March, 1998*, p.63, 為替相場は，*Ibid*, p.71, ともに暦年である．
　　3)　ルカニ村での聞き取り調査によると，94年度はKNCUの支払制度が破綻し，同村では800Tshsの第1次支払を受け取ったのみである．

表 3-3 ルカニ村における協同組合・民間業者によるコーヒー豆買付価格（1kg 当たり）の変動

コーヒー年度	民間流通業者	協同組合 [KNCU]
1995/96	700 ⟷ 1,000Tshs	800Tshs (1st Payment, Installment) 200Tshs (2nd Payment in Kind) 1,000Tshs (Total)
消費者物価指数で換算 (3.36, 1990＝1)	208 ⟷ 298Tshs	298Tshs (Total)
為替相場で換算 (1\$＝605.0Tshs)	1.16 ⟷ 1.65US\$	1.65US\$ (Total)
1996/97	700 ⟷ 1,200Tshs	700Tshs (1st Payment, Spot) 200Tshs (2nd Payment, Installment) 200Tshs[1] (2nd Payment, Adjustment, Installment) 60Tshs[1] (Bonus) 1,160Tshs (Total)
消費者物価指数で換算 (4.06, 1990＝1)	172 ⟷ 296Tshs	286Tshs (Total)
為替相場で換算 (1\$＝608.3Tshs)	1.15 ⟷ 1.97US\$	1.91US\$ (Total)
1997/98		
8月	700Tshs	
		800Tshs (1st Payment, Installment)
	800Tshs	
10月		800Tshs (1st Payment, Spot)
	1,000Tshs	
11月		1,000Tshs (1st Payment, Spot)
	1,200Tshs	
12月		1,200Tshs (1st Payment, Spot)
1月	1,500Tshs	
5月		400Tshs (2nd Payment, Spot)
9月		Bonus[2]
Total	700〜1,500Tshs[3]	1,600＋Bonus
消費者物価指数で換算 (4.71, 1990＝1)	149 ⟷ 318Tshs	340Tshs (Total)
為替相場で換算 (1\$＝631.0Tshs)	1.11 ⟷ 2.38US\$	2.54US\$ (Total)

注：1) 他村の農民は Bonus まで受け取ったが，ルカニ村においては，2nd Payment for Adjustment を受け取っていない農民もいる．また Bonus は，ほとんどの農民が受け取っていない．
2) ルカニ単協は支払えない．
3) ミルカフェは初期出荷者に対して，1月に 50Tshs の調整払いを行った．
4) 消費者物価指数は，Bank of Tanzania, *Economic Bulletin for the Ended 31st March*, 1998, p. 63, 為替相場は, *Ibid.*, p. 71, ともに暦年である．

97年度)，しかも最高価の97年度KNCU価格を選択した場合であっても，実質価格は91年度の1.91倍である．そして民間価格のドル換算値は，97年度の最高価で91年度の2.43倍，97年度の最低価で91年度の1.13倍に過ぎない．

つまり農業部門の構造調整がめざしている，政府統制の廃除と民間業者の参入にともなう農産物価格の上昇，すなわち市場の力で価格を引き上げて，小農民の生産意欲を喚起する方策は[14]，同国のコーヒー豆供給が過少時であっても，ほとんど機能していないのである．

このように，コーヒー豆流通自由化の小農民に対する最も大きな影響は，構造調整の意図に反してコーヒー豆価格が上がっていないことである．

(2) 農薬経費の高騰と生産意欲の減退

その一方で，投入財とりわけ農薬の流通自由化が，コーヒーの生産費を引き上げている．

農業省の資料によると，85年度の農薬価格は補助金（先進国援助を受けた政府による補助価格での提供）および組合の掛売により実質的に無料であったが，95年度はキリマンジャロ／アルーシャ州において，1ha当たりで62,000Tshsの農薬経費（1ha当たり250kgのパーチメント・コーヒーを収穫する小農民による平均的散布の場合）が生じている（農薬はほとんが輸入品であるため，為替相場の自由化（自国通貨を高めに評価してきた公定レートの廃止）も農薬経費の高騰に貢献している）．その結果，労働者1人当たり・1労働日当たり・畑1ha当たりの実質コーヒー所得（キリマンジャロ／アルーシャ州における1ha当たり約300kgのパーチメント・コーヒーを収穫する小農民の場合で，1995年の物価に換算）は，85年度の856Tshsから，95年度は554Tshsに降下している[15]．さらにアグリシステムズの資料によると，96年度の労働者1人当たり・1労働日当たり・畑1ha当たりの所得は，換金作物のアラビカ種コーヒー豆が657Tshsであるのに対して，例えば米が679Tshs，バナナが1,541Tshsと，食料作物の方が高くなっている[16]．

コーヒー所得のみで同作物の再生産（投入）費，家族の学費，医療費等の現金需要を満たすのは不可能であり，小農民のコーヒー生産への意欲は，大きく減退している．ルカニ村および近隣村においても，無農薬栽培や管理放棄の結果，病虫害に侵され，収穫がほとんど見られない，あるいは低品質の豆しか収穫できない木が増えている．低価格→低投入→低品質→低価格の悪循環が始まっているのである．そして，同村の最大の換金作物がコーヒーであることに変わりはないが，同生産への労働，資本の投入は控え目にし，牛乳（牧草），ひまわり，トウモロコシ，野菜等の生産，あるいは都市への出稼ぎに力を入れる小農民が増えている．

2. 協同組合への影響

(1) 民間流通業者の参入

民間流通業者の参入（95年度はキリマンジャロ州で12業者，アルーシャ州で11業者が買付）[17]により，キリマンジャロ／アルーシャ州における協同組合連合会の買付シェアは，94年度に88％，95年度に70％と減少している[18]．またキリマンジャロ州に限ると，95年度のKNCU（ロンボ，ハイ，モシ県を管轄する組合連合会）の買付シェアは56.6％で，以下は民間のACC／ミルカフェ（ミルカフェが6.2％，ACCが5.4％で合計11.6％），ドルマン（10.7％），シティー・コーヒー（8.7％），そしてVUASU（ムワンガ，サメ県を管轄する組合連合会・5.6％）の順になっている[19]．

ルカニ村における民間業者の事務所は，まず95年度にイギリス系多国籍企業アフリカコーヒー会社（ACC）の子会社であるミルカフェ（Milcafe），そして96年度にインド系のオラム（Olam），さらに97年度にイギリス・インド系のユニバーサル貿易（Uneximp）によって開設された．その他，近隣のマシュア村とカシャシ村にイギリス系のドルマンの事務所（95年度開設）があり，そこに販売する村民もいる．

また最近は，協同組合も民間業者も，パーチメント1の階級のコーヒー豆

だけ購入している．

(2) KNCU／単協の事業改善

前章で明示したように，コーヒー豆流通の自由化がゆえに，KNCU／単協は最後の生き残り策である，協同組合銀行の開設（96年）を余儀なくされた．同銀行の最大目標は，KNCU／単協の第1次支払のための現金を単独で確保することである．その達成にはまだ数年かかるだろうが，現在においても，民間銀行借入金の減額を補う役割は果たしている．その結果，95年度はKNCU／単協の分割払い制度が破綻し，第1次支払は分割（Installment），そして第2次支払は現物（農薬）支給（in Kind）というありさまであったが，96年度は第1次支払は一括（Spot），そしてボーナスの支給も可能になった．さらに97年度は，第1次支払が一括になるまでに時間を費やしたものの，組合の支払総額（ボーナスを除く）が民間の最高支払額を上回り，さらに組合はボーナス支給も約束している．

このKNCU／単協の多少の事業改善により，96年調査時に確認された組合への強い非難は収まり，逆に民間の一括払いに対する非難が高まっている．小農民は相変わらず，民間へ半分出荷して即金を確保した上で，組合への半分の出荷で分割払い（現金不足時の4〜5月の収入）を待ち，ボーナスをも期待するという販売形態を採っている．しかし国際価格が急激に上昇した97年度は，例えば8月初旬に民間へ出荷した小農民は，キロ当たり700 Tshsの即金を獲得できたのみであるが，8月中旬に組合へ出荷した小農民は，支払は緩慢であるが最終的に1,600 Tshs（ボーナスを除く）を獲得できた．また民間だけを見ても，8月初旬の出荷者と1月以降の出荷者との間に800Tshsもの価格格差が生じた．出荷者からの強い非難に押されて，ミルカフェは1月に，初期出荷者に対するキロ当たり50Tshsの調整払いを行わざるを得なくなった．異常時の特別措置である．

(3) 買付量激減とルカニ単協の危機

ただし96年度は寒気，長雨，農薬不良等が主因で凶作，また97年度はエルニーニョ現象にともなう異常気象（旱魃（長過ぎる乾季）の後に集中暴雨）が主因で大凶作である．コーヒー豆の出荷量は激減している．

例えば自由化前の豊作時に，ルカニ単協は80トンの買付を行っていたが，95年度（豊作）のルカニ単協の買付量は49トン，事業地区が組合より広いので単純な比較はできないが，ミルカフェの買付量は80トンである．そして96年度の買付量は，ルカニ単協が14トン，ミルカフェが19.5トン，オラムが12.4トンである．さらに97年度のルカニ単協の買付量は6.8トンである．

前章で明示したように，ルカニ単協職員が十分な給与を得るためには，年間40トンの買付が必要である．しかし96年度と97年度は，凶作と買付競争が原因で，その目標を大きく下回った．実はルカニ単協においては，他村の単協が順調に終えた96年度の第2次支払とボーナスの支払が終わっていない．さらに97年度においても，他村では約束されているボーナスを支払えない（表3-3）．この2年間の支払の失敗は，参事による横領が原因であると言う．そして同参事は，98年度の組合総会にて，2年間の背任を理由に解雇された．

上記の横領事件と買付量激減は，無関係ではない．旧参事は，買付量減少に伴う給与低下がゆえに，横領の動機を有するに至ったのだと言う．

注
1) Mbilinyi, S.M.M., *Coffee Diversification, A Strategy for Development: The Case of Tanzania*, Ph. D. Thesis, University of Dar es Salaam, 1974; Moore, Sally Falk and Puritt, Paul, *The Chagga and Meru of Tanzania*, International African Institute, 1977, Iliffe, John, *A Modern History of Tanganyika*, Cambridge, Cambridge University Press, 1979, をはじめとする，ダルエスサラーム大学，ソコイネ農業大学，ロンドン大学・SOAS（School of Oriental and African Studies）の図書館にて検索した文献，およびロサー村長老の元大臣夫妻からの聞き取り，を参照．

2) Maharu, C.R., *International Primary Commodity Control Schemes in World Trade with Particular Reference to the I.C.A. and Tanzania*, Master Thesis, University of Dar es Salaam, 1976; M. Michael Msuya, *Coffee in the Economy of Tanzania and the Implications of Membership in the International Coffee Agreement*, Doctor Thesis, University of Wisconsin-Madison, 1979; Geoffrey Petro Shuma, *An Evaluation of the Role Played by Coffee Marketing Institutions to Coffee Small Holders in Kilimanjaro Region, 1970-1984*, Master Thesis, Sokoine University of Agriculture, 1990, をはじめとする、ダルエスサラーム大学、ソコイネ農業大学、ロンドン大学・SOAS (School of Oriental and African Studies) の図書館にて検索した文献、およびロサー村長老の元大臣夫妻からの聞き取り、を参照．
3) Bank of Tanzania, *Economic Bulletin for the Ended 31st March, 1998*, p. 74. の Table 4.6, より算出．
4) Mwaikambo, W.S., *Coffee Marketing Review 1993/94*, Marketing Development Bureau, Ministry of Agriculture in Tanzania, 1995.
5) Agrisystems, *Tanzania Coffee Sector Strategy Study - Phase 2: Appendices*, Government of Tanzania and European Commission, 1998, p. C1, 表 Production Trends, より算出．
6) 詳しくは、拙著『南部アフリカの農村協同組合―構造調整政策下における役割と育成―』日本経済評論社，1999年，第1章，を参照されたい．
7) タンザニアの構造調整政策に関して、詳しくは、同上書、第2章、第6章第2節、あるいは拙稿「タンザニアの構造調整」末原達郎編『アフリカ経済』世界思想社，1998年，第3章，を参照されたい．
8) Msuya, M. Michael, *Coffee in the Economy of Tanzania and the Implications of Membership in the International Coffee Agreement*, Doctor Thesis of University of Wisconsin-Madison, 1979, Chapter 3.
9) TCB の総務部長からの聞き取り．
10) TCB から免許を得る前に、県・州当局にコーヒー流通業者として登記することが必要である．
11) ただし新協同組合法の下で、健全経営の可能性のない単協は登記できず、清算あるいは合併が進展している．前章参照．
12) ただしドルマンは、10kg のコーヒ販売に対して 1kg の農薬無料提供を行い、多少の差別化を試みている．
13) Mwaikambo, W.S., *1992/93 Industry Review of Coffee*, Marketing Development Bureau, Ministry of Agriculture in Tanzania, 1993, p. 29.
14) 例えば、Tanzania, Government of; *Implementation Status of the Reform Project*, 1994, pp. 17-19, *Policy Framework Paper for 1994/95-1996/97*, 1994, pp. 13-14; *Summary of Objectives and Timetable of Policy Adjustment, 1994/*

95-1996/97, 1994, p. 8, 等を参照されたい.

15) Coffee Management Unit, Ministry of Agriculture in Tanzania; *Coffee Production, Processing and Marketing 1976-1995 An Overview*, 1996., pp. 10-12.
16) Agrisystems, *op. cit.*, p. G5.
17) Coffee Management Unit, *op. cit.* Table A5. 22.
18) *Ibid.*, p. 26.
19) Kashuliza, A.K. and Tembele R.C.; *Tanzania Coffee Marketing Study with Emphasis on Kilimanjaro Region*, 1996, p. 24.

第4章　新しい価格形成制度の現状と課題

第1節　はじめに：流通自由化と価格形成制度

　すでに改革以前，とりわけ80年代に入ってから，タンザニアのコーヒー生産者は，その販売のみで生計を立てることが困難であったが，前章で確認したように，国際コーヒー機関（ICO）や政府による生産者価格支持の仕組みは存在し，最低限の生活は保障されていたと言う．

　ところがコーヒー産業の構造調整は，その生産者の困難さを政府による流通（経路・価格）統制のせいにし，前章で明らかにしたように流通自由化を盲目的に押し進めてしまった．しかしながら，意図していた生産者価格上昇はささいなものに留まり，その一方で生産費（特に農薬経費）は大きく上昇した結果，生産者の困難さはさらに悪化したのである．もちろん，政府による生産者支援策はほとんどない．

　そこで本章では，①コーヒー豆流通の自由化で確立された新しい価格形成制度の詳細を，農村（小農民からの買付）と競売所（輸出業者への販売）の2つの流通段階を中心に解明することで，生産者価格低迷の要因を探求するとともに，②生産者価格を引き上げるための実践的課題を提起する．

第2節　農村における価格形成制度

1. 2つの流通経路

　前章で明らかにしたように，タンザニアにおけるコーヒー豆流通の自由化は，図4-1で確認できる，協同組合経路と民間流通業者経路の2つの流通経路を創出した．この2つの流通経路においては，同じ格付制度に従うのにもかかわらず，価格形成の仕組みが全く異質である．

2. 買付価格の変動

　ルカニ村における97年度買付価格は，表3-3で確認できるように，非常に激しい変動（上昇）を見せた．国際価格（ニューヨークのコーヒー・砂糖・ココア取引所（CSCE）で決まるコーヒーの先物価格）が大きく変動（上昇）したからである．組合が第1次支払額（800Tshs）を一括払いできるようになった10月，民間（共謀により，同じ村で買付を行う民間流通業者は，すべて同じ価格を設定）はそれまでの800Tshsから1,000Tshsに買付価格を引き上げた．しかし11月，通常は変動しない組合の第1次支払価格が1,000Tshsに上がったため，民間は再度，1,200Tshsに価格を引き上げた．さらに1,200Tshsへの組合第1次支払価格の上昇（12月）により，民間は買付価格を1,500Tshsへ引き上げざるを得なくなった（1月）．

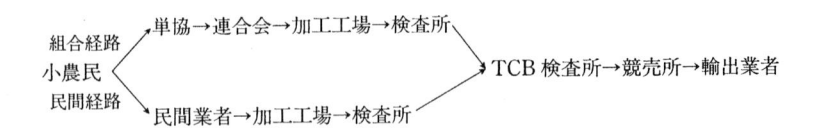

```
組合経路    →単協→連合会→加工工場→検査所↘
小農民                                      →TCB検査所→競売所→輸出業者
民間経路    →民間業者→加工工場→検査所↗
```

図4-1　コーヒー豆の流通経路

3. 民間経路における価格形成の仕組み

民間の買付は一括払い制度によって特徴づけられる．買付時に生産者価格の全額を即金で支払い，本社が準備する現金が尽きた時点で買付は終了する．先物・競売価格が上昇した場合，第2次支払で調整を行う組合とは対照的に，民間は支払後の市況の変動を全く考慮しない．

上記のようにルカニ村において民間流通業者は，協同組合の第1次支払価格に対して200〜300Tshsを上乗せする形で，買付価格を設定している．それが下限価格設定の基準である．

さらに民間業者からの聞き取りによれば，船積みを行う2〜3カ月後限のニューヨーク先物価格は，民間業者が買付価格の上限を算出するために重要であると言う．それが上限価格を設定する際の基準であり，そこから諸経費を差し引き，さらに今後の価格下落の可能性，流通過程（特に加工工場での脱穀）における減耗，品質の不確定性（リスク），等を考慮して，低めの生産者価格を設定する．

よって生産者価格設定の最重要指標（参照基準）は，上限が買付時点での買付2〜3カ月後限先物価格，下限が組合の第1次支払価格である．

4. 組合経路における価格形成の仕組み

組合の買付は分割払い制度によって特徴づけられる．

まず銀行借入金を利用して，買付と同時に，生産者価格の5〜8割の第1次支払（前払い）を行う．次に競売所での販売代金を利用して，生産者価格の残額の第2次支払（調整払い）を行う．以上は品質によらないキリマンジャロ州の協同組合連合会（KNCU）統一価格である．さらに販売終了後，高い競売価格が実現して，利子，流通経費，税金等を差し引いても剰余金が生じる場合は，良質・高価豆を出荷した単協に対してのみ，ボーナス（特別配

当）を支払う．

よって生産者価格設定の最重要指標（参照基準）はモシ競売価格である．

なお，民間生産者価格の下限を決める組合第1次支払価格は，KNCUの総会で決定される．同総会には，KNCU傘下のすべての単協の代表が参加するため，小農民（組合員）の必要性を価格に反映させる場は残されている．しかし生産費は考慮するものの，価格決めの基本は，国際価格（特に買付が始まる2～3カ月後限のニューヨーク先物価格）から民間同様に諸経費を差し引き，そして価格下落の可能性，減耗，品質の不確定性（リスク），さらには第2次支払での調整，等を考慮して，低めに設定した額がKNCU側から提起される．そしてその案を，そのまま単協代表が受け入れる例がほとんどであると言う．

5. 農村における生産者価格低迷原因

以上の農村における価格形成制度の分析の結果，3つの民間生産者価格の低迷原因を挙げることができる．

1つめは，すべての民間業者が同じ買付価格を設定しているという，民間による共謀（談合）である（タンザニアでは反トラスト法が導入されていない）．組合と民間の競争はあるが，第2,3章で論じたように組合は弱体化し，なんとか販売事業を維持できている現状にある．資金，技術力に長けた多国籍企業にとっては，弱い競争相手に過ぎない．この協同組合（KNCU）の弱体化は，2つめの原因にも関連する．

2つめは，KNCU総会における単協代表の発言力の弱さと銀行借入金の不全である．つまり組合が第1次支払価格を引き上げれば，民間も買付価格を上げざるを得ないが，たとえ組合総会で高価格を決定しても，第2章で論じた自由化にともなう銀行借入金の減額を補うことなしには，それを支払うことができないのである．

3つめは，ニューヨークで決まる先物価格が，民間価格を頭打ちしていることである．この原因に関しては，次節において再考する．

第3節　競売所における価格形成制度

1. 競売価格の変動

　タンザニア産のすべてのコーヒー豆は，モシで毎週木曜日に開催される，流通公社（TCB）主催の競売を経由する必要がある．

　表4-1，図4-2で確認できるように，モシ競売所におけるマイルド・アラビカ豆の平均価格と，ニューヨークのコーヒー取引所における先物期近価格は，ほとんど同じ水準で変動している．

　1月下旬以降，モシ・アラビカ平均価格がニューヨーク先物期近価格より高めに推移し，3月中旬以降，モシ・北部産アラビカ価格とほぼ同価格となったのは，品質が北部産に劣る南部産アラビカ豆の出荷がほぼ皆無になったからである．

　ニューヨーク取引所で決まる価格は，中米産豆を主体とするアラビカ豆の標準品の平均先物価格であり，また世界のアラビカ豆の需給関係を表現していると言ってよい．そしてタンザニア産豆は，国際コーヒー機関（ICO）によって（それゆえ国際取引において），最高品質の「コロンビア・マイルド」に分類されている．それゆえ品質のみを考慮すれば，モシ・アラビカ平均価格は，もっと高めに決まるべきであろう．

　このようにモシの競売価格は水準が低く，また競売時点での期近先物価格と強い相関関係がある．

2. 競売価格形成の仕組み

　TCBによる買付免許，加工工場免許，輸出免許の発行は，前章で説明し

表 4-1 ニューヨーク・モシのコーヒー生豆価格

(US$/kg)

	ニューヨーク・先物期近価格	モシ・アラビカ平均価格	モシ・北部産アラビカ価格	モシ・北部産AA価格
1997年11月6日	3.21			
11月20日	3.57	3.28	4.10	4.65
12月4日	3.85	3.62	4.50	5.20
12月18日	3.63	3.83	4.13	4.43
12月31日	3.57	3.56	4.38	5.08
1998年1月15日	3.70	3.74	4.80	5.34
1月28日	3.87	4.11	4.50	5.22
2月12日	3.70	3.95	4.93	5.74
2月26日	3.76	4.21	4.86	5.55
3月12日	3.34	4.51	4.58	5.03
3月26日	3.22	4.06	4.09	5.07
4月9日	3.22	4.13	4.13	5.10
4月23日	3.05	4.42	4.42	5.70
5月7日	2.85	3.29	3.29	4.59
6月4日	2.75	3.09	3.15	3.97
6月18日	2.59	2.39	2.39	3.39
7月2日	2.44			

注：モシの価格（すべてマイルド・アラビカ豆）に関しては，Tanzania Coffee Board, Auction Sale No. TCB/M6-TCB/M21，ニューヨークの価格に関しては，『日本経済新聞』の「海外商品先物・現物」，を参照して作成．

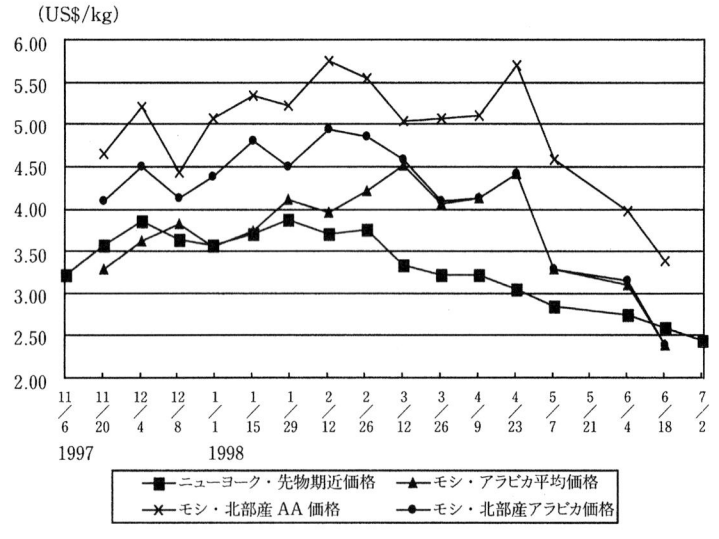

図 4-2 ニューヨーク・モシのコーヒー生豆価格の変化

た通りであるが,そのすべての免許を持つ民間業者もあり,また少なくとも買付と輸出の2免許を持つのが一般的である.例えばACC／ミルカフェとドルマンは3免許,オラムとユニバーサル貿易は買付と輸出の免許を持っている.それゆえ競売に参加する輸出業者のほとんどが,農民からの買付業者でもあり,さらには競売される豆の所有者でもある.その結果,モシ競売所では以下の特異な取引形態が支配的になっている.

　まずは豆の所有権が移動しない.95年度の最初の10競売において,56%のマイルド・アラビカ豆の所有者が変わらなかった.また北部産マイルド・アラビカ豆に限ると43%が不移動であったが,タンガニーカ・コーヒー加工工場(TCCCO)経由の豆(組合連合会所有の豆が多く,特にKNCU所有豆が6割余り)は33%が不移動であるのに対して,ドルマン加工工場経由は100%,ACC／ミルカフェ加工工場経由は99%の豆が不移動であった[1].

　つまり買付(加工)業者である自社が所有する豆を,輸出業者である自社が競り落としており,それは企業内取引に過ぎない.カシュリザとテムベレは,それを可能にする条件として,民間業者による共謀(他社所有豆のセリには口を出さない)を挙げ,その結果,競争の制限,競売価格の抑制が生じていると論ずる[2].またアグリシステムズの分析によれば,自社所有豆に関しては,価格が上がっても確保に努めるため,それを他社が競り落としても価格は高騰する.それゆえ,他社所有豆のセリには口を出さないのだと言う[3].

　さらにアグリシステムズは,自社所有豆確保の理由として,民間業者がすでに先進国の顧客と販売契約を終えていることを挙げる.また自社所有豆確保の可能性が,農村における買付所設立の動機を高めていると論ずる.ACCのコーヒー・マネージャーからの聞き取りでも確認できたように,民間業者はあらかじめ海外から注文を受けた上で,それに沿った品質・数量を農村で買付し,自らの工場で適切に加工・保管している.それゆえ他社への所有権の移転は避けたい.それはどの民間業者も同じであり,彼らにとって競売価格は無意味,競売所は不必要であると言う.そしてその場合は言うま

でもなく,競売時の最重要指標は所有者名である.

上記の取引形態の下では,競売価格は TCB が設定する最低競売価格に近い低価格で決まる.最低競売価格は国際市況,特に競売時点での期近先物価格を考慮して決められる.既述のように民間の場合,農村における買付価格の上限は,買付時点での買付 2〜3 カ月後限先物価格に影響を受ける.よって民間の買付価格と競売価格の相関関係は,直接的ではなく,ともに先物価格に連動することから生じる.

組合の場合は,第1次支払額が先物価格に影響を受けるものの,総支払額は競売(現物)価格から諸経費を差し引いた額であるため,買付価格と競売価格の相関関係は直接的で強い.KNCU も輸出部を持つ(買付,加工,輸出を兼務する)が,競売所における所有権不移動の取引は 10 分の 1 に満たない.また輸出額シェアも 1〜2% であるため(表 4-2),平均競売価格への影響力は小さい.44% の所有権移動取引(ほとんどが組合所有豆)に関しては購入競争があり,競売価格に意味はあるが,上記の民間の取引形態に影響を受けて,やはり最低競売価格に近い低水準での落札が目立つという[4].

3. 競売所における生産者価格低迷原因

以上の競売所における価格形成制度の分析の結果,組合生産者価格の低迷原因として,民間業者による企業内取引(所有権不移動取引)を容易にするための共謀(談合)を挙げることができる.すなわち民間が,他社所有豆のセリに口を出さないため,競売が十全に機能せず,組合生産者価格の上限となる競売価格が低迷する,あるいは先物価格と相関する最低競売価格で決まってしまうのである.

第4節 生産者価格引き上げの課題

それでは,以上で説明した新しい価格形成制度の下に,とりわけ民間業者

**表 4-2　マイルド・アラビカ豆の輸出額シェア
（上位 5 社および KNCU）**

97 年 11 月	ドルマン	21.8%
	テイラー・ウィンチ（Taylor Winch）	18.9%
	シティー・コーヒー	9.9%
	オラム	9.3%
	スーチャック・ブッシュ（Soochak Bush）	9.2%
	KNCU	0%
12 月	オラム	21.4%
	ドルマン	19.5%
	テイラー・ウィンチ	10.6%
	タンザニア・コーヒー・エクスポーツ [1]	9.8%
	トロペックス（Tropex）	8.6%
	KNCU	0%
98 年 1 月	テイラー・ウィンチ	15.6%
	タンザニア・コーヒー・エクスポーツ	13.2%
	スーチャック・ブッシュ	12.5%
	オラム	12.2%
	シティー・コーヒー	11.0%
	KNCU	1.4%
2 月	ドルマン	33.7%
	テイラー・ウィンチ	14.9%
	ACC	9.1%
	スーチャック・ブッシュ	7.6%
	オラム	7.1%
	KNCU	1.7%
3 月	シティー・コーヒー	28.5%
	ドルマン	17.4%
	テイラー・ウィンチ	13.0%
	タンザニア・コモディティー・トレーディング	9.3%
	オラム	9.1%
	KNCU	1.0%
4 月	テイラー・ウィンチ	29.6%
	ACC	14.2%
	ドルマン	12.5%
	コーヒー・エクスポーターズ	8.9%
	オラム	7.6%
	KNCU	2.2%
97 年 11 月	ドルマン	18.2%
↓	テイラー・ウィンチ	13.2%
98 年 4 月	オラム	11.4%
	シティー・コーヒー	10.8%
	ACC	7.8%
	KNCU	0.9%

注：1)　TCB の子会社．
　　2)　Tanzania Coffee Board; Actual Coffee Exports for the Month of November 1997–April 1998，より算出．

第 4 章　新しい価格形成制度の現状と課題

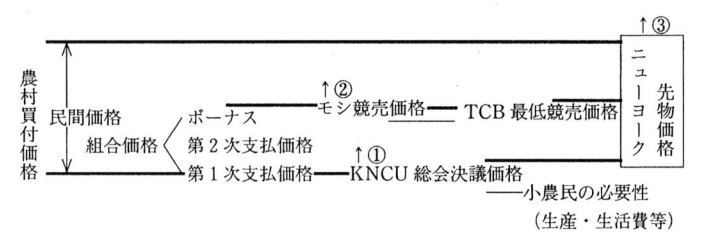

```
                                    ↑②
        ┌民間価格┐┌ ボーナス   モシ競売価格━━━TCB最低競売価格 ┌ニ┐ 先
農村     │組合価格││第2次支払価格                         │ュ│ 物
買付    ─┤        ├┤                                     ││━価
価格     │        ││第1次支払価格━━━KNCU総会決議価格     │ヨ│ 格
        └        ┘└              ↑①        ━━小農民の必要性 ┘
                                              (生産・生活費等)
```

図4-3　コーヒー豆の価格形成の仕組み

間の競争が期待できない制約の下に，コーヒー豆の生産者価格を引き上げ，小農民の生産意欲の喚起，コーヒー産業の再生を図る手段が残されているのだろうか．最後に図4-3を参照して，生産者価格引き上げの可能性を検討してみよう．

民間生産者価格　組合第1次支払価格の引き上げが，民間生産者価格引き上げの条件であるが，そのためにはKNCUによる銀行借入金の十全なる確保が求められる．しかしながら自由化にともない，協同組合に対する政府保証下での，低利で継続的な商業銀行からの借入金が停止してしまった．その結果，第2, 3章で論じたように，一時は崩壊寸前にまで追い込まれたKNCUであったが，最後の生き残り策として協同組合銀行（KCB）を設立し，何とか販売事業（小農民からの買付事業）を維持している．

この協同組合銀行の機能が十分に発揮され，さらに①KNCU総会において，単協代表による小農民の必要性を価格に反映させる努力がなされれば，組合第1次支払価格，民間生産者価格の引き上げの可能性が生じるだろう．

組合生産者価格　②モシ競売価格の引き上げが，組合生産者価格引き上げの条件である．しかしながら競売における，民間の所有権不移動取引が支配的な現状下では，競売価格はTCB設定の最低競売価格に近い低価格で決まる．

それゆえ最低競売価格を，意図している通りの下支え価格として機能させるように，競売を活性化する必要がある．そのためには，KNCUの買付力

（前章で明らかにしたように，93年度に100%であったKNCUの買付シェアは，95年度に56.6%に低下）と輸出力（前節で明らかにしたように，97年度における輸出額シェアは1～2%に過ぎない）の増強が求められる．つまりKNCUの買付シェアを回復させ，KNCU→民間の所有権移動取引を強化する，およびそれが容易に移動しないように，KNCU輸出部が競い合えるだけの輸出シェアを確保する，という方向で，購入競争を促す必要がある．

ニューヨーク先物価格 第7章で詳細に議論するが，現在のコーヒー豆の輸出価格は，ニューヨーク先物価格を基準とし，当該豆の品質や供給量，そして輸出入業者間の力関係に沿った割増・割引を行って，設定されるのが支配的である．それゆえ既述のように，民間が買付価格の上限を算出するために，先物価格は不可欠なのである．

この制度の下では，民間生産者価格も組合生産者価格も同様に，同先物価格に頭打ちされている．それが上限である限り，たとえ構造調整政策で買付競争を促し，民間業者間の競争が実現したとしても，大きな価格上昇には至らないのである．この悲況がゆえに小農民は，「生産者価格が低いのは国際価格が低いからであって，自分達にはどうすることもできない」という，あきらめの言葉を吐かざるを得ないのである．

それゆえ生産者価格の水準を全体的に引き上げ，小農民の必要性（生産・生活費等）を保障するためには，③ニューヨーク先物価格の引き上げが不可欠となる．

生産国のコーヒー豆輸出数量の統制により，先物価格の安定化（下落防止）を図ったのが，ICOの輸出割当制度であったが，生産国間あるいは生産国と消費国の利害対立やアメリカの脱退が原因で，89年に崩壊した．生産国側は93年にコーヒー生産国同盟を設立し，輸出留保制度（価格低下時に輸出可能量のうちの一定量を在庫として留保）を開始した．この生産国同盟が強化され，生産国カルテルが成立すれば，先物価格を生産者価格に従属させる可能性が生じる．しかしながら今のところ，同機関に強い統制力を確

認できず,大きな成果は期待できない.

フェア・トレードの発展 以上で説明した価格形成制度の下では,コーヒー小農民の貧困は緩和しないという認識の下で,コーヒー豆の「もう1つの貿易(オルタナティブ・トレード)」である「公正貿易(フェア・トレード)」が,消費国の NGO の主導で発展している.その現状と課題に関しては,第 10 章で詳細に議論する.

注
1) Coffee Management Unit, Ministry of Agriculture in Tanzania; *Coffee Production, Processing and Marketing 1976-1995 An Overview*, 1996, p. 31.
2) Kashuliza, A.K. and Tembele, R.C., *Tanzania Coffee Marketing Study with Emphasis on Kilimanjaro Region*, 1996, p. 30, およびカシュリザ(ソコイネ農業大学農業経済学科講師)からの聞き取り.
3) Agrisystems; *Tanzania Coffee Sector Strategy Study - Phase 2: Appendices*, Government of Tanzania and European Commission, 1998, p. E13-15.
4) カシュリザからの聞き取り.

第5章　コーヒー産業の構造調整と品質管理問題

第1節　問題意識と分析課題

1. コーヒー豆の品質低下とその原因

　タンザニア産コーヒー豆は，国際取引において最高品質の「コロンビア・マイルド」に分類されている．その高品質は，①小農民による山間部での生産（農業機械を利用できず農作業も煩雑となる傾斜地での生産であり，生産性には限界があるが，1日の気温差が上質の香味を生み出す．ちなみにルカニ村の標高1,584mは，中米生産国で一般的な標高による格付制度の下では，最高品質豆の生産地と評価される場合がほとんどである），②厳格な品質管理，から生じていた．しかしながら近年，②の緩慢化を主因とする品質低下が著しい．

　第3章で明示したように，タンザニア産コーヒー豆は加工工場において機械による選別・格付を受けた後，鑑定士による品質（大きさ，形，重量，色，香味等）検査を経て，上質なものから順に1から17の等級が付される．68年度において，全等級に占める1～4等級の割合は5.9%，5～6等級8.6%，7～8等級41.4%，9等級以下が24.1%であったのにもかかわらず，95年度は1～4等級0.0%，5～6等級1.7%，7～8等級19.8%，9等級以下が78.5%と，大幅な品質低下を確認できる．

　その主因として，より厳格な管理を行う大農園（主に外国人や村が所有し

ているエステートで，最高品質豆の生産量大）の国有化（72年度）とそこでの生産量激減（68年度1.40万トン→95年度0.25万トン）が挙げられることが多いが，キリマンジャロ州の小農民生産に限ったデータを見ても，79年度の1～2等級の割合0.0％，3～6等級12.1％，7～8等級36.9％，9～11等級44.0％，12等級以下7.0％に対して，91年度はそれぞれ0.0％，0.1％，32.4％，56.9％，10.6％であり，品質低下は著しい[1]．

　この品質の大きな低下に，小農民が気づいていないわけではない．キリマンジャロ州の場合，67％の農民が過去10年間の品質非改善（維持・低下）を認識している．その最大の原因として彼らが挙げるのは，①高い生産費→投入財（特に農薬）の利用減（45％），②天候不順（14％），③労働力不足（13％），④低い生産者価格（6％），⑤不十分な普及政策（6％）である[2]．

　これに対して，イギリスの開発コンサルタント・アグリシステムズは，⑥小農民による第1次加工の不全を，品質低下の要因として認識すべきだと主張する．なぜなら現在のタンザニア産豆の低品質は，発酵臭，すっぱ味（刺激的な酸味）が原因であり，それは第1次加工の不全で生じるからである．小農民による第1次加工軽視の結果，民間所有のエステートとセントラル・パルペリー（CP・1次加工場）が存在する村においてのみ，最高品質豆が生産できるという現状に陥ってしまったと言う[3]．

　またその他の原因としてタンザニア農業省は，⑦樹木の老化，⑧相続にともなう農地の細分化，⑨農村の買付所における格付の緩慢化，⑩差別的買付の欠如[4]，そして，⑪協同組合連合会（厳しい格付の伝統を維持）の解散（1976年），⑫民間業者の品質への無関心，を挙げている[5]．さらに生産面を重視するムワイカムボ（農業省流通開発局）は，その他の原因として，⑬土壌の不毛化，⑭不適切な農薬散布・収穫の時期，を挙げている[6]．

2. 構造調整と品質管理

　以上の品質低下原因を，コーヒー豆生産の投入・産出構造の概念図の中に

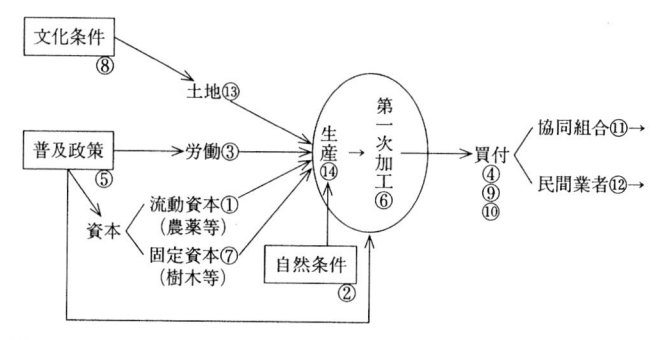

図5-1 コーヒー豆生産の投入・産出構造の概念図と品質低下原因

位置づけると，図5-1のようになる．本章では生産面の問題である②と⑭，土地と労働の生産要素の問題である③，⑧，⑬は主要な分析対象とせず，資本財の投入と産出物の流通を巡る品質管理問題に焦点を絞る．

さて第3章で明らかにしたように，タンザニアにおけるコーヒー豆の格付制度の基本は，植民地時代からほとんど変わっていない．ところがコーヒー産業の構造調整（自由化）にともない，流通制度が急速に自由化された結果，品質管理の構造も変化を余儀なくされている．そして格付と流通の両制度の齟齬が広がる形で，新たな品質管理問題が生じていると考える．

そこで本章では，古い格付制度の下での新しい品質管理の実態を，小農民，流通業者（協同組合，民間業者），政府（農業省，流通公社）の3つの経済主体に分けて，総合的に明示する．その詳細なる現状分析を通じて，上記の品質低下原因の再検討，及び品質管理の課題の解明をめざす．

なお本章では，小農民によるマイルド・アラビカ豆の生産に分析対象を限り，また調査地として先進地のキリマンジャロ州，特にハイ県ルカニ村を選択するため，北部地域中心の分析となる．さらに利用するデータは，1998年1～2月（主にモシ市における，協同組合連合会，民間流通業者，流通公社，農業省等での聞き取り調査）と8～9月（主にルカニ村における参与観察）の2度の現地調査で収集したものが中心となる．

第2節　小農民による品質管理の実態

1. コーヒー豆生産と農薬：原因①④⑦を巡って

　キリマンジャロ州におけるコーヒーの樹木は，植民地時代の1920～40年代に集中的に植えられた樹齢50年以上の木が24％（100年以上の木もある），また25～50年の木が59％を占める[7]．それらの老化した樹木に対しては，カット・バック（古い幹を途中で伐採して，新しい幹を再生させること）を繰り返して，生産性・品質の維持に努めている．しかしながら生産性のピークは10～15年，経済寿命（利益の上がる生産性・品質の維持）は20～30年であり，40～50年を超えると生産性および品質（特に豆の大きさ）が大きく低下すると言う．この樹木の老化を1要因として，第1章で説いたように，タンザニアにおけるコーヒーの生産性は世界で最も低い水準にある[8]．

　さらにその年老いた在来品種（ブルボン種やケント種が主流）は耐病性が低く，病虫害を避けて品質を維持するためには，農薬散布が不可欠である．しかしながらキリマンジャロ州の場合，十分な散布を果たしている小農民の割合（97年時）は，さび病（CLR）用銅で49％，殺虫剤で32％，果実病（CBD）用殺菌剤で28％に過ぎない．その原因は，流通自由化にともなう投入財（特に農薬）経費の急騰である．補助金・掛売の停止（92年度）の結果，第3章第3節で明示したように，実質的に無料であった農薬経費は，95年度に62,000タンザニア・シリング（Tshs）/haとなり，また92年度における投入財（農薬・化学肥料）の使用量は，90年度の水準の約25％にまで降下したと言う[9]．

　補助金の停止は，「小さな政府」が尊重される構造調整政策の直接的な影響であるが，掛売制度の停止は，その間接的な影響である．自由化以前に小農民は，協同組合からのみ農薬を入手することができた（輸入（援助）→流

通公社→協同組合→小農民).そして単協へのコーヒー豆の販売代金から事後的,自動的に控除される形で,当該豆の生産に利用した農薬の代金を支払っていたため,小農民は現金での農薬購入の経験を有さないのである.しかしながら民間業者の買付参入の結果,小農民と単協の従来の固定的な取引関係が崩壊し,単協は農薬代金を控除できる十分な買付の保証を失ってしまった.つまり小農民の民間への販売の可能性が,掛売制度のリスク(借金未返済の可能性)を高めた.

さらに第2章で明示したように,政府保証下での銀行借入金の停止も,掛売制度の維持(組合による事前の農薬購入)を困難にした.その結果,現在ではほとんどの単協が,農薬の掛売のみでなく,販売をも停止してしまったのである.そして小農民は,民間の農業投入財小売店で農薬を購入するのが一般的である.

なお肥料に関しては,小農民は従来から化学肥料をほとんど利用せず,自家所有の牛や山羊の糞を堆肥にして利用,あるいは地元産の安価な堆肥を購入するのが一般的である.ただし化学肥料が安ければ,利用を希望する小農民が多い.ちなみに95年度のキリマンジャロ／アルーシャ州における化学肥料の実質価格は,補助金削除の結果,85年度の2.26倍に急騰している[10].

第3章で説明したように,上記の投入財,特に農薬価格の急騰は,コーヒー豆価格の低迷と結びついて,小農民からコーヒー生産の意欲を奪っている.そして長期間の煩雑な管理が要求されるコーヒー生産を軽視し,短期間で収穫できる1年生作物に注目する小農民が増えている.その結果,以下で説明する政府の施策にもかかわらず,結実まで3~4年,収穫のピークまで8~10年かかり,その未熟期の間も枯死を避けるために,高価な農薬の投入を余儀なくされる永年生作物(常緑樹)コーヒーの樹木の更新(苗木の購入)が,全く進まないのである(年間の更新率は1~2%に過ぎない)[11].

2. 第1次加工と果肉除去機：原因①⑥を巡って

　赤色に成熟した正常な果実のみ，素手で摘み取り（ピッキング），すぐに果肉除去（パルピング）を行う．ルカニ村においては，村の大工が作る（1万Tshsの費用）木製の，昔ながらの果肉除去機を利用するのが一般的である．まず果実を除去機に投入し，その直後に水を注ぎ始める[12]．同時に回転式やすりを回して，外皮と果肉を剥がすのである（写真1）．次に除去機出口からたらいに落ちた豆を，水に浸して簡単に洗う（プレ・ウォッシング）．かき回して水に浮く軽量豆は，外皮・果肉とともに取り除かれる．

写真1　農村製・木製の果肉除去機によるパルピング

　残った成熟・正常豆は，たらい・バケツ・タンクの中で通常1晩（寒い日は2晩）水に浸される．豆の粘着質を酵素で分解して水で除去しやすくするために（上質な香味（特にマイルドさ）にも貢献する），発酵（ファーメンテーション）させるのである．その粘着質は，朝に水で洗い流す（ウォッシング）．バケツ・たらいの中で，両手を使って豆をかき回し，そしてすり洗いする．汚水は捨てて新しい水を入れ直し，入念に水洗すると同時に，水に浮く軽量豆は取り除く（写真2）．

　次に日干し用の金網（トレイ・ワイヤー）やシートの上に豆を均等に並べて，平均1週間，天日乾燥させる（ドライイング）．強い日差しが長く続けば，3日で完了することもあるが，雨の多い時は2週間かかる．この乾燥の過程で，色，密度，形から判断できる欠点豆を取り除く（写真3）．なお夜や雨天時は，物置の中で豆を保管する．豆の色が濃くなって茶褐色になったら，パ

ーチメント・コーヒー（内果皮（パーチメント）が付いた豆）の完成である．

このパーチメント・コーヒーは，しばらく物置や屋根裏等の日陰に保管され，一定の出荷量に至れば，麻袋（50kg用で単協・民間から借りる）に詰めて出荷される．出荷量が少ない時に，買い物袋で出荷されることもある．

なお比較的裕福な農家は，金属製の果肉除去機を所有している．農村製・木製の旧型除去機の場合，豆に傷み，汚れ，臭いが付き，品質悪化・欠点豆増加につながりやすい．よってほとんどの小農民は，資金的余裕があれば，金属製の新型除去機の購入（11～20万Tshs）を希望している．

写真2　水道水による水洗

以上は植民地時代からの品質管理技術であり，かなり煩雑な作業ではあるが，次世代に完全に移転されている．この第1次加工の不全が生じているとすれば，その原因は小農民の技術不足ではなく，果肉除去機の不備，そして既述の

写真3　乾燥過程での欠点豆の除去

投入財価格高騰・コーヒー豆価格低迷にともなう生産意欲減退と，それを監督できない普及政策であると考える．

またルカニ村には，以上の第1次加工のための工場（CP）があるが，現在は閉鎖中である．隣国ケニアでは，すべてのコーヒー豆がCPで1次加工されている．タンザニアでもエステート生産豆はCPで加工されるが，小農

第5章　コーヒー産業の構造調整と品質管理問題

民生産豆のCPによる加工は1%に満たない[13]．ただ60年代には，全国で約30のCP（キリマンジャロ州には14工場）が存在した．しかしほとんどが70年代後半に閉鎖され，現在稼働中なのは，ECによる資金援助（1988〜92年の農業部門支援プログラム）で補修を受けた15のCP（キリマンジャロ州ハイ県の5工場，アルーシャ州アルメルー県の2工場，ルヴマ州ムビンガ県の8工場），ムビンガ県の新しい小工場（STABEX[14]による資金援助で建設）だけである．

写真4　1次加工場（CP）の果肉除去機

　ルカニ村のCPは，ルカニ，ロサー，マシュア，カシャシの4村の単協が共同でキリマンジャロ原住民協同組合連合会（KNCU）から資金を借りて，1965年に建設された．70年代後半の流通公社が工場を管理していた時期に一度閉鎖されたが，KNCU／単協の復活と同時に操業を再開した．しかしながら施設老朽化が原因で86年に停止し，88年に政府に補修を求めたが認められなかった．また92年にエンジンとモーターを盗まれた[15]．

　CPではまず，果肉除去を機械（写真4）で自動的に行い，水槽で簡単に水洗した後，沈む豆のみ発酵漕へ自動的に流し込む．大型コンクリート製の発酵漕（ファーメンテーション・タンク）で1晩，発酵させた後は，細長い水槽（水路，ウォッシング・チャンネル）に流し込み，モップを使って入念に水洗する．そして沈む豆のみ，日干し用金網に自動的に流し込むのである．1度に大量の豆を一定の技術で加工できるため，上質なパーチメント・コーヒーを均等に精製しやすい．CPによる適正なる第1次加工が，生豆の輸出価格を15％以上引き上げると言う[16]．

第3節　流通業者による品質管理の実態

1. 差別的買付・支払制度の不全：原因⑩を巡って

第3章で明示したように，小農民からの買付段階において，パーチメント・コーヒーは色，密度（重量），形から，スペシャル，No.1，No.2，No.3の4階級に格付される．No.3は小農民による第1次加工の段階で取り除かれた最低品質豆で，最近は販売されていない（自家消費あるいは廃棄）．スペシャル，No.1，No.2の格付は制度上，単協あるいは民間の買付担当者が行うが，実際上，民間はNo.1しか購入しておらず，単協も最近はNo.1のみである．政府が強く推奨しているのにもかかわらず，品質に依存する差別的買付・支払制度は機能していないのである．

そもそも民間は，組合の第1次支払価格に200～300Tshsを上乗せする形で買付価格を設定し，支払は一括払い制度（全額を即金で支払）に固執している．組合第1次支払価格は，品質によらないKNCU統一価格であるため，現在の価格設定・支払方式の下では，民間による差別的買付・支払制度の実現は困難である．

組合の場合は，第4章で解明したように，モシ競売所での販売後に剰余金が生じる場合，良質・高価豆を出荷した単協に対してKNCUがボーナス支払（特別配当）を行い，単協に対する差別的支払制度を機能させている．また小農民からの買付に関しては，スペシャル，No.1，No.2豆の差別的買付が行われる場合，やはり剰余金が生じる際のボーナスを利用して，単協が差別的支払を機能させる．例えば92年度はルカニ単協において，第1次支払が155Tshs/kg，第2次支払が70Tshs/kgの統一価格であったのに対して，ボーナスはスペシャル豆に対して87.38Tshs/kg，No.1豆に対して65.53Tshs/kgの差別価格であった．

しかしながら上記のように，93年度以降は組合側も，小農民に対する差

写真5　単位協同組合の倉庫内

別的買付制度を機能させず，No.1豆だけを買い付けている．正確に言えば，スペシャルとNo.1の階級を区分せず，すべてNo.1として購入しているのである．そしてNo.2豆に関しては買付を拒絶し，再度の乾燥や欠点豆除去を小農民に要求している．品質の上昇が望めないNo.2豆は，No.3豆同様に自家消費あるいは廃棄されている．

単協によるNo.2豆の買付拒絶（品質改善要求）は，10年以上前から継続されていると言う．それゆえ現時点では実際上，民間経路ではNo.1豆のみ，組合経路ではスペシャル豆とNo.1豆のみが買付される可能性を持つ．それ以下の品質の豆は流通経路に乗らない．

そして組合によるスペシャルとNo.1の区分（差別的買付）の実施に関しては，5～6月のKNCU総会で国際市況を考慮して，とりあえずの決定がなされる．本格的な決定は，10月にモシ競売所で新年度の取引が始まった後，KNCUが行う．競売価格を考慮して，差別的買付が単協全体の販売額を高めると判断した場合（高品質豆の高価格が実現している場合）は，単協に対してスペシャルとNo.1の区分を指示するのである．また単協側が，差別的買付を主体的に選択する（単協総会にて決定する）場合もある．

98年度（9月時点の第1次支払価格は1,000Tshs/kg）は，KNCU総会で単一買付を決定したため，ルカニ単協とマシュア単協においては，No.1豆だけを購入している．両単協の参事はともに，①自村においてはスペシャル豆を生産できる小農民が少ないため，No.1単一で出荷した方が単協全体の販売額が高まること，②単協の買付担当者は2～3名で，出荷集中時には区分を行う余裕がないこと，を理由として，単一買付を望ましいとする．対照的にCPを有するイスキ単協においては，品質に自信があることを理由として，スペシャル豆とNo.1豆の差別的買付を主体的に選択している．

なお単協職員は，買付を受け入れた豆であっても，もう一度，金網やシート等の上に豆を広げ，再度の乾燥や欠点豆除去を簡単に行った後に，単協の名前と登録番号の付された麻袋（50kg用）に詰める．単協倉庫（写真5）に一定の袋数がたまれば，KNCUのトラックが集荷に来る．また差別的買付を選択した場合は，スペシャル豆とNo.1豆を別々の麻袋に詰めて，別々に保管する．

2. 民間参入と品質管理の緩慢化：原因⑨⑫を巡って

写真6　単位協同組合参事による買付時の目測での格付

No.2豆の買付拒絶に関しては，組合と民間がともに実施しているが，その長い経験を有する組合は，高品質豆でボーナスを獲得できる制度も手伝って，厳格な管理を維持できている（写真6）．しかしながら組合買付独占の時代と異なり，組合に買付拒絶された小農民は，その足で民間への販売を試みる．そして組合による品質改善要求を受けた豆（未乾燥豆や未熟豆等の低品質豆）が，民間ではそのままNo.1豆として受け入れられるという事例を，頻繁に確認できると言う．組合保管豆を民間が強盗する事件が発生するなど[17]，組合と民間の買付競争（凶作下での過少豆の奪い合い）が激化している環境下では，組合の厳格なる品質管理の維持は困難である．

ルカニ村においては，97年度の民間業者オラムによる買付が，格付制度に違反すること，すなわちNo.2豆の買付拒絶が不十分で，低品質豆をNo.1豆として購入したことが，州農業普及員の視察により発覚した．そしてオラム同村事務所は，買付免許を剥奪されたのである．ただアフリカコーヒー会社（ACC）/ミルカフェに関しては，97年2月のコーヒー産業会議で農業

大臣から優秀な民間業者として賞賛されるなど[18]，品質管理の水準は高いと言う．

そのように免許を持つ合法民間業者であっても，品質管理の水準には大差があるため，分類の必要性が生じる．分類の1つの基準として，農村における買付業務の継続性を挙げることができる．

例えばKNCUの輸出部長によれば，自由化にともないコーヒー豆の買付・輸出を行う（買付・輸出免許を持つ）民間業者が急増したが，免許発行（単年更新）数は年ごとに大きく変動すると言う．つまり多くの民間業者（他の農林水産物の買付・輸出免許を持つ業者が多い）は，利益の上がる年だけコーヒー産業に従事するのである．彼らにとって重要なのは年間単位の利益（単年の価格水準）であり，未来の利益につながる品質改善への興味は薄い．長期・継続的に農村部においてコーヒー豆を買い付ける協同組合やごく一部の民間業者とは，異質の行動を見せる民間業者が多いのである．

さらに大問題となっているのが，非合法民間業者の増加である．組合以外への販売が非合法であった時代と異なり，小農民は販売先が無免許業者であることや，その販売が非合法であることに気づかない事例が多い．また流通業者数の増加は，政府による統制をも困難にしている．

無免許業者が常用する違法行為は，海外への密輸出や買付所外での閉鎖的買付のほか，南部産豆（北部産より低品質・低価格）の北部産豆への混入が有名である．とりわけ彼らは，南部産豆を北部に持ち込み，北部産と混ぜて合法民間業者に販売する，中間商人として暗躍している[19]．

それゆえコーヒー流通公社（TCB）は94年12月，北部の合法民間業者に対して，南部から流入する低品質豆の買付を拒絶するよう要求し，合法業者はその遵守に同意した[20]．また96年7月には，TCBが2社の無免許業者を摘発し，無期限の操業停止処分とした[21]．さらに97年度より政府は，違法行為を行う民間業者の免許を即座に剥奪し，社名を公表することにした[22]．これらの対策により，無免許業者や低品質豆混入の問題は沈静化していると言う[23]．

第4節　政府による品質管理の実態

1. 苗木生産計画の強化：原因①⑦を巡って

　既述のように低い樹木更新率（苗木投入率）は，品質低下に直接的に影響しているのみではない．在来品種は農薬投入を不可欠とするが，同経費の高騰が主因で小農民は投入を控え，さらなる品質低下をもたらしている．それゆえ耐病性の高い新品種の確立と普及は，当国におけるコーヒー豆品質改善のための最優先課題の1つである．

　この低い樹木更新率の重大さを，多くの国民が認識している．このまま放置した場合，10～20年後には過半数の樹木が収穫不可能となり，コーヒー産業は壊滅するという意見もある．コーヒー豆が同国最大の輸出品，外貨獲得源であることを考えれば，それはタンザニア経済全体の危機でもある．

　このコーヒー産業の危機に直面し，政府は大慌てで対策を講じている．調査時（98年度）のルカニ村で確認できたように，キリマンジャロ州における収穫可能樹木の減少数を把握するため，村農業普及員がすべての農家を訪問している．それと同時に，「苗木生産計画」が強化されている．

　同計画は，84年度まで流通公社が主催してきたが，85年度以降は協同組合，そして94年度以降は民間と組合（ただし苗木生産・販売を停止した単協が多い）が担い手になった．しかしながら新しい商業的な苗木生産・販売（育苗場経営）は，販売価格の上昇・小農民の低い苗木投入率が主因で成り立たず，96年度より政府は，契約した苗木生産者に対して，50Tshs/seedlingの補助金（10Tshsは播種・植付（育苗場設営），40Tshsは販売に対する補助金で，財源はSTABEX）を与え，苗木生産量を拡大している（97年度に全国で約400万本の苗木を生産）[24]．その結果，小農民への販売価格（自由価格）は低く抑えられている[25]．

　なお農業省は，種子・苗木の厳格なる管理を継続しており，苗木生産者は

主に農業普及員を通じて、それらを購入している。またキリマンジャロ州にある国立のリャムング農業試験・訓練所において、耐病性・生産性の優れた新品種の確立（2001年導入目標）に向けての研究が進んでいる。ちなみに流通業者は、競売価格の0.25％をコーヒー研究税として納入する義務がある。

2. 全国コーヒー投入財バウチャー計画：原因①⑫を巡って

上記のように苗木生産量が拡大しても、小農民による購入が進まなければ意味はない。さらにその苗木の成長、高品質豆の安定生産のためには、新品種導入により投入量を節減できたとしても、一定量の農薬・肥料の投入が求められるだろう。また第1次加工の改善のためには、果肉除去機の更新も重要である。

しかしながら小農民は、上記の投入財、特に農薬を現金で購入する経験に乏しく、それが投入財低利用の1要因である。そこで政府は97年度より、「全国コーヒー投入財バウチャー計画（NCIVC）」を開始した。同計画の運営は、農業省、TCB、ECの支援、そしてコーヒー流通業者の連合組織であるコーヒー協会（TCA、1996年設立）の監督の下で、コーヒー協同組合連合会（TCCA）が行っている。

まず流通業者は、NCIVC事務所からバウチャー（クーポン券）を購入する。そして10kgのコーヒー豆を販売した小農民に対して、500Tshsの額面（販売額の約4％）のクーポン券を配布するのである。10kgの販売に満たない場合は、業者が記録を保存し、累計10kgに至った時点でクーポン券を与える。同クーポン券は、NCIVC指定（看板で明示）の農業投入財小売店（民間流通業者や単協を含む）における、コーヒー豆生産用投入財の購入のみに利用できる。最後に小売店は、NCIVC事務所にてクーポン券を現金化する。

クーポン券の印刷費はSTABEXで負担しているが、その他の費用はすべて、流通業者が負担している。流通業者にとっての動機は、次年度あるいは

未来の高品質豆に対する先行投資である．しかしながら掛売制度と同様，小農民との固定的関係を結べないことが，同計画を不完全なものとしている．つまり自らの投資で生じた高品質豆であっても，競争相手によって購入される可能性がある．そのため一部の民間流通業者（主に投入財の販売を行っていない業者）は，同計画への参加を拒んでいるのである．

また北部地域において，97年度は大凶作（キリマンジャロ／アルーシャ州の収穫量は前年度比でマイナス40%）[26]がゆえに，10kgの販売量に満たない小農民が多く，クーポン券はあまり普及していない．また10kgに至ったとしても，500Tshsのクーポン券では，苗木を数本，購入できる程度である．例えばさび病用銅は，年間5～10kg/haの散布が推奨されると言うが，その価格は2,500Tshs/kg（98年度）である．

さらに農業投入財小売店が，農村に存在しないという問題点がある．例えばルカニ村において，単協は投入財販売を完全に停止しており，ミルカフェ（NCIVC指定）が苗木販売を行っているのみである．それゆえほとんどの小農民は，モシ市の小売店（同村住民が経営）で投入財を購入している．よってクーポン券も，車で1～2時間かかる遠隔地モシで利用せざるを得ない（交通費が必要）．しかしながらその余裕がない小農民は，額面以下の価格でクーポン券を他人に転売，現金化している．

南部地域においては，97年度の収穫量が平均を上回る水準であったため，クーポン券の普及に関しては順調である．しかしながら北部同様に，小売店が遠隔地にあるため，多くの小農民は交通費の出費を避けて，クーポン券の現金化やそれによるビール・地酒の購入（非合法な中間商人が斡旋・価格は額面以下）を行っていると言う[27]．

上記の限界を補うため，一部の流通業者は独自の投入財促進策を企図している．例えばACC／ミルカフェは，上記の政府のクーポン券に加え，自社でのみ利用可能なクーポン券の配布を始め，苗木の販売に努めている．またドルマンは，10kgの販売に対して1kgの青銅を贈与している．またKNCU／単協は，98年度より掛売制度の復活に努めている．リスクを冒し

ても高品質豆を得たいという動機のみでなく，より多くの豆を購入するための差別化戦略（一種の固定的関係化戦略）でもある．

3. 農村部における品質管理：原因⑤⑥⑨⑩を巡って

コーヒー産業にかかわる主な政府機関は，コーヒー流通公社（TCB），農業省の農業畜産局（全国の普及事業を担当）とコーヒー流通課（CMU・コーヒー政策の提言・評価や開発プロジェクトの調整・評価，STABEXをはじめとする先進国援助の管理，等を担当），州や県の農業畜産開発事務所（地方の普及事業を担当），等である．

流通公社に関しては第3章で明示したように，構造調整政策下において，その機能が大きく削減されているが，コーヒー豆の品質管理の役割は維持されている．しかしながら現在のTCBによる品質管理の実践は，予算制約がゆえに，買付・格付制度に従わない業者からの免許剥奪，検査所における鑑定，上記のバウチャー計画の支援，等に限られている．農村部における品質管理への貢献は，皆無に等しいのである．改革前の流通公社は，協同組合あるいは村からコーヒー豆を直接購入していたため，農村部での格付に対する指導が容易であり，また組合・村への投入財販売の責務も果たしていた．しかしながら自由化にともない，流通公社は品質管理の実践から身を引き，買付・格付制度の管理者に留まっていると言える．

農村部における政府の品質管理に関して，その主体は村の農業普及員（キリマンジャロ州においては，1村1普及員が普通）である．その役割は改革前から変わらないが，流通公社の役割縮小により，その責任がさらに高まっている．彼らは1カ月に1回，県事務所にて，県専門家（2カ月に1回，州事務所にて訓練）よりコーヒー豆生産・第1次加工技術の訓練を受け，その技術を村の複数の小農民グループに移転している（訓練・訪問（T&V）制度）．また流通業者による買付の場に立ち会って，買付・格付制度の遵守を監視するのも普及員の役割である（96年度より政府は，その監視を強化す

るよう指導している).

 しかし改革前は,単協の買付に立ち会うのみであったが,自由化にともなう流通業者の急増の結果,1人ですべての買付を監視するのが困難になった.また普及員の月給が安過ぎて(約5万Tshs),生計を立てるためには自らの農業生産が不可欠である.後者を犠牲にしてまで,普及員の職務に打ち込む意欲はないと言う[28].さらに構造調整圧力の下で,普及員数の大幅な削減が計画されている(1区(3~5村から成る)1普及員が改革目標).なお普及政策の予算は,北部の事業は世界銀行,南部の事業は国際農業開発基金(IFAD)による資金援助に,約9割を依存していると言う[29].

 新たな品質改善政策として注目すべきは,農村部における品質検査の実施計画である.第3章で明示したように,味覚テストを含む本格的な品質検査は加工工場を経由後に主にモシ市で行われ,買付段階では,流通業者買付担当者の目測による色,重量,形の評価に過ぎない.これでは,特に香味面での上質豆と低質豆の混在が進んでしまうため,川上の農村部に新たに検査所を設置し,TCBの鑑定士が味覚テストを行うことで,より厳密な品質評価を実現したいのである.

 まず流通業者は,小農民の自己申告や買付担当者の目測により評価した高品質(スペシャル)豆を,他豆から分離して集荷する.次にこのスペシャル豆を,郡・区単位で設置される検査所に持ち込んで,味覚テストを含む品質検査を受ける.この検査に合格した場合,流通業者は同スペシャル豆の出荷者に対して,100~200Tshs/kgのボーナスを支払うのである.つまりこの農村部品質検査の実施は,差別的買付・支払を促進するための条件整備でもある.

 この新しい格付制度の実現に向けて,98年度よりTCBは,コーヒー鑑定士の増加に努めている.しかし残念ながら,資金的に断念せざるを得ない可能性が高い.新制度実現の最大の課題は,構造調整圧力,つまり「小さな政府」尊重の下での,TCBによる予算獲得の困難性である.実現したとしても,普及政策同様,援助機関への高い依存度は避けられないであろう.

第5節　品質管理の課題

1. 政府による品質管理の限界

　前節で明示したように，コーヒー豆の品質悪化要因を投入財，特に苗木と農薬の低い投入率であるととらえ，政府は苗木生産計画の強化や投入財バウチャー計画の導入に努めている．同時に政府は収穫以後の品質改善政策として，普及員による買付・格付制度の監視強化や，差別的買付を促進する農村部品質検査の導入，等を企図している．

　しかしながら「小さな政府」を最大限に尊重する構造調整圧力の下では，どの施策に関しても，資金面で援助機関に依存せざるを得ない．さらにはどの施策に関しても，実践面における流通業者の協力なしには，十全なる成果が上がらない．

2. 流通業者による品質管理の限界

　ところがその実践面での流通業者，特に民間業者への依存に関しては，大きな限界を指摘できるのみならず，すでにそれが顕在化し始めている．

　例えば既述のように，投入財バウチャー計画に関しては，自由化以後の小農民との非固定的関係を主因とし，一部の民間業者が参加を拒絶している．また普及員による買付・格付制度の監視は，民間業者の急増のみならず，その一部が非合法業者であること，さらには合法業者であっても，多くが品質改善への興味を持たない非継続的業者であることから，困難を極めている．

　そもそも民間業者の参入は，買付競争を激化させて，流通業者による格付制度の遵守を困難にしている．また民間業者による現在の価格設定・支払方式は，政府が推奨する差別的買付・支払制度に馴染まない．

　さらに新格付制度の導入計画に関しては，ボーナス支払制度の改良に過ぎ

ない協同組合にとっても，競売所に販売する前の支払となるため，損失のリスク，及び銀行借入金の重要性が高まってしまう．さらに差別的買付・支払制度の経験を持たない民間業者にとっては，追加的出費が確実となるため，積極的に同制度に従うとは思えない．

3. 小農民による品質管理の限界

小農民による品質管理の悪化は，技術不足でなく生産意欲減退から生じていると考える．

自由化にともなう農薬価格の高騰と掛売制度の停止は，農薬投入率を大きく引き下げているのみでなく，コーヒー豆価格の低迷と結びついて，小農民からコーヒー生産の意欲を奪っている．その結果，小農民は樹木更新（苗木購入）の動機を失ってしまった．

同様の理由で，高性能であるが高価な果肉除去機（CP＞金属製＞木製）の購入も，困難になっている．

4. 構造調整と品質低下

以上のように構造調整（自由化），特に政府予算の制約と民間業者の参入は，品質管理の緩慢化に貢献しているのみである．

ここにおいて我々は，コーヒー豆の品質改善のためには，近年の急速な自由化を問い直す必要性が高いことに気づく．本章の最初に提示した，分析対象内の8つの品質低下原因を見直してみても，④低い生産者価格，⑪協同組合連合会（厳しい格付の伝統を維持）の解散（1976年），を除く6つの原因の背景に，自由化が存在することがわかる（図5-2）．また⑪を，第2章で明示した，自由化にともなう協同組合連合会の事業悪化，と置き換えれば，残されるのは④だけである．もちろん品質悪化は自由化以前から始まっているが，自由化がそれを加速させたのであり，また少なくとも，構造調整圧力下

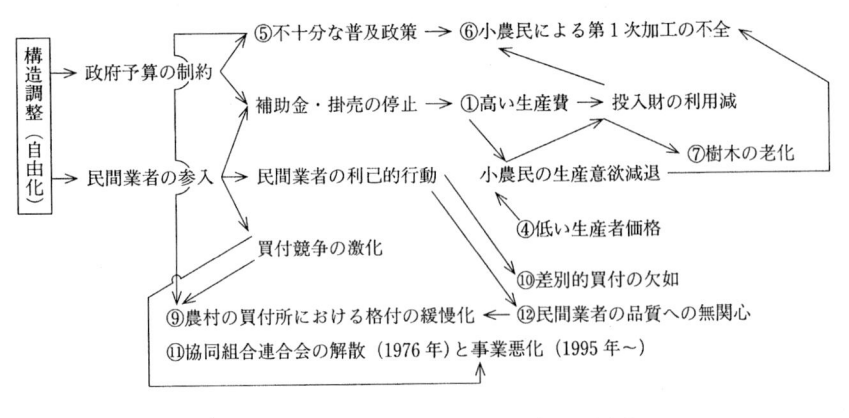

図5-2 コーヒー豆の品質低下原因と構造調整

での品質改善は考えにくい．

　植民地時代・社会主義時代とほとんど変わっていない格付制度に対して，時代遅れであるという批判が強い．しかし統制主義を完全に廃除した格付制度はあり得ない．つまり格付・品質を管理・統制する組織は不可欠である．一方で構造調整時代における新しい流通制度は，自由主義に大きく依存している．この反対方向を向いた両制度の調整，すなわち妥協点をどこに見出すか，それが品質管理の最大の課題であると考える．自由主義が尊重する市場メカニズムは，格付制度（事前の品質規定）なしには有効に機能しないゆえ[30]，その調整がことに重要なのである．

5. 低価格と品質低下

　それでも構造調整圧力に対抗できず，急速なる自由化に足かせをはめられないのであれば，その制約下に残された品質管理の課題は，原因④の改善，すなわち生産者価格の引き上げである．つまり第3章で説いた低投入→低品質→低価格→低投入の悪循環は，価格インセンティブの強化によって切断されるべきだと考える．そもそもコーヒー豆流通の自由化は，競争原理の導入，

すなわち民間業者による買付競争の激化が，生産者価格を引き上げることを企図していた．それが実現できなければ，小農民にとって自由化は無意味なのである．

注
1) Coffee Management Unit, Ministry of Agriculture in Tanzania, *Coffee Production, Processing and Marketing 1976-1995 An Overview*, 1996, pp. 6-7.
2) Agrisystems, *Tanzania Coffee Sector Strategy Study - Phase 2: Appendices*, Government of Tanzania and European Commission, 1998, Appendix C1-15.
3) *Ibid.*, Appendix C-4, C-16.
4) Ministry of Agriculture and Cooperatives, *Report of the Annual Coffee Industry Meeting*, 1996, Annex 2.
5) Coffee Management Unit, *op. cit.*
6) Kashuliza, A.K. and Tembele, R.C., *Tanzania Coffee Marketing Study with Emphasis on Kilimanjaro Region*, 1996, p. 16.
7) Agrisystems, *op. cit.*, Appendix C1-7.
8) 潜在的には（苗木更新を含む品質管理やインフラ整備等が十全になされた場合），1本の木から5〜8kgの収穫が可能であるが，現在は全国平均で0.25kgに過ぎないと言う．Ministry of Agriculture and Cooperatives, *op. cit.*, Annex 7.
9) Agrisystems, *op. cit.*, Appendix C-6.
10) Coffee Management Unit, *op. cit.*, p. 11.
11) Agrisystems, *op. cit.*, Appendix C-7. ただし多くの小農民は，落下した豆から自然に発芽した苗木を育てているが，それは更新率にはカウントされていない．
12) ルカニ村の場合，水道は約20年前に敷設された．それ以前は，現在も村民が十全に管理している伝統的灌漑を利用して，コーヒー豆を水洗していた．
13) Coffee Management Unit, *op. cit.*, p. 15.
14) ロメ協定で規定されている，ECによるACP（アフリカ，カリブ，太平洋）諸国に対する一次産品輸出の所得補償制度．タンザニアの場合，コーヒー，綿花，紅茶等の対EC輸出額が基準額を下回った際に，ECから差額分の資金援助を得ることができる．コーヒー輸出の所得補償が9割を占めるため，同資金は農業省コーヒー流通課が管理している．
15) ルカニCPの旧工場長からの聞き取り．
16) Agrisystems, *op. cit.*, Appendix D-4.
17) *Daily News*, September 23, 1996.
18) *Daily News*, February 20, 1997.
19) *Daily News*, October 7, 9, December 8, 1994, July 8, 1996.

20) *Daily News*, December 8, 1994.
21) *Daily News*, July 11, 1996.
22) *Daily News*, February 20, 1997.
23) Ministry of Agriculture and Cooperatives, *op. cit.*, Annex 1.
24) Agrisystems, *op. cit.*, Appendix C-7.
25) 例えば98年度の販売価格は，ミルカフェ・ルカニ村事務所が100Tshs/seedling，イスキ単協が50Tshs/seedlingに過ぎない．
26) *Daily News*, October 10, 1997.
27) *Sunday Observer*, November 9, 1997.
28) ルカニ村の農業普及員からの聞き取り．
29) ソコイネ農業大学農業普及学科講師からの聞き取り．
30) 例えば，G. アレール・R. ボワイエ「農業と食品工業におけるレギュラシオンとコンヴァンシオン」G. アレール・R. ボワイエ編著（津守英夫他訳）『市場原理を超える農業の大転換―レギュラシオン・コンヴァンシオン理論による分析と提起―』農山漁村文化協会，1997年，序章，原洋之介『開発経済論』岩波書店，1996年，50-53ページ，を参照されたい．

第6章　農村協同組合とコーヒー産業の最新事情

第1節　農村協同組合の最新事情：新聞記事の整理

1. 協同組合危機の深化と政府の対応

　第2章で論じたように，96年7～8月の調査時において十全に機能していた農村協同組合は，アラビカ・コーヒーの名産地であるキリマンジャロ山麓やメルー山麓，ロブスタ・コーヒーの名産地であるブコバ地域，綿花の名産地であるヴィクトリア湖周辺地域において，植民地時代にも活躍していた組合に限られていた．その他の地域では，構造調整（経済自由化）にともなう政府支援の削減，民間流通業者（多くが多国籍企業）との買付競争の敗退（販売事業の不全）を主因として，ほとんどの組合が崩壊の危険にさらされていた．

　ところが上記の十全に機能していたはずの組合にまで，ついに崩壊の危機が迫ってきた．ブコバ地域を管轄するカゲラ協同組合連合会（KCU）の資産を，2000年3月初めに協同組合・農村開発銀行（CRDB）のブコバ支店が差し押さえ，清算処理に入ったのである．20億Tshs（約2.7億円）の債務を返済できないのだと言う．自らの資産が没収されたことに対して，組合員によるCRDB，そしてKCU役職員に対する大規模な抗議活動が生じた．

　事態を重く見た大統領は3月末に，協同組合運動の未来を議論するハイレベル会議を招集し，大臣，州知事，県知事，組合連合会の指導者や専門家な

どが参加した．2日間の議論を経て，大統領が出した結論は，以下の通りである．

①組合連合会の役職員がかかわる，あらゆる汚職を調査する特別チームを結成する，②債権回収のために，金融機関が組合連合会の資産を競売することを停止し，政府が連合会の債務返済を監督する，③債務が理由で倒産せざるを得ないすべての連合会を復興させるように努力する，④強い権限を持つ協同組合復興特別専門委員会を結成する．

会議を閉めるにあたって大統領は，健全な協同組合なしには，小農民の貧困は緩和しないこと，しかし頻繁なる横領，個人主義，劣悪な経営を止めないと，組合は復興し得ないことを強調した．現在の協同組合に対しては，大いに失望しているものの，今後，小農民が民主的に運営できる健全な組合が育てば，農村における望ましい社会経済開発が進む．この大統領のとらえ方は，大半の国民の意見を代表するものであると言ってよい．

この大統領の決定に関しては，特に②と③に対して，民間部門からの非難が生じた．組合連合会の復興を優先するために，金融機関への政府介入を強めるものであるという．しかし大統領がめざすのは，組合連合会と金融機関の相互依存的な発展であることを，国務大臣が強調し，その非難を一蹴した[1]．

2. 組合復興のための施策案

④の特別専門委員会は，大統領の指名により2000年4月に結成された．3カ月間の協議の後，6月末に5つの提案を行った．それらは，①連合会統廃合と自由市場の下での換金作物販売・購入システムの改革，②連合会の業務規定の導入，③作物購入基金の創設，④清算に直面する連合会の救済，⑤連合会の構造改革，である．

まず④に関して，上記のKCUをはじめとするCRDBに資産を差し押さえられた連合会は，政府による救済措置を得られることになった．具体的に

は，CRDB に国債を渡すという形で政府が KCU の債務額を肩代わりし，2年間のうちに KCU が政府に返済する（競売所でのコーヒー販売額から差し引く）という措置である．

そして①の換金作物販売・購入システムの改革に関しては，すでにコーヒーには導入されている競売制度を，綿花，カシューナッツ，タバコにも導入すること，そして民間業者は，それらの換金作物を競売所（流通公社や組合連合会が開設）において，組合から購入するという新制度が提案された．同制度の利点は，品質や農業投入財の管理が容易になること，損失補填や第2次支払等の特別支払が直接的に農民に届くこと，農民に対する組合からの貸付が容易になること，であると言う[2]．

しかしこの新制度は，農業部門における構造調整政策の目玉であった，農民からの直接的買付への民間業者による参入（組合による買付独占の停止）を，突然，妨げることになる．案の定，民間部門からの非難が相次いだ．

例えばビジネス・タイムズ紙は社説において，農業部門の市場構造を歪める組合の買付独占の復活に，強い反対の意を表した．組合の非効率性，プロ意識の欠如，汚職の蔓延は，20年間変わっていない．逆に民間業者のおかげで，作物生産・流通の効率性が改善したのだと言う．しかし自由化にともない，確かに多数の民間業者による違法行為，小農民による品質詐欺，投入財の利用停止は確認できる．ただそういった市場の失敗は，農協独占という，市場経済尊重の時代にそぐわない方策で是正すべきではない．政府による監督で対処すべきと主張している[3]．

しかしその一方で，同じくビジネス・タイムズ紙のミハヨ記者が，近年の小農民の悲惨な状況を考慮した場合，それを改善し得る協同組合の改革は最重要課題であると強調している．それゆえ専門委員会の提案は，すべての住民によって支持されるべきだとする[4]．またフィナンシャル・タイムズ紙も社説において，組合員が民主的に管理する協同組合が実現するのであれば，専門委員会の提案は正しい方向にあると主張している[5]．

3. 組合復興と民間流通業者

上記の提案に即座に飛びついたのが，2年間の債務返済猶予を得た（2年間で債務返済が可能となる数量のコーヒー豆を買付する義務を有する）KCU が管轄するカゲラ州である．2000年6月15日にコーヒー流通公社（TCB）が，本年度の買付開始を発表したのにもかかわらず，7月に入っても，州当局が買付免許を民間業者に発行しないのだと言う．

この突如なる組合買付独占の復活に対し，同州で買付を行う14の民間業者が，商工農会議所（TCCIA）を通じて反対声明を出した．彼らが主張する民間排除の弊害は，①農業のみならず，その他の産業における投資家の信認喪失につながること，②流通自由化（94年度）以後の巨額の投資（加工工場，倉庫，輸送施設）は言うまでもなく，本年度だけですでに6億 Tshs（民間業者全体）の買付前支出を行っていること，③1,500人の職業と税収（昨年度は18億 Tshs）を奪うこと，④生産者価格が降下すること（昨年度は組合価格180Tshs/kgのところ，民間価格は250Tshs/kg），である[6]．

その後 TCCIA 所長は，首相および専門委員会長と会談を持った．彼らによれば，この民間業者に対する買付免許の未発行は，KCU に債務返済（買付量確保）の余裕を与えるための暫定的な措置であると言う．KCU の債務問題が解決すれば，民間が買付業務に戻れることを確認できたため，TCCIA はしぶしぶ，同措置に従うことになった[7]．

4. キリマンジャロ原住民協同組合連合会の事業改善

それでは当国最大の協同組合の成功例であるキリマンジャロ原住民協同組合連合会（KNCU）は，どのような状況にあるのだろうか．

第2章で論じたように，自由化にともなう民間銀行（主に CRDB）からの借入金（農民からのコーヒー豆買付時に第1次支払（前払い）を行うため

の現金)減少が,KNCUの販売事業を破綻寸前に追い込んだ.その減額を補うため,KNCUは最後の生き残り策として,「農村住民が底辺から組織した草の根銀行」,キリマンジャロ協同組合銀行(KCB)を開設したのである.そして第3章で論じたように,KCBが一定の役割を果たしていることで,KNCUの事業は多少の改善をみせている.

例えば民間流通業者(ほとんどが多国籍業者)との買付競争に耐え切れず,96年度に20%にまで下落したキリマンジャロ州におけるKNCUとVUASU協同組合連合会のコーヒー豆買付量は,97年度に60%,98年度には65%にまで復活した[8].しかしVUASUに関しては,他の連合会同様の経営危機が報告されている.もはや当国で十全に機能している協同組合連合会は,KNCUだけと言っても過言ではない.

KNCUの事業改善の理由として,ノルウェーの政府と協同組合の資金援助を得て,96年より協同組合専門学校が実践している単協・組合員エンパワーメント計画の成果を強調する者がいる.同計画による単協の組合員・役職員に対する訓練が,彼らの事業能力を高めたのだと言う[9].しかし以下の事例を見ても,単協職員の事業能力はまだ不十分であると言わざるを得ない.

ロンボ県にある複数の単協(KNCU傘下のコーヒー販売組合のみならず,信用組合や購買組合を含む)において,97年度以降,8,400万Tshsが役職員によって横領されたと言う[10].また99年度KNCUは,集荷した豆の乾燥度が不十分だったため,59.7トンの豆を適切に加工することができず,6,950万Tshsの損失を被った[11].農民が出荷する豆の乾燥度を検査し,不十分な場合は再度の乾燥を命じること,それは単協職員に課せられた重要な品質管理業務である.

5. 新たな農村協同組合の役割

2000年6月に開催されたKNCU総会において,最も注目を集めたのは,不当に低い生産者価格の改善をめざすフェア・トレード(公正貿易)の発展

である．KNCU はこの 1 年間，ヨーロッパや日本に 31 コンテナのコーヒー豆を輸出したが，そのうちの 9 コンテナが，フェア・トレード機関（主に先進国の NGO）への輸出であると言う．そして同機関から，フェア・トレードのプレミアム（消費国での販売利益の一部を，生産地へ還元すること）として，1,430 万 Tshs を得た．そのプレミアムに，オランダの NGO から得た 1,050 万 Tshs の資金援助を足して，KNCU は 99 年度，組合員に対する有機コーヒー生産の訓練を大きく進展させた[12]．

また KNCU 傘下のウル中央マウェラ単協は，マウェラ中学校に対する 2,000 万 Tshs の援助（モシ県において単協が行った過去最高額の資金援助）を行った．村民の自助努力で建設した中学校に，より安い学費で子供達が通学できるよう（学費滞納の退学者が減るよう），同村を管轄する単協が支援を行ったのだと言う[13]．

最後に注目すべきは，キゴマ州カスル県マンヨブ郡における事件である．同郡においては，すでに協同組合は機能しておらず，民間業者による買付を選ぶしかない．しかし同郡の小農民は，99 年度生産した 153 トン（1.22 億 Tshs 相当）のコーヒー豆に関し，800Tshs/kg 以下では売らないという抵抗を貫いた．さらにそれを買ってくれない限り，2000 年度のコーヒー生産も放棄すると言う．結局，州当局による陳情もあって，TCB がその 1 年間放置された豆の購入を受け入れた[14]．

このような小農民による供給調整により，自分達の必要性（生産・生活費等）を買付価格に反映させる努力こそ，単協が追求すべき最も重要な役割である．従来のように，連合会や民間業者が設定する買付価格，あるいは国際価格に従属している限り，小農民の生活は改善し難いと考えるのである．

第2節　コーヒー産業の最新事情：新聞記事の整理

1. コーヒー産業の現状と課題：年次会議の報告

　2000年5月に開催されたコーヒー年次会議の開会スピーチにおいて，首相は現在のコーヒー産業の不調を嘆き，現状の下では，国家の外貨収入が減少し，貧困緩和策をはじめとする社会サービス事業に悪影響が生じるとの懸念を表明した．そして不調の原因として，①流通自由化にともなう品質の低下，②国際価格の急激な変動（下落），③貧弱な普及政策と投入財（特に農薬）供給政策，④高い税金，を挙げた[15]．
　②に関しては，望ましい価格が実現するまでの過渡期にあること，しかしこの低迷期であっても高品質豆は高く売れるゆえ，品質改善努力が重要であることを強調した．③に関しては，適時，安価な投入財・苗木の供給と専門家の育成をめざす持続的戦略を確立すべきことを主張し，同戦略に対する政府の支援を約束した．
　また①に関して首相は，コーヒー生産の改善をめざして行われた流通自由化が，逆の影響をもたらしていることを嘆き，生産者と民間流通業者に対してフェア・プレイを命じた．特に違法行為が目立つ民間業者に対して，「コーヒー生産の未来を全く気にとめない民間業者がいるが，彼らは子羊に群がるハイエナと同じである．なぜならハイエナは，子羊が今後，いかに成長するかを考えずに，子供のまま食べてしまう」と，強く非難した[16]．
　さらに流通公社（TCB）の管理部長は，99年度のコーヒー豆生産量は46,500トンであり，目標48,000トンの98％を達成したことを発表した．97年度より約12,000トン増加したことになる[17]．そしてTCBは，今後の生産目標として，2002年度までに60,000トン，2005年度までに70,000トンをめざすと言う．
　また国際価格に関して，99年12月から2000年4月までの間に，アラビ

カ・コーヒー豆の価格が30％，ロブスタ・コーヒー豆の価格が40％降下したことを明らかにした．国際市場における供給過多と需要停滞が原因であり，今後も価格下落の可能性が高い．たとえ新年度の供給量が減ったとしても，この価格低迷期を利用して，焙煎業者がかなりの買いだめをしているからである．この状況下では，高品質のコーヒーを作ること，そしてコーヒー生産国同盟（ACPC）による輸出留保に期待するしかないと言う[18]．

なお5月中旬に公表されたTCBの報告書によると，99年度のコーヒー豆の品質は，多少の改善をみせて，北部産も南部産も最高で5等級を実現したと言う．しかし相変わらず，最高品質の1～4等級は皆無である一方，最低品質の17等級は多い．また品質悪化の1要因である，低質な南部産豆を高質な北部産豆に混ぜて売る違法行為に関しては，両者の価格差が縮まったことで（99年度の民間業者の買付価格は，北部で800～1,000Tshs，南部で550～800Tshs）[19]，かなり減少している[20]．

2. コーヒー産業の復興・自由化政策への批判

上記の年次会議の報告に対し，フィナンシャル・タイムズ紙は社説において，政府やTCBによる復興政策のさらなる強化を求めた．

コーヒー産業の苦難の原因は，自分達の統制が効かない国際価格の低迷と，統制できる国内生産の量と質の低下であると言う．その苦難の結果，最大のコーヒー生産地であるキリマンジャロ州は，多大なる悪影響を被っている．それはサイザル麻の生産衰退でタンガ州が被った悪影響と似ており，住民の購買力が大きく低下，他産業にも悪影響が及んでいる．そのためダルエスサラーム等の他都市へ，企業が流出せざるを得ない．そして同州の失業率と犯罪率は，大きく上昇しているのである．

それゆえコーヒー産業の復興を最優先課題とすべきであると言う．具体的な対策として，以下の5点が重要であると言う．①村や協同組合が所有するコーヒー農園を，民間へ販売・貸与すること（それが進展するように土地法

を整備), ②国際価格の動きが最適に (低過ぎると生産放棄や密輸につながる) 生産者価格に反映するよう, TCB が調整すること, ③コーヒー研究の充実とその成果の普及, ④すべての単協に品質の専門家を置き, 組合のみが買付を担当, 民間は組合が工場で加工した後に購入, ⑤青田買いも辞さない民間による, 品質を無視した買付を厳格に監督すること[21]。

また同紙は, 年次会議の1カ月前にも, TCB の楽観的な生産目標の設定に対して, 強い非難を浴びせている. この2年間は上昇傾向にあるけれども, 99年度の生産量は未だ, 過去20年間の平均 (約5万トン) を下回っている. それゆえ今後の生産量の大きな引き上げに関しては, 懐疑的であると言う.

TCB の自信は, 苗木分配キャンペーンの成功から生じている. 5月下旬の TCB 管理部長の報告によれば, 同キャンペーンは, 98年の年次会議における大統領の呼びかけをきっかけにして始まった. その後2年間で, 政府と業界が協力し, 特に老木が多いキリマンジャロ州を中心に, 1,600万本の苗木分配を果たした. その他, TCB は近年, 低品質の農薬を排除するための熱帯殺虫剤研究所による検査義務, 1次加工場 (CP) の復興, 競売制度の改善 (透明性, 競争性, 有効性の確保) に努めていると言う[22]。

しかしパスチャル記者は, 生産量を増やすことだけに資金を集中すべきではないと批判する. なぜならコーヒー豆は, 国際価格の変動が最も激しい作物の1つで, 1980年に1kg当たり3.29US$ だったのが, 90年には1.36US$ に落ち込み, 98年には2.14US$ の水準にある. この価格では, 生産者の所得向上に結びつかず, コーヒーより食料作物の方がもうかる状況にある. この価格低迷期において, できる限りの高価格を実現するため, 品質改善, そして国際市場情報 (価格や需給量の変動) の分析に, 資金を向けるべきだと主張するのである[23]。

さらに同紙は年次会議の直前に, 2人の研究者によるコーヒー産業調査 (北部のキリマンジャロ州 (輸出量の41%を供給) とアルーシャ州 (輸出量の13%を供給) における調査) の報告を掲載している. コーヒー豆の輸出量は, 70年代後半のピーク (平均5万トン) から減少し, 近年は豊作時に

のみ，同数量に回復する．しかし品質は，同ピーク時より急降下している．

そして最大の問題は，生産者の貧困緩和の視点から見た場合，流通自由化の望ましい成果が生じていないことである．その要因は，①品質管理の欠如（すべての階級を分類せずに購入），②規模の経済性の欠如，③生産者の弱い交渉力，であると言う．

③の要因を改善し得る協同組合に関して，キリマンジャロ州においては，一時期20％まで降下したキリマンジャロ原住民協同組合連合会（KNCU）の買付シェアが，40～50％まで回復した．対照的にアルーシャ州においては，民間業者との競争の結果，アルーシャ協同組合連合会（ACU）を経由させる従来のコーヒー流通モデルは，もはや機能していないし，貧困緩和にも貢献していないと言う．そしてACUや民間業者に愛想を尽かした単位協同組合が，直接的に競売所へ持ち込む事例が増えている．そのような単協や農民組織の自発的な動きに対して，テクノ・サーブ（アメリカ系のNGO）等の支援組織が，環境保全，融資，普及，販売計画等に関する援助を行っていると言う[24]．

3. 国際価格の低迷と輸出留保制度

TCB管理部長が言うように，コーヒー生産国同盟（ACPC）の輸出留保制度を機能させることなしには，現在の国際価格の低迷に歯止めを掛けることはできない．そして彼の期待通り，2000年5月19日にACPC諸国とその他の5大生産国は，生産量の20％を輸出留保することに合意した．1ポンド当たり95セント以上の水準（ロブスタ豆）をめざした（7月初めのロブスタ豆の国際価格は，69セントという7年ぶりの低価格．アラビカ豆は82.4セントで，99年10月の底値に再降下），2年間の協定である．

しかしながら，市場関係者は同協定の不機能を予測し，それゆえ価格の上昇を確認できない．①最大の生産国（世界の生産量の半分を占める）ブラジルが，本当に留保を実施できるか疑問（6月1日からの留保をほのめかしな

がら，未だ生産者に説明がない），②非加盟国による協定参加の約束が，本当に守られるか疑問（その後メキシコは，国内消費の促進のみで，保管を行わないことを表明．インドネシアは2000年度はそのままで，01年度の生産量を留保するのみであることを表明．このように非加盟国が合意したのは，輸出管理のみであって，完全なる留保ではない），の2つの理由で，実効性に乏しいからであると言う．ブラジルに霜が降りない限り，さらなる下落の可能性が大きい[25]．

2000年8月初めの報告においてTCB管理部長は，5月半ばに輸出留保の合意がなされたのにもかかわらず，国際価格の状況が全く変わらないことを嘆いた[26]．各国が実施に踏み切れない1要因として，保管のための資金不足を挙げることができるため，ACPCは先進国の企業や金融機関に支援を要請している．まずはフランスの大手商社ルイ・ドレフュスが，資金援助に同意したと言う[27]．

4. 日本への輸出の位置

タンザニア産コーヒー豆の99年度（10〜4月）における日本への輸出数量は，全体の18%を占め，38%のドイツに次いで第2位の位置にある[28]．コーヒー豆は，タンザニアから日本への輸出総額の47.9%を占め，第1位の位置にある．その99年の割合は，98年の58.7%を大きく下回っているが，輸出数量自体は0.36%増加している．割合の減少は，輸出（国際）価格の降下にともなう輸出総額の減少（18.8%）のせいである．

ところがタンザニア産コーヒー豆の日本における市場シェアは3.9%に過ぎず，多少の減少傾向にもある．ブラジル（23.5%），コロンビア（20.5%），インドネシア（13.8%）に遠く及ばない[29]．

ちなみに99年11月の報道によると，既述の民間業者による違法行為の1つである，南部産豆の北部産豆への混入の結果，タンザニア産コーヒー豆の品質が低下し，日本の消費者が興味を失っていると言う．日本の焙煎業者や

コーヒー鑑定士は，日本がここ4年間ほど，純粋なキリマンジャロ産（北部産）コーヒー豆を輸入できていないのではないかと，疑っていると言う[30]．

第3節　ルカニ村の農村協同組合とコーヒー産業：現地調査報告

1. コーヒー豆生産量の回復

96年度以降の異常気象にともない，ルカニ村におけるコーヒー豆生産は，凶作が続いてきた．しかし99年度から，気候や生産量は改善の兆しをみせている．

ただ同年度は，豆は順調に育ったものの，収穫前1～2カ月間の寒さが厳し過ぎた（日照時間が少な過ぎた）．特に日当たりの悪い畑では，寒さを好む果実病（CBD）が流行したが，ほとんどの農家は，それを防ぐための高価な農薬を購入できない．その結果，せっかく育った実が黒変，落下してしまった．

2000年度もCBDを確認できるが程度は低く，著者が調査を始めて5年目で，初めての豊作となる可能性が高い．

2. 生産者価格の変動

97年度には3つの民間業者が同村で買付を行っていたが，オラム（インド系）とユニバーサル貿易（イギリス・インド系）はすでに撤退し，新たにドルマン（イギリス系）が加わった（元オラム事務所を利用）．ただドルマンは，出荷ピーク時の朝，買付担当者が村を訪問し，1日かけてできる限り多くを購入した後，夜に帰ってしまうと言う（買付価格はミルカフェと同額）．よって本格的な買付競争は，ミルカフェ（イギリス系）と協同組合によってなされている．

国際価格の上昇にともない，97年度には組合価格で1,600Tshs（第1次

支払1,200Tshs，第2次支払400Tshs)，民間価格で1,500Tshsの生産者価格（1kg当たり）が実現した．しかしその後は，国際価格が低迷している．99年度は買付開始時，組合第1次支払価格800Tshsであったが，その後の国際価格下落にともない，買付終了時には500Tshsにまで落ち込んだ．民間価格は800Tshsで始まり，最後は700Tshs（600Tshsを現金，100Tshsを投入財購入用クーポン券（バウチャー）で支払）であった．さらに2000年度は，組合第1次支払価格が600Tshs，民間価格は700Tshs（100Tshsはクーポン券で支払）になっている（1円＝7.3Tshs).

　国際価格に従属する現在の生産者価格形成制度の下では，世界の貿易量の0.9％を占めるに過ぎないタンザニア産コーヒー豆の需給関係は，生産者価格に反映しない．しかし結果的に，生産者価格（国際価格）が高い年度に生産量が落ち込み，低い年に回復するという不運が，少なくてもこの5年間は継続しているのである．

　5年ぶりの豊作も，残念ながら農家の大きな所得向上につながらない．

3. ルカニ協同組合の苦難

　民間との買付競争の結果，豊作時の95年度であっても，ルカニ協同組合（KNCU傘下）の買付量は49トンに落ち込んだ．さらにその後は凶作で，96年度14.3トン，97年度6.8トン，98年度20.5トン，99年度29.6トンの買付量に留まっている．

　第2章で明示したように，ルカニ単協職員が十分な給与（買付量に比例する手数料収入から捻出）を得るためには，年間40トンの買付が必要である．しかしながら，それを満たす可能性をもはや確認できないため，99年10月にルカニ単協は，隣村のロサー単協との合併を果たした．新たな組合名は，ルカニ・ロサー農業協同組合である．

　さらにルカニ単協は，2年前より随時，役職員を交代させ，その若返りを図っている．経営や会計の知識を十分にそなえたまじめな若者を役職員に選

ぶことで，過去の単協に対する悪いイメージ（素人経営，汚職蔓延など）を，払拭しようと努めている．

しかしながら99年度，組合員への第2次支払（競売所での販売過程における調整払い）が実現しなかった．十分な銀行借入金を得られずにKNCUの支払制度が破綻した，95年度以来の危機である．

ルカニ単協の新組合長によれば，その原因は，買付過程における国際価格急落にあると言う．800Tshsの第1次支払価格で買付を開始したKNCUであったが，その直後から競売価格（国際価格に従属）が下落し始めた．KNCUは第1次支払価格を800Tshs→700Tshs→500Tshsに調整したが，損失を抑えることができなかった．その後も国際価格は低迷したままであり，売れば損失が膨らむ可能性が大きい．それゆえ競売にかけずに，保管してある豆も少なくないと言う．

対照的に，国際価格情報に詳しい民間業者は，多くが11月に集中して買付を行い，国際価格が短期的に上昇した12月にそれを売り抜いた．国際価格が元通りに落ち込んだ1月以降，民間業者は買付量を大きく減らしている．その結果，恒常的に買付を行うKNCU[31]の買付シェアは回復したが（7～8割），99年度に限って言えば，それは事業改善に等しくない[32]．

いくら単協が事業改善の努力をしても，それが報われるか否かは，KNCUの事業改善に大きく依存すると，組合長は嘆く．そしてKNCUと民間業者を比較した場合，それらの資金・技術力を考慮すれば，KNCUが買付競争に勝てるはずがない．それゆえ，協同組合復興特別専門委員会が提案する，農村における組合の買付独占の復活は，単協の立場から見ると，非常に望ましい共存策であると言う．

4. ルカニ協同組合の役割

しかし著者は，たとえ買付独占が復活しなくても，ルカニ単協が生き残れる余地は小さくないと考える．なぜならルカニ村の小農民は，自由化を経験

することで，つまり民間業者の事業をかいま見ることで，協同組合が果たしている重要な役割を，認識するに至ったからである．それゆえ組合支払制度の破綻に関しても，組合批判が著しかった95年度とは対照的に，「国際価格が低いから仕方ない」という諦めの言葉でおさまっている[33]．

(1) 民間価格下支えと価格情報提供

第4章で論じたように，民間業者は組合の第1次支払価格に対して，200～300Tshsを上乗せする形で買付価格を設定している．それゆえ組合第1次支払価格の提示は，同年度の国際価格水準を小農民に伝え，かつ民間買付価格の下支えの役割を果たしている．

南部のコーヒー生産地の1つ，ルヴマ州ムビンガ県では，すでに協同組合が買付する力を失い，買付価格を提示することもできない．それゆえ価格情報に乏しい小農民は，民間業者による買いたたきにあえいでいる．州当局は指示価格の提示により，その防止に努めているが，大きな効力は確認できないと言う．

(2) 分割払い制度の意義

99年度の第2次支払の失敗にもかかわらず，小農民は相変わらず，民間（一括払い制度）へ半分出荷して即金を確保した上で，組合（分割払い制度）への半分の出荷で第2次支払を待ち，ボーナスをも期待する（ただしボーナスは93年度以降，実現していない）という販売形態を採っている．ボーナスまで実現した場合，民間より高い生産者価格が実現するという市場性の誘因以外に，組合分割払い制度の誘因として，以下の「貯金」の役割を確認できる．

小農民にとって，現金不足時の4～5月の収入になる第2次支払は，それだけでありがたい．さらにそれが小農民にとって有益になるように，KNCUは2～3月の支払いに努めると言う．それは彼らにとって，トウモロコシ用の種子や肥料，コーヒー用の農薬や肥料を購入する時期である．そし

てボーナスに関しては，7月の支払いをめざす．それは彼らにとって，新年度の学費を支払う時期である[34]．

さらに「民間の一括払いだと，男がすぐに酒に使ってしまう」という，女性の意見もある．トウモロコシ，野菜，牛乳等の自給用農産物を販売した際，その現金の費やし方に関する権限は，女性の方が強い（主に食料や日用品の購入に利用）．しかし換金用であるコーヒーに関しては，その権限は男性の方が強い（主に教育，医療，家の建築に利用）．それゆえ，緊急の費用を支払った後の残額は，あからさまに浪費すると夫婦喧嘩になるが，確かに酒に向けられる傾向にある．しかし組合の分割払いであれば，その酒への浪費に歯止めが掛かる．

(3) セミナーの開催（営農指導事業の実施）

小農民に対する営農指導は，植民地時代，そして独立後もしばらくは，組合が提供していたと言うが，その後は村の農業普及員（国家公務員）が担っている．しかし近年，第10章で論じるように，KNCU教育基金（コーヒー販売1kg当たり3Tshsを組合員から徴収），フェア・トレードのプレミアム，海外NGOからの資金援助を利用して，組合員代表が参加できる「中央セミナー」（主にKNCU訓練農園で実施）のみでなく，すべての小農民が参加できる「青空セミナー」（主に単協の庭で実施）をも，組合が開催できるようになった．

このセミナーのほとんどは，無農薬有機栽培の普及を目的としている．そしてルカニ村においても，若者5名だけであるが，この新しい栽培方法を取り入れ始めている[35]．

なお一部の民間流通業者も，無農薬有機栽培を重視し始めているが，その方法を小農民に教えるのでなく，自らが所有する農園にて実践している．

(4)「自分達農民の組織」（民主的な意思決定）

民間が同価格で買付を行っているのにもかかわらず，常にミルカフェに多

くの豆が集まるのは，買付担当者自身が村に住む小農民であり，村民からの人望に厚いからである．営利主義一辺倒の民間に対して，嫌悪感を感じるけれども，信頼できる友人が買付を行っているので，彼を助けるためにも（自分が困った時には，彼に助けてもらえる），そこに出荷するだと言う．

信頼できる友人に買付を任せたいという気持ちは，組合に対しても強くなっているようである．自分達で望ましいと判断して，組合の役職員を民主的に選出したのだから，彼らを助ける責任があると言う．民間業者による買付を経験したことで，自分達で決めること，そして「自分達農民の組織」の重要性が，理解できるようになったと言う．

民間が提供し難い以上の役割を果たしている限り，ルカニ単協は簡単にはつぶれないし，またつぶれた場合，小農民は経済的にも外部経済的にも，大きな損失を被るのである．

5. コーヒー産業の未来

しかしルカニ村におけるコーヒー産業の未来は，決して明るいものではない．生産者価格低迷に農薬価格高騰が結びついて，ほとんどの小農民が生産意欲を失っている．それゆえ，すでに経済寿命を超えたコーヒーの老木を，新しい苗木で置き換える動きは，一部で確認できるのみである．逆にコーヒーの老木を他作物で置き換える動きが，少しずつ目立つようになってきた．コーヒー産業の危機が，作物の多様化を促進している．

上記の無農薬有機栽培が普及すれば，農薬価格の高騰がゆえに老木を放置している小農民は，再度，コーヒー生産に興味を抱くだろう．しかし国際価格の変動に左右される生産者価格形成制度のままでは，いつまでたっても小農民の生活は運任せである．

フェア・トレードによる，国際価格に影響されない（最低）輸出価格の設定運動（消費者による努力）に対して，協同組合による，小農民の生産・生活費を価格に反映させる販売事業（生産者による努力）が結びついた時，初

めてコーヒー産業の明るい未来が開けると考える．

注
1) *Daily News*, March 24, 27, 29, 2000, *The Guardian*, March 27, 2000, *Financial Times*, March 29, 2000.
2) *The African*, June 23, 2000, *Daily News*, June 27, 2000, *Business Times*, July 14, 2000.
3) *Business Times*, June 30, 2000.
4) *Ibid*.
5) *Financial Times*, June 28, 2000.
6) *Daily News*, June 27, 2000, *The Guardian*, June 27, 2000, *Business Times*, July 14, 2000.
7) *Business Times*, August 18, 2000.
8) *The Guardian*, May 9, 2000.
9) *Daily News*, June 5, 2000
10) *The Guardian*, April 5, 2000. なおこれまでの横領の多発を反省し，96年度より協同組合監査基金が創設され，3年間で組合連合会が7,700万 Tshs，政府が25,500万 Tshs の積立を行った．*Daily News*, April 6, 2000. 監査の充実にともない，横領の早期発覚が可能になった．本件に関しても，横領額の67.9%（5,700万 Tshs）を，横領者から回収できたと言う．
11) *Daily News*, June 5, 2000.
12) *Ibid*.
13) *Daily News*, July 17, 2000.
14) *The Guardian*, March 30, 2000, *Financial Times*, April 5, 2000.
15) *Daily News*, May 9, 2000. *The Guardian*, May 9, 2000.
16) *The Guardian*, May 12, 2000.
17) *Sunday Observer*, May 7, 2000.
18) *Daily News*, May 10, 2000.
19) *Daily News*, August 4, 2000.
20) *Financial Times*, May 17, 2000.
21) *Financial Times*, May 10, 2000.
22) *The Guardian*, May 30, 2000. *Financial Times*, May 31, 2000. *Business Times*, June 9, June 30, 2000.
23) *Financial Times*, April 5, 2000.
24) *Financial Times*, May 3, 2000.
25) *Business Times*, May 26, June 2, 2000, *The Guardian*, July 10, 2000.
26) *Daily News*, August 4, 2000.

27) *Business Times*, July 21, 2000.
28) *The Guardian*, May 30, 2000. *Financial Times*, May 31, 2000. *Business Times*, June 30, 2000.
29) *Financial Times*, July 5, 2000. *Business Times*, July 14, 2000.
30) *Daily News*, November 10, 1999.
31) ただし，銀行借入金が全く提供されない時期もあり，その場合は買付の恒常性を失う．
32) KNCU輸出部長からの聞き取り．
33) 民間価格の同様なる低迷も，強い組合批判が生じなかった要因である．
34) KNCU総会において，複数の単協代表が強く要望した結果，支払時期の調整にKNCUが努めることになった．
35) KNCUが指導している有機農法は，伝統的に魚取り用の毒として利用されてきた薬草を，タバコの葉とともにすりつぶし，それに牛や山羊の尿を混ぜて，コーヒーの木に噴霧する方法であり，それを取り入れ始めたのが5名である（肥料としての牛や山羊の糞の利用は，従来から一般的）．しかしルカニ村の最も標高の高い地区に住む一部の農民（上記の5名も同地区に住む）は，気温の低さがゆえに農薬の効果が限られること，貧しくて農薬が買えないことを主因として，30年以上前から農薬を利用せず，その代わりに，牛や山羊の尿で病虫害を防ぐ方法を，自分達で編み出したと言う．

第 2 部　タンザニア産コーヒー豆の貿易と消費国日本

第7章 コーヒー豆の輸出構造と価格形成制度
―日本への輸出を事例として―

第1節 問題意識と分析課題

　タンザニアで生産されるコーヒー豆の97.8％（1998年度）[1]は，輸出に向けられている．ところが同国において，コーヒー輸出を主要な分析対象とする研究に関しては，国際商品協定（輸出割当制度）がコーヒー産業や国民経済に与える影響を分析する，70年代後半の論文に限られてしまう[2]．本章は，その先行研究に乏しいタンザニア産コーヒー豆輸出の実態を，できる限り具体的に解明しようとするものである．分析事例として取り上げるのは，最も重要な輸出相手国の1つである日本への輸出構造である．

　さて分析対象をコーヒー産業全体に拡大してみても，それがタンザニア最大の輸出産業であるのにもかかわらず，先行研究はあまり多くない．流通自由化（94年）以後の研究で，本章の問題意識に触れる重要な論文は，以下の2つである．

　チェンザは，経済自由化がコーヒー生産者の所得に与えた影響を計量分析する．その結果，コーヒー生産者の実質所得が降下したことを明らかにしている．その原因としては，①投入財に対する補助金廃止と通貨切り下げが，投入財（主に輸入品）の価格を高騰させたこと，その一方で，②国際価格の低迷がゆえに，生産者価格が十分に上がらないこと，を挙げている．そして国際価格低迷の原因として，北アメリカやヨーロッパの伝統的消費国の嗜好が，コーヒーから清涼飲料に変化したという，需要量の低迷を挙げている[3]．

彼の議論に誤りはないが，重要な問いに欠けている．タンザニア産のマイルド・アラビカ種コーヒー豆（日本では「キリマンジャロ」コーヒーと呼称）は，最高品質豆として差別化されている．そうであるのにもかかわらず，どうして国際価格（ニューヨークのコーヒー・砂糖・ココア取引所（CSCE）で決まるアラビカ種コーヒー豆の平均先物価格）の低迷が，そのままタンザニア産豆の輸出価格や生産者価格の低迷に結びつくのかという問いである．例えば，「キリマンジャロ」コーヒーを特別に嗜好する消費者が多ければ，世界のコーヒー豆の需要量低迷が，タンザニア産豆の需要量・価格低迷につながらない可能性もあるはずである．

　新制度派経済学や産業組織論の分析枠組を援用して，自由化後のコーヒー市場の変化を実証分析するテムは，①流通コストの削減，②生産者価格の上昇，③物的・人的資本の改善，を理由として，逆に自由化の成功を強調している．またタンザニアのモシ市にあるコーヒー競売所に関しても，競売価格の国際価格への連動がゆえに，「価格発見」と「農民に対する価格情報源」の役割を発揮していると，高く評価している[4]．

　彼女の議論に対しても，チェンザの場合と同様，国際価格や輸出価格に対する理解不足を指摘できる．ニューヨーク先物価格への連動がゆえに，モシ競売所は確かに「コーヒー豆の国際価格」の情報源として機能している．しかしそれは，「タンザニア産豆の独自の価格」を発見しているわけではない．逆に価格発見機能を発揮できていない欠点として，評価されなければならないと考える．

　どちらの議論も価格形成制度，特にタンザニア産豆の輸出価格がいかに設定されるのか，そしてその輸出価格とニューヨーク先物価格，モシ競売価格，生産者価格の間の関係について，具体的な分析に欠けているという弱点がある．それゆえ，特に流通構造の本質的問題の解明や，それを解決するための具体的方策の提起につながらないのである．

　すでに本研究においては，第4章でニューヨーク先物価格とモシ競売価格，生産者価格の間の相関関係とその理由が解明された．さらには，流通自由化

によりコーヒー豆の買付競争を促し，生産者価格を引き上げる構造調整政策の手法が，ほとんど機能していないことを明らかにした．その要因の1つとして，輸出価格の設定方法を挙げることができるのである．それゆえ，後は輸出価格形成の仕組みが明らかになれば，生産者価格を引き上げ，小農民の貧困を緩和するための新たな方策が浮かび上がってくると考える．

そこで本章では，先行研究に欠ける，①タンザニア産コーヒー豆の日本への輸出構造の現状分析，を試みるが，その主要な目的は，②輸出価格形成制度の詳細なる解明，③同制度の本質的な問題点の解明，である．それは上記の理由で，生産者価格引き上げの方策を探求するための，基本的要件の提示に等しいのである．以上の3つが，本章の分析課題である．

なお本章は，主に高品質レギュラー・コーヒーとして消費される，マイルド・アラビカ豆を中心に分析する．さらに利用するデータは，98年1~2月，98年8~9月，99年8~9月，2000年8月の現地調査（資料収集と聞き取り調査），および国内における資料収集と聞き取り調査（99年6月，10月，12月）で収集したものが中心となる．また本文中の「年度」はコーヒー年度（10月~9月）を指す．

第2節　輸出量・輸出価格と日本の位置

1. 輸出量と輸出価格の変化

1981年度に53,164トンの輸出数量[5]を実現した以降，タンザニアにおけるマイルド・アラビカ豆の輸出数量は減少し，表7-1で確認できるように，近年は豊作時でも4万4千トンに届かず，凶作時には2万5千トンを下ってしまう．輸出価格（FOB）と輸出総額に関して，最高は85年度の187.50 US\$/50kg，138.0百万US\$であり[6]，特に近年の輸出総額はその最高値を大きく下回っている．

その一方で，81年度に3,337トンであった日本へのコーヒー（アラビカ

表 7-1 輸出の数量と価格（マイルド・アラビカ豆）

年度	数量（トン）	価格（US$/50kg・FOB）	総額（百万 US$）
1992/93	43,704 (12,424/28.4%)	69.23 (85.44)	60.5 (21.2/35.0%)
1993/94	25,675 (n.a.)	100.24 (n.a.)	51.5 (n.a.)
1994/95	26,341 (8,372/31.8%)	177.97 (192.22)	93.8 (32.2/34.3%)
1995/96	42,872 (10,851/25.3%)	116.66 (125.34)	100.0 (27.2/27.2%)
1996/97	28,413 (7,264/25.6%)	129.02 (148.92)	73.3 (21.6/29.5%)
1997/98	24,073 (6,847/28.4%)	171.69 (211.21)	82.6 (28.9/35.0%)
1998/99	26,009 (8,845/34.0%)	129.89 (166.63)	67.6 (29.5/43.6%)

注：1)　(　)内は日本への輸出，及び同輸出の全体に占める割合．
　　2)　Tanzania Coffee Board, Cumulative Coffee Exports, を参照して作成．

豆，ロブスタ豆，インスタント）の輸出数量[7]，そして 10.1 百万 US$ であった輸出総額は[8]，10 年を経た近年，ともに 2.0～3.5 倍に大きく増加している（輸出価格はあまり変化していない）[9]．

日本へ輸出するコーヒーのほとんどがマイルド・アラビカ豆である（96 年度 100％，97 年度 96.5％，98 年度 99.5％）．それゆえ，上記の 10 年間における輸出量・額の大幅な増加は，マイルド・アラビカ豆に限っても当てはまる（表 7-1）．

2. 主要輸出相手国と日本の位置

マイルド・アラビカ豆の輸出数量が停滞しているのにもかかわらず，日本への輸出数量が大幅に増加しているならば，当然，輸出量・額に占める日本の割合の大幅な上昇を予測できる．

81 年度においては，日本への輸出数量は全輸出数量（アラビカ豆，ロブスタ豆，インスタント）の 5.8％を占めるに過ぎなかった．同年度の最大の輸出相手国は西ドイツ（46.6％）で，以下，イタリア（11.5％），東ドイツ（8.8％），オランダ（7.3％），アメリカ（6.0％），日本（6 位）の順であった[10]．

ところが 10 年を経た近年，全輸出数量（アラビカ豆，ロブスタ豆，イン

スタント）に占める日本への輸出数量の割合は18〜22%[11]，マイルド・アラビカ豆に限ると25.3〜34.0%に至っている（表7-1）．同様に輸出総額も，前者が22〜31%，後者が27.2〜43.6%である．この7年間は輸出の数量も総額も，ともに第2位の位置を占めている（98年度に，マイルド・アラビカ豆の輸出総額が初めて1位となった）．

なお第1位はともにドイツであり，マイルド・アラビカ豆の数量が45〜55%，総額が40〜50%を占める．以下，オランダ，ベルギー，フィンランド，アメリカが続いているものの，日本とドイツで輸出量・額の約4分

表7-2 主要輸出相手国と輸出数量（マイルド・アラビカ豆）

(単位：トン)

年度	日本	ドイツ	オランダ	ベルギー	フィンランド	アメリカ	その他
1992/93年	12,424	19,952	1,602	1,746	1,668	3,665	2,647
1993/94年	n.a.	n.a.	n.a.	n.a.	n.a.	n.a.	n.a.
1994/95年	8,372	11,215	1,198	1,245	603	427	3,281
1995/96年	10,851	19,036	4,548	1,294	774	330	6,039
1996/97年	7,264	13,339	1,623	1,247	903	577	3,460
1997/98年	6,847	12,836	1,046	187	942	360	1,855
1998/99年	8,845	12,374	1,022	526	803	381	2,058

注：Tanzania Coffee Board, Cumulative Coffee Exports, を参照して作成．

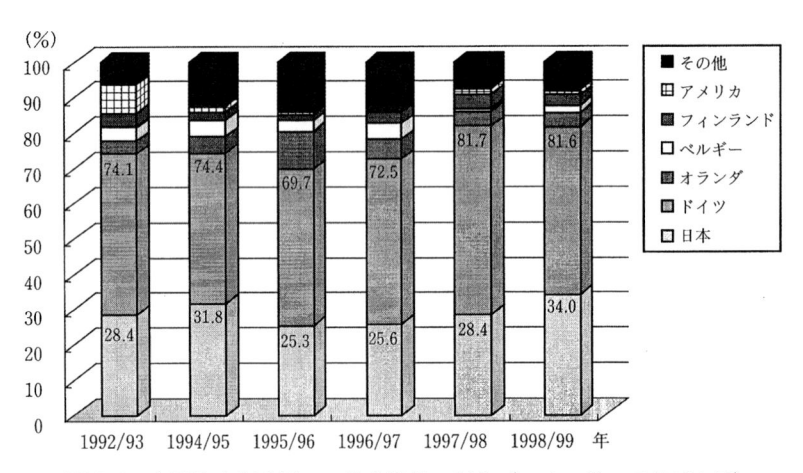

図7-1 主要輸出相手国への輸出数量の割合（マイルド・アラビカ豆）

の3を占めていることになる（表7-2，図7-1）．

さらにドイツへの輸出は，ブレンド用に利用されることが多いため，安価な南部産豆が中心である一方で，ストレート用に利用されることの多い日本への輸出は，高価な北部産豆が中心である．その結果，上記の主要輸出相手国（6カ国）に限って輸出価格（92年度以降）を比較した場合，日本は常に1～2位に位置するのに対し，ドイツは3～6位にいる．最も高価な北部産マイルド・アラビカ種の高品質豆は，そのほとんどが日本に輸出されていると言ってもよい．

第3節 日本への輸出の経路と形態

1．日本への国際流通経路

上記のように，約3割のマイルド・アラビカ豆，とりわけ最高価豆のほとんどが日本向けであるのにもかかわらず，さらには自由化にともない，輸出免許（競売への参加資格）の取得が容易になったのにもかかわらず（97年11月には，20社の輸出業者がコーヒー豆を輸出），モシで行われる競売に，日本の業者は参加していない．競売所でコーヒー豆を購入するためには，第4章で説いた民間業者による共謀等，特殊な専門性が求められる．それが日本の業者による新規参入の障壁になっている．それゆえ日本の業者は，競売に長年参加している輸出業者（シッパー）から，生豆を購入している．

コーヒー流通公社（TCB）における聞き取り調査で確認できた，2カ月間（97年9～10月）の日本の業者によるマイルド・アラビカ豆の購入は，①大手総合商社によるもの（アフリカコーヒー会社（ACC・イギリス系）→ニチメン，テイラー・ウィンチ（スイス系）→三菱商事，コーヒー・エクスポーターズ（インド系）→三菱商事，オラム（インド系）→伊藤忠商事，ドルマン（イギリス系）→伊藤忠商事），②コーヒー焙煎・製造業者（ロースター）によるもの（テイラー・ウィンチ→ネスレ日本），③専門商社によるもの（テ

イラー・ウィンチ→ボルカフェ（コーヒー専門商社），ドルマン→加商（穀物専門商社）），の3つに分類することができる．

倉庫（北部産豆は主にモシ，南部産豆は主にマカンバコかムボジ）から港（北部産豆はタンガ，南部産豆はダルエスサラーム）への輸送は，輸出業者がトラック（約7割）または列車（約3割）を利用して行う（運送業者に委託）．さらに日本への海上輸送は，日本郵船か商船三井を利用する．一般的には，それらに船積みした時点で，豆の所有権が日本の業者に移る．

2. 大手総合商社による購入形態：ニチメン経路を中心に

上記の3つの購入経路（多国籍輸出業者→日本の輸入業者）のうち，①の大手総合商社による購入が，タンザニア産コーヒー豆の日本への支配的輸出経路である．ただニチメン，三菱商事，伊藤忠商事の3社ともに，モシに事務所を有しておらず，ニチメンと伊藤忠はケニア・ナイロビ事務所，三菱はロンドンの英国三菱（ナイロビ事務所に購入を指示）が，同豆の購入を担当している．

三菱と伊藤忠は，複数の輸出業者からの購入であるのに対し，ニチメンはACCと固定的，排他的な関係を結んでいる．つまりニチメンはACCからのみ，タンザニア産豆を購入しており，またACCも基本的にはニチメンのみに，日本向けの同豆を販売している[12]．以下，このニチメン経路の詳細を明示する．

ACC[13]が輸出するタンザニア産マイルド・アラビカ豆は，97年度で約4千トンであるが，そのうちの5～6割をニチメンが購入していると言う[14]．それゆえ概算ではあるが，日本へ輸出される同豆の29～35％が，ニチメン経路を流れていることになる．

まずニチメン日本本社からの引合（階級および総合品質，船積時期，数量，価格等の指示）を得て，ニチメン・ナイロビ事務所はACCナイロビ支社との交渉に入る．ACCナイロビ支社はモシ支社からの情報，またニチメン・

ナイロビ事務所は日本本社からの情報を踏まえ，交渉を進める．契約が成立した場合，ACCナイロビ支社は当該豆の購入あるいは輸送を，モシ支社に指示するのである．

　また近年，タンザニア産コーヒー豆は品質の均一性に欠けるため，船積前サンプル承認条件[15)]での契約が望ましい．ニチメンはナイロビ事務所にコーヒー専門家を駐在させているため，この船積前サンプルの品質検査が充実していると言う．

　ACCがニチメンから注文を受けるコーヒー豆の階級および総合品質は，AA FAQ（大きさ，形，重量，色ともに最高級豆であるAA階級の標準的な（Fair Average Quality）総合品質（香味を含む））以上がほとんどである．またAとBの混合であるAB FAQ以上の注文もある．

　AA FAQ以上の階級および総合品質というのは，第3章で説いた流通公社（TCB）管理の格付制度によれば，上質なものから順にAA Fine，AA Good，AA Fair to Good，AA FAQ Plus，AA FAQの5種類を指す．しかし各輸出業者は，同規格とは別に独自の規格をそなえており，それは一種のブランドとして機能している．例えばACCは，AA FAQを超える上質豆として，上から順にAA Kibo（キボ），AA Kilimanjaro（キリマンジャロ）という規格を持つ．同様にAB階級に関しても，AB FAQを超える上質豆として，AB Mawenji（マウェンジ）という規格を持つ．

　近年，それらの最高品質豆はほとんど出荷されないため，価格は大きく跳ね上がる．その高価さにもかかわらず，FAQを超える最高品質豆を求めるのは，タンザニア産マイルド・アラビカ豆をブレンドせずに，ストレートで消費することの多い日本のみである．それゆえ上記のブランドは，ほとんど日本への輸出（ニチメンへの販売）のみに利用される格付であると言う．

　なおタンザニアの輸出業者と日本の大手総合商社による価格設定の仕組みに関しては，次章で詳細に分析する．

第4節　支配的輸出経路における価格形成制度

1. 輸出価格・競売価格・先物価格の関係

　第4章で解明したように，民間・支配的流通経路において，モシ競売所での取引はほとんど意味を持たない．競売される豆の販売者（買付・加工業者）と購入者（輸出業者）が同じであり，取引（競売）価格がどんな水準であっても，企業内の取引に過ぎないからである．またこの所有権不移動取引が円滑に進むように，民間業者は他社所有豆の競売には口を出さないという共謀を行っている．

　日本への大手総合商社・支配的輸出経路は，この支配的国内流通経路とつながっている．上記のように競売所で購入競争がなされていないため，輸出価格（FOB）が競売価格を下回る逆ざや現象が生じることが少なくない．例えば98年2月26日の北部産アラビカ豆の平均競売価格が4.86 US\$であるのに対し[16]，3月の日本への平均輸出価格は4.38US\$/kgである[17]．

　ただし競売価格も輸出価格もニューヨーク先物価格との強い相関関係を持つ（表7-3，図7-2，表7-4，図7-3）．同じく第4章で論じたように，競売価格と先物価格が相関する理由は，上記の共謀（非競争的取引）の結果，TCBが先物価格を考慮して設定する最低価格が，ほぼそのまま競売価格となるからである．輸出価格と先物価格が相関する理由は，以下で説明する輸出業者と商社による価格設定の仕組みにある．

2. 輸出価格形成の仕組み

　輸出価格の設定方法は，基準の違いにより，大きく2つに分類できる．1つ目は，モシの競売価格を基準とするものであり，キリマンジャロ原住民協同組合連合会（KNCU）をはじめ，小規模業者，かつ競売価格を尊重する

表 7-3 モシ競売所の現物価格とニューヨーク取引所の先物価格

(US$/50kg)

年度	AA	北部産 AA	マイルド・アラビカ豆平均	北部産マイルド・アラビカ豆平均	先物価格
1991/92 年	#N/A	#N/A	63.04	#N/A	74.03
1992/93 年	#N/A	#N/A	68.62	#N/A	73.21
1993/94 年	119.47	141.95	92.86	100.29	89.35
1994/95 年	176.26	186.37	178.32	185.38	179.25
1995/96 年	108.52	120.69	102.72	115.43	128.69
1996/97 年	115.98	127.31	116.23	127.50	190.49
1997/98 年	198.93	237.82	176.13	201.67	157.70
1998/99 年	133.20	173.21	118.12	141.29	114.55

注：現物価格に関しては，Tanzania Coffee Board, Cumulative Auction Sales，先物価格（各年度の平均期近価格）に関しては，『日本経済新聞』月曜版の「内外商品相場」，を参照して作成．

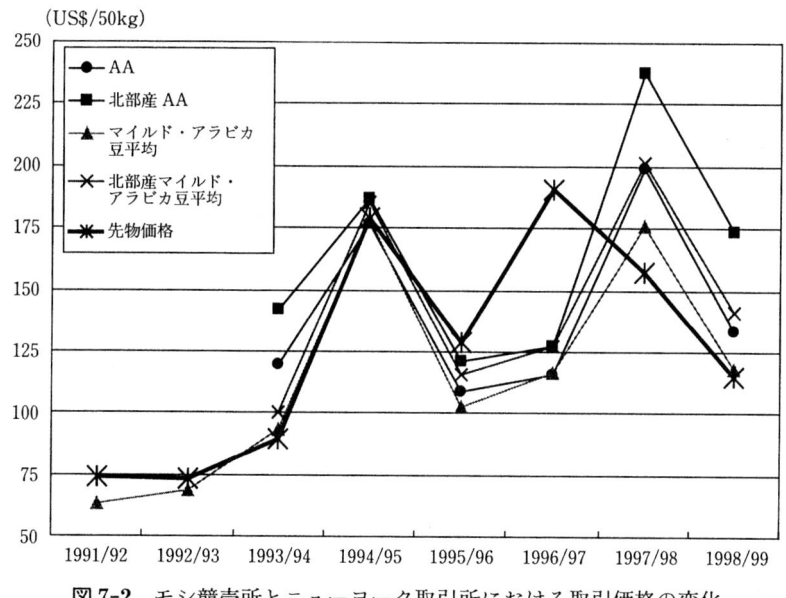

図 7-2 モシ競売所とニューヨーク取引所における取引価格の変化

（競売所で企業内取引を行っていない）業者による輸出の場合，この設定方法が用いられる．すなわち，競売価格に倉庫経費，港までの輸送経費，利益等を上乗せした額を，輸出価格とする基本的な方法である．

表7-4 日本への輸出価格とニューヨーク先物価格

(US$/50kg)

年度	輸出価格	先物価格
1992/93年	85.44	73.21
1993/94年	＃N/A	89.35
1994/95年	192.22	179.25
1995/96年	125.34	128.69
1996/97年	148.92	190.49
1997/98年	211.21	157.70
1998/99年	166.63	114.55

注：輸出価格（マイルド・アラビカ豆・FOB）に関しては，Tanzania Coffee Board, Coffee Board, Cumulative Coffee Exports, 先物価格（各年度の平均期近価格）に関しては，『日本経済新聞』月曜版の「内外商品相場」，を参照して作成．

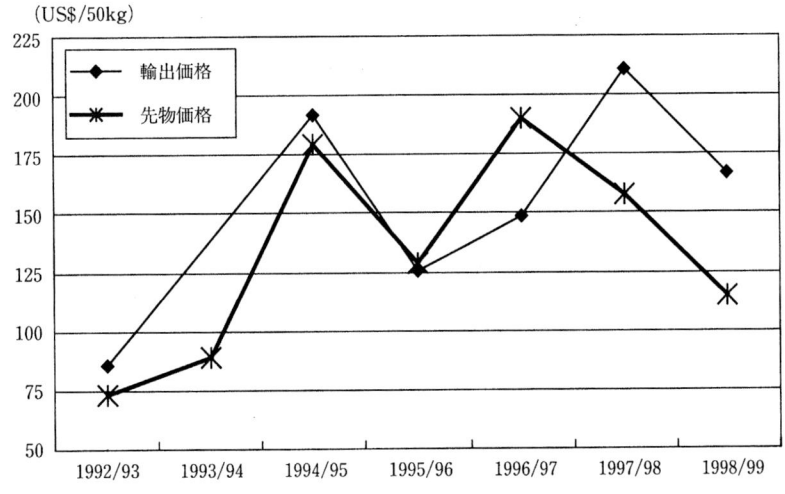

図7-3 タンザニア産豆の日本への輸出価格とニューヨーク先物価格の変化

しかし上記の平均価格で逆ざやが生じ得ることを考慮するだけでも，この川上側からコストを積み上げる基本的な競売基準方式が，タンザニアでは支配的でないことを推測できる．多国籍輸出業者が主導する支配的経路の場合，ほとんどの業者が以下の川下側で決まる価格に従属する設定方法を用いてい

るのである．そしてアラビカ・コーヒー豆の輸出価格形成に関しては，既に世界的にも，この2つ目の方法が支配的となっている．

それはニューヨークのコーヒー取引所（CSCE）で決まる先物価格を基準とし，当該豆の品質や供給量，そして輸出入業者間の力関係に沿った割増（プレミアム）・割引（ディスカウント）を行い，輸出価格が設定される方法である．ニューヨーク先物価格は基本的には，世界のアラビカ豆の需給関係を表現しており，それゆえ最大の変動要因は，世界のアラビカ豆貿易量（98年）の30.8%を占めるブラジル，21.1%を占めるコロンビアの供給量となる．しかし第9章や結章で触れるように，それが先物価格であることを主因とし，コロンビアの供給量は強い変動要因になっていない．いずれにせよ，0.9%の貿易シェア[18]に甘んじているタンザニアの供給量の影響力は，皆無であると言っても過言ではない．

すなわち，タンザニア産マイルド・アラビカ豆を日本に輸出する場合，ブラジル産豆（とコロンビア産豆）が「プライス・メーカー」の地位にある，ニューヨーク先物価格（期近）を輸出価格の基準とする．そして同豆は，コロンビア・マイルドに分類される最高品質豆であるため割増を上乗せし，さらに輸出時の同豆の供給量，およびタンザニアの輸出業者と日本の商社（輸入業者）の力関係に沿った割増・割引を行い，輸出価格が決まるのである

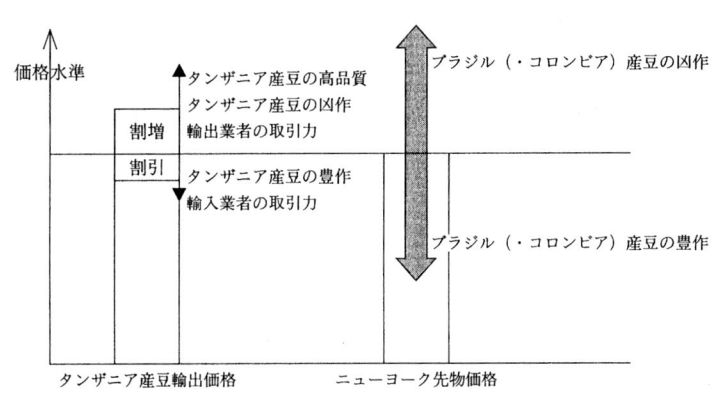

図7-4　タンザニア産マイルド・アラビカ豆の輸出価格形成の概念図

(図7-4).

　さらにその先物基準方式は，どの時点の先物価格を基準にするかで，2つの設定方法に分類できる．1つ目は契約成立時点の先物価格を基準にする方法で，アウトライト（ジャン決め，フラット）方式と呼ばれる．もう1つは，先物価格の変動を分析し，契約時に決めた締め切り日（ファースト・ノウティス・デイ）までに，自らにとって望ましいと判断した日の価格で固定（フィックス）する方法で，オープン（ベーシス）方式と呼ばれる．売り手が固定権を持つセラーズ・コールと，買い手が固定権を持つバイヤーズ・コールがあるが，両者ともに価格変動リスクを負うため，先物市場で保険つなぎ（ヘッジ）を行う意義が高まる．オープン方式は，投機利益を追求するための手法であり，西欧企業，そして大規模業者になるほど，この投機的リスクを抱えたがると言う．

　日本企業の場合は，できる限り投機的リスクを避け，またできる限り早い価格固定を通じた敏速な原価計算等を重視する傾向にある．しかし少なくともコーヒー豆の輸出価格設定に関しては，たとえ日本企業であっても，現在では多くの業者が，2つ目のオープン方式を採用せざるを得なくなっている．特に西欧系の輸出業者からの購入は，ほとんどが同方式に依っている．

　イギリス系のACCからニチメンがタンザニア産マイルド・アラビカ豆を購入する場合も，この事例に該当する．ただしACCは，ニチメンが求める稀少な高品質豆の販売に長けているため，取引力が強い．その結果，彼らのオープン方式は，最低価格が保障されたセラーズ・コールであり，ACCに有利なものとなっている．すなわち成約時の先物価格（期近）を最低価格とし，通常は船積み後3〜5日を締め切り日として先物価格を変動させる．そして最も上昇したと判断した時点で先物価格を固定し，それを基準に輸出価格が決まるのである（価格が降下した場合は，成約時の先物価格（最低価格）を基準）．

3. 割増・割引額の程度

　この先物価格を基準とする価格形成制度がゆえに，タンザニア産マイルド・アラビカ豆の輸出価格は，ニューヨーク先物価格に相関するのだと考えられる．また上記のように，同豆の貿易シェアの過小さは，その供給量の先物価格に対する影響力を皆無としている．ただし供給量によって変動する割増・割引の程度が大きければ，輸出価格に対する同豆の一定の影響力は確保されるであろう．それゆえ本項では，割増・割引の程度を明示する．

　99年度のタンザニアにおけるマイルド・アラビカ豆の生産量は，回復の兆しを見せてはいるものの，未だ96年度からの異常気象にともなう凶作から脱していない．また第5章で説いた同豆の品質の大幅なる低下は，日本が輸入するAAやABの上質豆の供給量を大きく制限している．このプレミアム性を強く押し上げる供給条件の下で，AA FAQやAB FAQに対する割増額は，世界最高水準に至っている．

　99年末のニューヨーク先物価格が125から135セント/ポンドであった時期に，同豆（日本向け）の割増額（業者間の力関係を考慮する以前の見積額）は，AA FAQで+10から+16セント/ポンドの水準，AB FAQで+3から+6セント/ポンドの水準であったと言う．

　なお，この割増・割引額は相対交渉で決まり，公表される場は存在しないが，業者間でファックスを利用したプライス・リストの交換が頻繁になされており，国際的にも業者間でも大きな違いはなくなる．しかし日本に対しては，例えば同じAA FAQであっても，その中で最も上質な豆を求めるため，割増額が多少，高めになると言う．

　このように世界最高水準であるといっても，割増額は輸出価格の1割を占めるに過ぎない．この程度であれば，輸出価格に対する同豆供給量の影響力は，些細なものであると言わざるを得ないであろう．すなわちタンザニア産マイルド・アラビカ豆の輸出価格は，ニューヨーク先物価格に従属しており，

同豆の供給量をほとんど反映しない．いわば同豆の輸出価格は，ブラジル産豆（とコロンビア産豆）の供給量で決まるのであり，タンザニア産豆は「プライス・テーカー」の地位に甘んじているのである．

第5節　輸出価格形成制度の本質的問題と対応方向

　第2節で明らかにしたように，最も上質で高価なタンザニア産マイルド・アラビカ豆は，ほとんどが日本へ輸出されている．全体の輸出数量が停滞する中で，日本への高価豆の輸出数量は増加傾向にある．日本が平均輸出価格を引き上げる役割を果たしていることは，タンザニアにおけるすべてのコーヒー産業の関係者が認識している．

　しかしながら第3節で説いたように，日本の業者は競売に参加できず，主に西欧系の民間輸出業者からコーヒー豆を購入している．そして第4節で解明したように，西欧系の輸出業者（同時に買付業者）にとって，所有権不移動取引が支配的で共謀が蔓延するモシ競売所における価格は，全く意味をもたず，輸出価格設定の基準はニューヨーク先物価格である．その場合，第4章で論じたように，生産者価格は民間業者価格も協同組合価格も先物価格に頭打ちされる（表7-5，図7-5）．組合価格の上限は競売価格であるが，共謀がゆえに競売価格と先物価格が連動しているからである．先物価格が上限である限り，たとえ構造調整政策で買付競争を促し，民間業者間の競争が実現したとしても，大きな価格上昇には至らないのである．

　ニューヨーク取引所における先物価格形成制度の詳細な分析は，今後の課題となるが，生産者の必要性を反映し難い，川下側に取引所が立地していること，そしてそこで決まる価格は基本的に，供給過多の状況下にある世界のアラビカ豆の需給関係を表現していること，等を理由として，通常時であっても，ニューヨーク先物価格は低迷を余儀なくされると考える．

　さらに問題となるのは，ブラジル産豆（とコロンビア産豆）の豊作を主因とする，先物価格の急落時である．その場合，タンザニア産豆の輸出価格お

表7-5 ニューヨーク先物価格とタンザニア産豆輸出価格・生産者価格

(US$/50kg)

年度	先物価格	輸出価格	組合価格	民間価格
1992/93年	73.21	69.23	47.00	#N/A
1993/94年	89.35	100.24	87.50	#N/A
1994/95年	179.25	177.97	124.00	110.00
1995/96年	128.69	116.66	82.50	82.50
1996/97年	190.49	129.02	95.50	98.50
1997/98年	157.70	171.69	127.00	119.00
1998/99年	114.55	129.89	90.00	90.00

注：先物価格（各年度の平均期近価格）に関しては，『日本経済新聞』月曜版の「内外商品相場」，輸出価格（マイルド・アラビカ豆・FOB）に関しては，Tanzania Coffee Board, Cummulative Coffee Exports，生産者価格（マイルド・アラビカ豆）に関しては，94年度までは，Coffee Management Unit, Ministry of Agriculture, *Coffee Production, Processing and Marketing 1976 - 1995 An Overview*, 1996, p. 26，95年度以降は，農村調査で得た一次資料，を参照して作成．

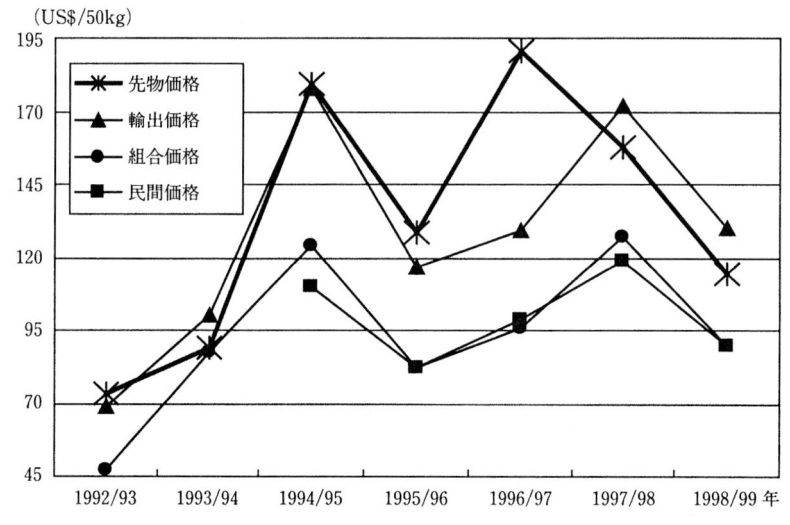

図7-5 ニューヨーク先物価格とタンザニア産豆輸出価格・生産者価格の変化

よび生産者価格も落ち込んでしまう．先物市場においては，投機家による取引が支配的であり，価格は容易に乱高下する．ニューヨーク先物価格の急落は，日本の業者による高めの購入など，全く意味をもたない程の暴落となる．

そしてタンザニア最大の輸出品の価格暴落は，同国の経済全体に悪影響を及ぼす．また生産者価格は，生産費や生活費を無視して引き下がり，小農民の生活をさらに困窮化させる．

その価格下落に，タンザニア産豆の需給量はほとんど反映しない．少なくとも日本において，タンザニア産豆の最高品質豆に限っては，「キリマンジャロ」コーヒーとして差別化され，それを特別に嗜好する需要者が増加している．またその最高品質豆の供給量は，近年，大きく減少している．しかしこの価格引き上げ要因となるべき需給関係が，輸出・生産者価格の暴落を妨げることはない．最も深刻なのは，たとえば98年度のように，タンザニア産豆全体の供給量と価格の同時なる低迷，そして輸出の総額や生産者の売上の激減が，容易に生じ得ることである（図7-6）．

それらを避けるためには，ニューヨーク先物価格の下落防止が不可欠とな

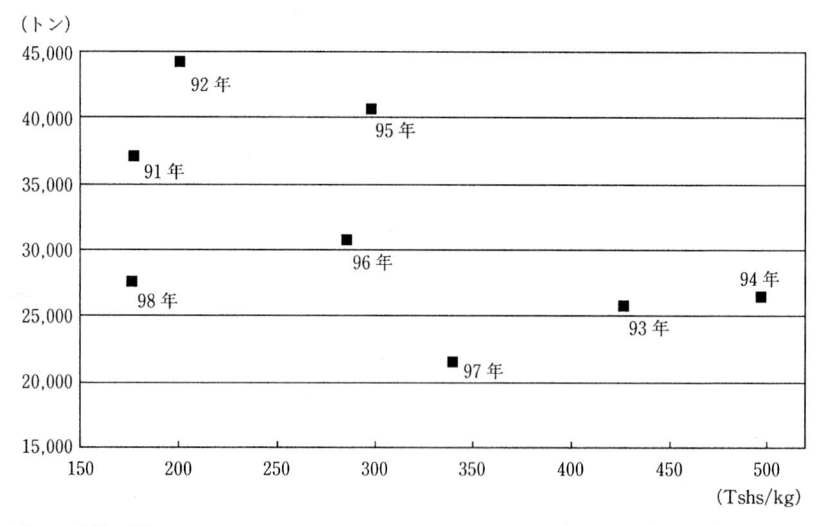

注：生産量に関しては，Tanzania Coffee Board, Coffee Production, 生産者価格（組合価格・実質ターム）に関しては，94年度までは，Coffee Management Unit, Ministry of Agriculture, *Coffee Production, Processing and Marketing 1976-1995 An Overview*, 1996, p. 26, 95年度以降は，農村調査で得た一次資料，を参照して作成．

図7-6 タンザニア産マイルド・アラビカ豆の生産者価格と生産量の関係

る．しかしながら，コーヒー豆輸出数量の統制によりその防止を図った，国際コーヒー機関の輸出割当制度は89年に崩壊した．その後の生産国カルテルの試み（93年のコーヒー生産国同盟の設立）には，統制力と資金力の欠如がゆえに，大きな成果を期待できない．

残された方策は，支配的経路とは別の新しい流通経路を創出し，ニューヨーク先物価格に代わる有効な基準価格を備えた，新しい輸出価格形成制度の確立をめざすことである．そしてその基準価格は，コーヒー小生産国の小農民の必要性を反映できるものでなくてはならない．

その試みの1つとして，消費国のNGOの主導で発展しているフェア（オルタナティブ）・トレード（FT）を挙げることができる．第10章で明示するように，日本におけるタンザニア産コーヒー豆のFTは，国際的なFT原則である，①最低輸出価格の固定（生産費を差し引いても生産者に利益が残る最低水準の輸出価格の保障），②生産地の社会開発等に利用されるFTプレミアムの支払，を満たすことによって，生産者価格の下支え，引き上げに努めると同時に，③モシ競売所の現物価格を基準とした輸出価格の設定，を行っている．

3つ目の競売価格尊重が一般化され，同時に競売所における購入競争が激化すれば[19]，同国産豆の供給量を競売価格，そして輸出価格に反映させることができる．協同組合や小農民組織による販売事業によって，生産者価格を引き上げる可能性も生じる．そうなって初めて，タンザニア国内のコーヒー豆市場において，価格メカニズムを機能させる環境が整うのである．構造調整政策は，自由化を推し進めることに懸命で，その環境整備の視点に欠けていると言わざるを得ない．

注
1) 全日本コーヒー協会『コーヒー関係統計』，1999年10月，89-90ページ，表「加盟輸出国の生産年度別総生産量推移」「加盟輸出国の生産年度別自国内消費量推移」（原典はICO-Statistics-on-Coffee），より算出．
2) Mahalu, C.R., *International Primary Control Schemes in World Trade with*

Particular Reference to the I.C.A. and Tanzania, Dar es Salaam, Master Thesis, University of Dar es Salaam, 1976. Musuya, Michael M., *Coffee in the Economy of Tanzania and the Implications of Membership in the International Coffee Agreement*, Ph. D. Thesis, University of Wisconsin, 1979.

3) Chenza, Charles M., *The Impact of Economic Reform Programmes on Coffee Growers' Incomes in Tanzania*, Master Thesis, University of Dar es Salaam, 1998.

4) Temu, Anna. A., *Empirical Evidence of Changes in the Coffee Market after Liberalization: A Case of Northern Tanzania*, Ph. D. Thesis, University of Illinois, 1999.

5) Mwaikambo, W.S., *Coffee Marketing Review 1993/94*, Marketing Development Bureau, Ministry of Agriculture in Tanzania, 1995, Appendix 5.

6) *Ibid.*

7) *Daily News*, August 8, 1993.

8) Bank of Tanzania, *Report of the Committee of Bank of Tanzania on the Performance of the Coffee Authority of Tanzania*, 1988, pp. 24-25, を参照して算出.

9) Tanzania Coffee Board, Cumulative Coffee Exports, を参照して算出.

10) Bank of Tanzania, *op. cit.*

11) Tanzania Coffee Board, *op. cit.*

12) 98年2月におけるACCコーヒー部長からの聞き取り．ただし通常はニチメンから購入している生豆問屋の石光商事から，直接的に注文が入ったり，イギリスの商社を通して間接的にニチメンに販売することもある．なおニチメンはその後，タンザニア産豆の品質低下がゆえに，ACC1社からのみでは高品質豆を十分に確保できなくなったため，他社からの購入も始めた．

13) 東アフリカ最大の民間コーヒー流通業者の1つで，ロンドンやスイスに本社を持つイギリス系の多国籍企業．

14) ACCコーヒー部長からの聞き取り．

15) 輸出業者が船積前にサンプルを日本の業者に送付し，日本の業者が味覚テストをはじめとする品質検査を行う．そのサンプルを承認すれば売買成立．

16) Tanzania Coffee Board, Auction Sale No. TCB/M13 & H14 Held on 26. 2. 98.

17) Tanzania Coffee Board, Actual Coffee Exports for the Month of March, 1998.

18) 全日本コーヒー協会，前掲書，95ページ，表「加盟輸出国の暦年別アラビカ生豆総輸出量推移」（原典はICO-Statistics-on-Coffee）．

19) 購入競争の激化のためには，第4章で論じたように，KNCUの買付シェアを回復させ，組合（KNCU）→民間の所有権移動取引を強化する，およびそれが容

易に移動しないように，KNCU 輸出部が競い合えるだけの輸出シェアを確保することが必要である．そして第 10 章で論じるように，FT は KNCU 輸出部からコーヒー豆を購入しているため，その輸出力増強に貢献し得る．ただし現在の FT のシェアは非常に小さいため，競売価格尊重の一般化も輸出力増強への貢献も，理想論に留まらざるを得ない．

第8章　日本におけるタンザニア産豆の輸入と消費
―価格形成制度と南北問題―

第1節　はじめに

　序章で説いたようにフードシステム論は，「食」と「農」の距離が大きくかけ離れている場合，生産者から消費者までの食料の流れが連なり「1つのシステム」として機能しているという認識なしには，食料問題を十分に理解できないことを強調する．

　この「連鎖概念」の下で，さらには生産国にとって不利な価格形成の仕組みが消費国との経済的格差を導くという南北問題論の問題意識を受け継ぎ，本研究はタンザニアにおける生産段階から貿易段階に至るまで，価格形成制度と品質管理（格付制度）問題を中心に分析し，コーヒーの生産者価格が低迷する要因を探求してきた．

　そして本章は，タンザニア産コーヒー豆の世界第2位の消費量を誇り，しかも最高品質豆の世界一の消費国である，日本における価格形成制度を解明し，「キリマンジャロ」の「南北問題論的フードシステム分析」を全うするものである．

　なお本章は，主にマイルド・アラビカ種のコーヒー豆，そして同豆を利用するレギュラー・コーヒー，缶コーヒーを中心に分析する．さらに利用するデータは国内における資料収集と聞き取り調査（99年6月，10月，12月，2000年10月，11月，12月，2001年2月）で収集したものが中心となる．

第2節 輸入数量・価格とタンザニアの位置

1. 90年代の日本におけるコーヒー消費の動向

(1) 生豆輸入の漸増

コーヒー生豆全体の年間輸入数量はこの10年間（90～99年），表8-1，図8-1で確認できるように，30～35万トンの数量帯を上下しながら緩やかに増加している（25.68%の増加）．その一方で，コーヒーの消費形態は大きく変わっている．

(2) 消費の家庭内化－喫茶店の経営悪化－

業務用小売（喫茶店，ホテル，レストラン，職場，自動販売機等の家庭外消費）が14.64%減少し，逆に家庭用小売（一般小売店，量販店等で購入して家庭内で消費）が18.31%増加した（99年のコーヒー消費に占める家庭用の割合は71.13%）[1]．

特に喫茶店の経営状態が悪化しており，事業所数は86-96年で32.51%減少（96年で101,945店）[2]，96年時点で「この2, 3年の経営状態が悪くなっている」と答える経営者の割合は，東京で60%，大阪で73%にまで達している（92年時点では，それぞれ34%，45%）[3]．さらに「経営状態が悪くなっていく」と答える経営者の割合が30%もあり，その理由は，①競合（安いチェーン店，缶コーヒー・家庭内消費の増加，自販機やオフィス用コーヒーサービスの増加），②景気後退（来店客減少，家庭内消費の増加），③価格問題（安いチェーン店，仕入れるコーヒー豆の価格上昇），④消費者特性変化（若者がコーヒーの味を知らない・こだわらない，喫茶店を利用しない），の4つに分類されている[4]．

表8-1 コーヒー生豆全体とタンザニア産豆の輸入数量（トン）

	全体の数量	タンザニア産豆の数量
1981年	175,044	2,866
1982年	185,636	3,466
1983年	204,012	4,308
1984年	223,083	2,898
1985年	231,193	2,736
1986年	242,519	3,493
1987年	270,240	3,555
1988年	262,677	3,705
1989年	281,897	4,237
1990年	288,506	5,374
1991年	299,611	4,510
1992年	291,762	7,808
1993年	311,535	13,734
1994年	344,635	11,483
1995年	299,555	9,115
1996年	326,388	11,667
1997年	324,489	7,705
1998年	331,475	8,190
1999年	362,592	8,219

注：全日本コーヒー協会『コーヒー関係統計』、表「コーヒー生豆の国別輸入数量及び価格の推移」（原典は大蔵省編『日本貿易月表』日本関税協会）、を参照して作成．

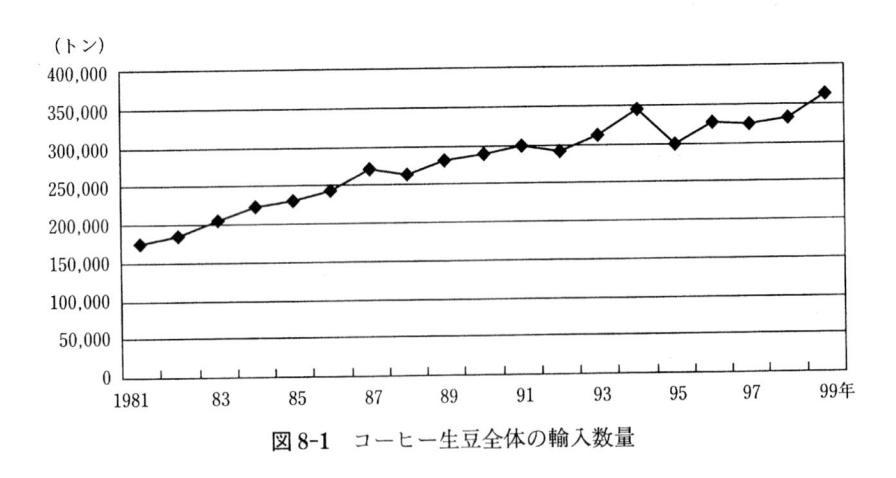

図8-1 コーヒー生豆全体の輸入数量

(3) レギュラー・コーヒーと缶コーヒーの消費増加

インスタント・コーヒー（IC）の消費量（原料生豆換算数量）が 2.67% 減少し，レギュラー・コーヒー（RC・缶，液体を含む）の消費量が 23.24% 増加した（99 年のコーヒー消費に占める RC の割合は 78.56%）[5]。とりわけ家庭で消費する RC が 50.43% 増加した（IC は増減なしで，99 年の家庭消費に占める RC の割合は 46.16%）。

さらに工業用（缶コーヒー，液体（ペットボトル）コーヒー，コーヒー牛乳等の製造用）に向けられる豆の数量が 49.17% 増加し，特に缶入 RC に利用される豆が 68.49% 増加した[6]。

90〜98 年におけるコーヒーの種類別飲用杯数（1 週間あたりの平均）の変化は，IC が 5.01 → 4.83 杯，RC（液体は含んで，缶は除く）が 3.28 → 4.22 杯，缶が 1.61 → 1.97 杯となっている[7]。

(4) コーヒー消費の動向

すなわち，この 10 年間のコーヒー消費の動向は，①家庭内消費の増加，②レギュラー・コーヒー消費の増加，③缶コーヒー消費の増加，で特徴付けられる。

ただし缶コーヒー消費は，すでに「伸び悩む」「成熟期に入った」と評価されている[8]。そこで缶コーヒー製造業者は，従来の 250g 缶を大きく減らして 190g 缶を主流にし，できる限り高品質のアラビカ豆を積極的に利用して，「本物の香味」を売り文句にしたシェア争いに努めている。

また喫茶店消費は，セルフ・サービス形式の低価格コーヒー・チェーン店の人気（特に 95 年以降の米国スターバックス社の進出）により，一方的な衰退傾向には歯止めがかかった。しかしながら，このエスプレッソを売り物にする低価格店の人気は，比較的高品質のコーヒー豆を使用してきた従来の喫茶店の経営悪化要因でもあり，全体の品質水準を下げているという意見もある[9]。

その一方で，レギュラー・コーヒーの飲用理由として，「57.7% が香り，

49.0％が味を挙げ，値段の手軽さを挙げる者は6.1％に過ぎない（複数回答可）」[10]，その購入に際し，「87.5％が価格よりも味や品質を重視する」[11]，という消費動向調査の結果を尊重し，UCC（上島珈琲）は高品質豆のみを利用した「炒り豆　紙缶　150g」を発売し，量販店を中心とした販売（家庭消費用）に努めている[12]．また自家焙煎店や挽き売り店（ビーンズ・ショップ）の増加，「スペシャリティー」コーヒーの注目等，さらなる高品質豆市場拡大の兆候も確認できる．

(5) 世界最高水準のコーヒー価格

以上のように，コーヒーの品質水準の低下が指摘されることもあるが，全般的には日本の消費者は未だ，世界最高品質のコーヒーを嗜好し，さらにその嗜好が高まる兆しもある．それを1要因とし，コーヒーの価格水準も世界最高を誇っている．

98年12月における日本の焙煎豆小売価格は，イギリスに次いで世界第2位，そして3位のイタリアの2.51倍の水準にある[13]．また98年11月における東京の喫茶店コーヒー価格は，ニューヨークの1.72倍，ロンドンの1.11倍，パリの1.01倍である[14]．

2. タンザニア産豆の輸入数量・価格の推移

既述のように，この10年間のコーヒー生豆の輸入数量は漸増しているに過ぎない（表8-1，図8-1）．しかしながらタンザニア産豆の年間輸入数量は，約4,000トンの水準から92年，93年と急増し（2年間で3.05倍），その後は4年間で43.90％減少するという激しい変動を見せている．ただし97年以降は，約8,000トンの水準で安定している（表8-1，図8-2）．

また輸入価格（CIF）に関しては，表8-2，図8-3で確認できるように，コーヒー生豆全体の平均価格もタンザニア産豆の価格も，ニューヨークのコーヒー・砂糖・ココア取引所（CSCE）で決まる先物価格に連動している．

図 8-2　タンザニア産豆の輸入数量

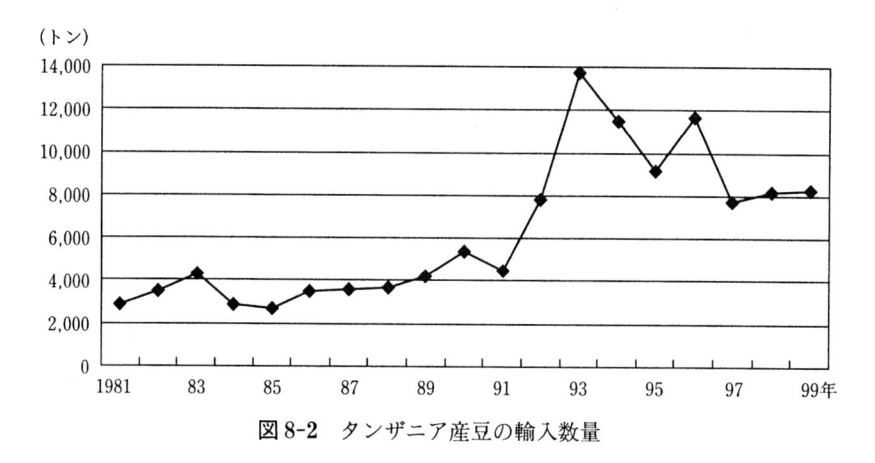

　投機家による取引が支配的な先物市場において，価格は容易に乱高下する．そのためタンザニア産豆輸入価格も，変動が非常に激しい．価格水準に関しては，全豆平均輸入価格と先物価格はほぼ同じ水準で，タンザニア産豆輸入価格は常にそれらよりも高い水準（先物価格より平均 88 円/kg 高いが，98-99 年は特に高価）で変動している．

　98 年におけるタンザニア産コーヒー豆の輸入数量は，表 8-3 で確認できるように，全輸入数量の 2.47％ を占め，第 8 位の位置にあるが（アラビカ豆に限ると第 6 位），上位 3 カ国（3 国合計で 60.66％ のシェア）との割合の差は 15％ 余りもある．

　この 10 カ国に限ると，タンザニア産豆の輸入価格は，2 位のグアテマラ産に 100 円以上の差をつけて断然トップである．ただし，輸入数量は少ないが高価格で有名な豆と比較してみると，ジャマイカ産（「ブルーマウンテン」が有名）が 2,420 円/kg，イエメン産（「モカ・マタリ」）が 760 円/kg と，タンザニア産の価格を大きく上回っている．希少性に著しいこの 2 国の豆は，通常の豆と価格形成制度を異にするが，同じ制度の下にあっても，例えば隣国のケニア産が 675 円/kg と，タンザニア産の価格を上回る豆はある．

　さらに表 8-4 で確認できるように，全輸入に占めるタンザニア産豆の位置は，93 年に輸入数量のピークに達した際に，数量で 6 位，価格で 1 位を実

表 8-2 コーヒー生豆全体・タンザニア産豆の輸入価格と
ニューヨーク先物価格 (円/kg)

	全体の輸入価格	タンザニア産豆輸入価格	ニューヨーク先物価格
1990 年	261	334	287
1991 年	257	336	252
1992 年	203	276	181
1993 年	182	240	166
1994 年	279	323	323
1995 年	341	377	301
1996 年	299	313	281
1997 年	398	514	491
1998 年	403	630	375
1999 年	264	454	260

注：1) 先物価格は，年平均価格（期近）を年平均為替相場で換算した数値で，『日本経済新聞』月曜版の「内外商品相場」を参照．
2) 輸入価格 (CIF) は，全日本コーヒー協会『コーヒー関係統計』2000 年 10 月，26-29 ページ，表「コーヒー生豆の国別輸入数量数量及び価格の推移」（原典は大蔵省編『日本貿易月表』日本関税協会），を参照して作成．

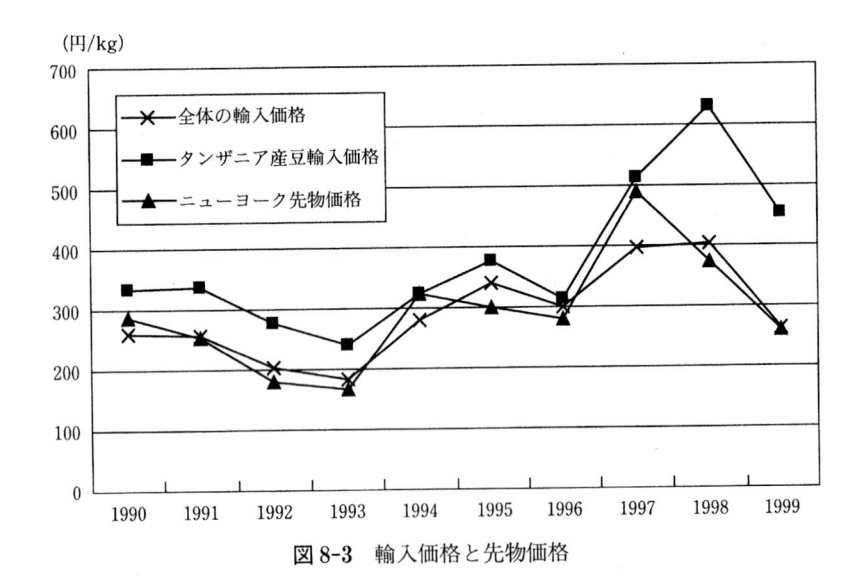

図 8-3 輸入価格と先物価格

表8-3 全輸入数量に占める各国産豆の割合と
輸入価格 (98年)

	生産国	数量の割合	輸入価格	品　種
1位	ブラジル	23.68%	411円	主にアラビカ
2位	インドネシア	18.52%	253円	主にロブスタ
3位	コロンビア	18.46%	471円	アラビカ
4位	エチオピア	6.99%	388円	アラビカ
5位	ベトナム	5.75%	220円	ロブスタ
6位	グアテマラ	5.74%	493円	主にアラビカ
7位	ホンジュラス	4.50%	466円	アラビカ
8位	タンザニア	2.47%	630円	主にアラビカ
9位	メキシコ	2.42%	491円	アラビカ
10位	インド	2.32%	389円	主にアラビカ

注：全日本コーヒー協会『コーヒー関係統計』2000年10月, 29ページ, 表「コーヒー生豆の国別輸入数量及び価格の推移」(原典は, 大蔵省編『日本貿易月表』日本関税協会), を参照して作成.

表8-4 全輸入数量に占めるタンザニア産豆の割合と輸入価格 (アラビカ及びロブスタ)

	数量の割合	輸入価格
1990年	1.86% (10位)	334円/kg (2位)
1991年	1.51% (9位)	336円/kg (2位)
1992年	2.68% (8位)	276円/kg (2位)
1993年	4.41% (6位)	240円/kg (1位)
1994年	3.33% (7位)	323円/kg (1位)
1995年	3.04% (8位)	377円/kg (1位)
1996年	3.57% (8位)	313円/kg (3位)
1997年	2.37% (9位)	514円/kg (1位)
1998年	2.47% (8位)	630円/kg (1位)
1999年	2.27% (9位)	454円/kg (1位)

注：1) 輸入価格 (CIF) に関しては, 表3の10ヵ国の内の順位.
　　2) 全日本コーヒー協会『コーヒー関係統計』2000年10月, 26-29ページ, 表「コーヒー生豆の国別輸入数量及び価格の推移」(原典は, 大蔵省編『日本貿易月表』日本関税協会), を参照して作成.

現し，その後は多少の変動があるが，数量8〜9位，価格1位で安定していると言える．

すなわちタンザニア産豆は，輸入数量上位10カ国産の「大衆化」されたコーヒー豆の中で，「最高価格豆」としての地位を確立しているのである．

3. コーヒー消費動向におけるタンザニア産豆の位置

まず，図8-2の「タンザニア産豆の輸入数量」と図8-3の「タンザニア産豆輸入価格」の変動を比較してみよう（図8-4）．日本における同豆の輸入・消費動向を分析する山岸が論ずるように，300〜400円/kgの価格帯を境として，それを越えると買い控え，下回ると買いだめをする特徴を確認できる[15]．既述のように，コーヒー豆輸入価格の変動は非常に激しく，特にタン

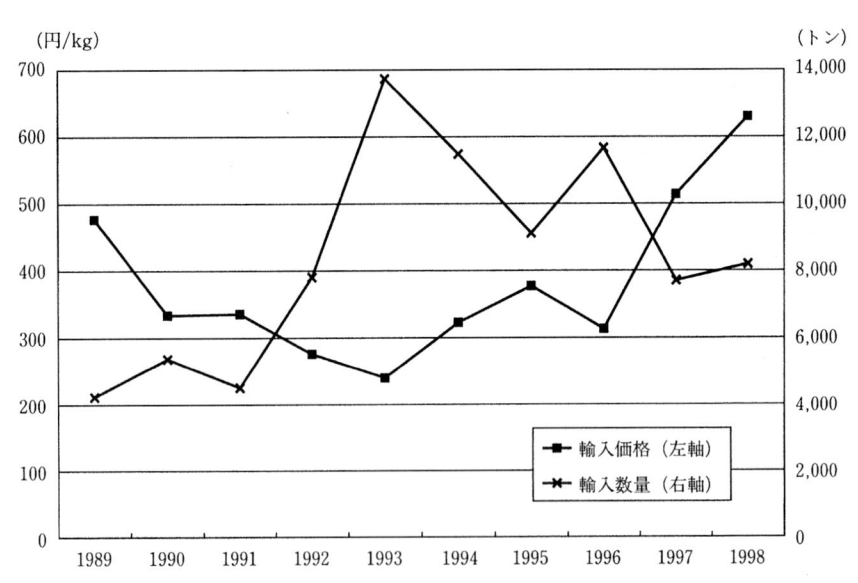

注：山岸和暁「日本におけるコーヒー豆の消費と輸入の動向分析ーキリマンジャロコーヒーを中心としてー」金沢大学経済学部・世界経済論演習『2000年度 卒業論文集』，2001年，より転載．

図8-4 タンザニア産豆輸入の数量と価格

ザニア産豆は高価であるため，先物価格高騰時には輸入を控えざるを得ない．1年未満の倉庫保管であれば，生豆の大幅な品質低下は避けられるため，先物価格低迷時に大量に輸入し，商社や大手焙煎業者が一定の在庫を確保しておくのである．

　それゆえ92年，93年のタンザニア産豆の輸入急増の1原因として，先物（輸入）価格下降期の買いだめ（その後の上昇期に消費）を挙げることができる．しかし輸入増加の主因は，既述のコーヒー消費形態の変化にある．

　92年以降のタンザニア産豆の輸入増加は，コカ・コーラ「ジョージア」ブランドの缶コーヒー「モカキリマンジャロ」ブレンド（93年1月発売）のヒットを1要因とする．既述の10年間における「缶コーヒー消費の増加」，そして「190g缶を利用した原料豆の高品質化（アラビカ化）」の典型事例として，この「モカキリマンジャロ」を位置づけることができるのである．

　またレギュラー・コーヒーに関しても，94年1月～2000年6月の6年半の間，UCCとキーコーヒーの「キリマンジャロ」が，同社の「モカ」とともに総務庁「小売物価統計調査」の「コーヒー豆」の基本銘柄として利用される等，大手焙煎業者2社が，タンザニア産コーヒー豆の「大衆化」を促進した．具体的な商品名は，UCC・レギュラーコーヒー・炒り豆シリーズ「キリマンジャロ」とキーコーヒー・レギュラーコーヒー・ライブパックシリーズ「キリマンジェロ」で，両者ともに袋入200gの焙煎豆である．既述の10年間における「レギュラー・コーヒーの家庭内消費の増加」の典型事例として，この「キリマンジャロ」を位置づけることができるのである．

　さらにUCCは99年9月に，炒り豆シリーズの新製品として，上記の「炒り豆　紙缶　150g」を発売し，それを量販店等における販売の主体とした．その6品目の中の1つに，「キリマンジャロ　キボ」がある．UCCは内容量を200gから150gに減量，そして1品当たりの価格も下げた上で，より高品質なタンザニア産コーヒー豆を利用し，それを家庭向け製品の主体としたのである．同様にキーコーヒーも，ライブパック（豆製品）シリーズの

タンザニア産コーヒー豆を，99年9月に「キリマンジェロ」から「季節限定珈琲　キリマンジェロ　アルーシャAA」へ，さらに2000年3月に「キリマンジェロ（タンザニアAAプラス）」に変えた．内容量や価格は変えずに，より高品質なタンザニア産コーヒー豆を利用し，それを家庭向け製品の主体とした．既述の「高品質豆市場拡大の兆候」の典型事例として，この「キリマンジャロ　キボ」と「キリマンジェロ（タンザニアAAプラス）」を位置づけることができるのである．

ちなみに自家焙煎店や挽き売り店においても，「キボ」や「スノートップ」等のタンザニア産高品質豆が目に付くようになってきた．

98～99年の同豆の輸入価格が，先物価格と比べて異常に高いのは（図8-3），これらの高品質豆（高い割増額（プレミアム）を支払って購入）の割合が増えているからだと考えられる．すなわちレギュラー・コーヒー豆市場，あるいは高品質豆製品市場の「本格的な味わいを求める」[16]需要者が，さらに高い味わいを求め始めたこと，同時に第5章で論じたタンザニア産豆の大幅な品質低下がゆえに，従来のAA FAQ（大きさ，形，重量，色ともに最高級であるAA階級豆の標準総合品質（FAQ））主体の輸入では，その需要を満たせなくなったことが原因である．

要するに，タンザニア産豆の輸入価格上昇（下降）時の輸入量減少（増加）は，在庫量増減で調整され，消費量自体が大きく変動しているわけではない．つまり同豆と他豆の交叉弾力性（代替性）の高さを示しているわけではない．逆に，生豆輸入漸増傾向の中でのタンザニア産豆の輸入急増は，まさに「高品質豆市場拡大傾向」で説明できるのであり，タンザニア産豆を特別に嗜好する消費者の増加，つまり高品質豆としての同豆の製品差別化が強化されていると考える．実際，「キリマンジャロ」は，「モカ」と「ブルーマウンテン」に次いで，日本人が3番目に嗜好するコーヒー豆の銘柄であり，またこの3銘柄の人気は，4位以下を圧倒している．「キリマンジャロ」の人気の理由は，上位から順に「味・香りが好み」，「いつも飲んでいる」，「名前・イメージがよい」である[17]．

第3節　タンザニア産コーヒー豆の流通経路と価格形成制度

1. 流通経路の概要（図8-5）

　日本におけるレギュラー・コーヒーのフードシステムを分析する，皆川が明示しているように，コーヒー生豆の約90%を商社が輸入している（その他は，焙煎業者（ロースター）や生豆問屋による直接的な輸入）[18]。タンザニア産豆も同様であり，現地調査（98年2月，8～9月）によって確認できた経路（上記の主要な加工（缶コーヒー製造，焙煎）業者に至るまでの流通）は，①アフリカ・コーヒー会社（イギリス系）→ニチメン→UCC，キーコーヒー，②テイラー・ウィンチ（スイス系），コーヒー・エクスポーターズ（インド系）→三菱商事→コカ・コーラ，の大手総合商社によるものである[19]。
　レギュラー・コーヒーの大手焙煎業者（99年において，15.3%の生産シェアを持つUCC，13.0%のキーコーヒー，11.7%のアートコーヒー，10.6%のユニカフェ等）[20]は直接，商社から生豆を購入するのが一般的である。豆は通常，港の焙煎業者の倉庫，あるいは工場まで商社が運搬し，受渡が完

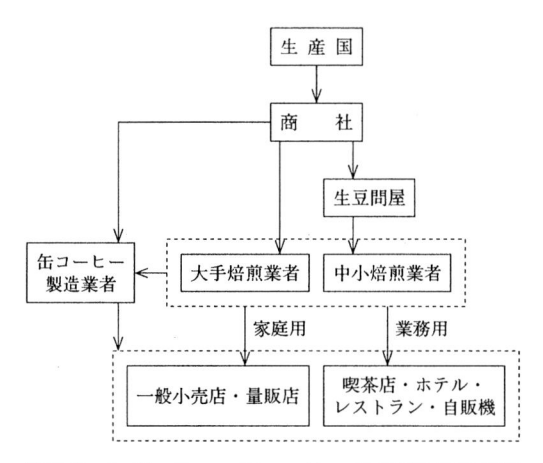

図8-5　レギュラー・缶コーヒーの支配的流通経路

了した時点で所有権が移る．

　一方，コーヒー商工組合加盟の業者だけで約350社，近年増加している自家焙煎店（ほとんどが組合非加盟）を含むと2000社を大きく超えると言う，その他の中小焙煎業者は，取り扱う生豆が小ロットである．商社の生豆取引の最小単位は原則的に250袋で，中小業者にとっては多過ぎる．またほとんどが業務用の焙煎であって，少量・多品目が望ましい．それゆえ生豆問屋（UCC（生豆問屋機能をも果たす）を含めて全国7社）が商社と焙煎業者の間を媒介するのが一般的である[21]．

　また缶コーヒーに関しては，99年において，40.5%の販売シェアを持つコカ・コーラの「ジョージア」ブランドを，12.8%のサントリー・「ボス」ブランド，10.8%のダイドー，7.0%のアサヒ飲料・「ワンダ」ブランドが追う展開になっている[22]．これらの缶コーヒー製造業者は，直接，商社から生豆を購入するか，焙煎業者から焙煎豆を購入する．

　さらに焙煎業者による販売は，喫茶店，ホテル，レストラン等への業務用コーヒーも，一般小売店，量販店等への家庭用コーヒーも，実質的には直接取引となっている[23]．

2. 表示・ブランド・品質・規格

　全日本コーヒー公正取引協議会が定めた「レギュラー・コーヒー及びインスタント・コーヒーの表示に関する公正競争規約」「同規則」は，1991年に公正取引委員会によって認定，承認された（完全実施は1993年より）．同規約，規則の下では，タンザニア産コーヒー豆からロブスタ種とブコバ県産（ハード（非水洗）・アラビカ種）を除いたもの，すなわちタンザニア産のすべての（キリマンジャロ山から遠く離れた南部地域で生産される豆を含む）マイルド・アラビカ豆に対して，「キリマンジャロ」コーヒーというラベルを付してよいことになっている．なおブレンドの場合であっても，「キリマンジャロ」の表示をする場合には，タンザニア産マイルド・アラビカ豆が

30%以上，含まれていなければならない．

　92年以降のタンザニア産豆の輸入急増は，既述のように，缶コーヒー「モカキリマンジャロ」のヒット，レギュラー・コーヒー「キリマンジャロ」の「大衆化」，さらには輸入（先物）価格下降期の買いだめ，等で説明することができるが，上記規約，規則によって，タンザニア周辺国産の豆に「キリマンジャロ」ラベルを付せなくなったことも，1要因であると考える．ただタンザニア南部産の豆を「キリマンジャロ」と呼ぶことに関しては，「偽称」であるとの強い批判が生じている[24]．

　その「キリマンジャロ」コーヒーの中でも，特に上質豆を表すブランドとして，「アデラ」「スノートップ」「キボ」「キリマンジャロ」「マウェンジ」等がある．それらは厳密には，タンザニアの輸出業者（ほとんどが多国籍企業）が，AAやAB階級の標準総合品質（FAQ）を超える上質豆に付す規格である（総合品質や階級について詳しくは，第3章を参照）．例えば「アデラ」は，テイラー・ウィンチ社がAA階級の最高総合品質豆に付している規格，「スノートップ」はマザオ社（ドイツ系）が同豆，そして「キボ」はアフリカコーヒー会社をはじめとする複数の業者が同豆に付している規格である．

　しかしながら日本においてそれらの規格，特に「スノートップ」と「キボ」は，輸出業者の定義から離れ，最高品質のキリマンジャロ・コーヒーに付すブランドとして機能している場合が多い．また最近は，「モンデュール」「エーデルワイス」といった，上質豆の生産農園（エステート）の名前をブランドにした豆が出回り始めた．

　上記の上質豆は，すべてがレギュラー・コーヒー用である．缶コーヒー用は，最高でもAA FAQ（AB FAQが主体），しかも品質や価格の劣る南部産豆が少なくないと言う．

3. 流通価格形成の仕組み

(1) 生豆の価格形成

　前章で論じたように，世界のコーヒー豆の輸出価格形成に関しては，ニューヨークのコーヒー取引所で決まる先物価格を基準とし，当該豆の品質や供給量，そして輸出入業者間の力関係に沿った割増・割引を行い，FOB 価格を設定する公式が適用される．そして日本へのタンザニア産豆の輸入価格（CIF 価格）は，その FOB 価格に対して，タンザニアから日本まで（1〜2カ月間の行程）の海上運賃と海上保険料を加えたものである．輸入業者（商社）と焙煎業者，生豆問屋，缶コーヒー製造業者，さらには生豆問屋と焙煎業者との間の生豆価格の形成に関しては，上記の生産国からの輸出時の方法と全く同じで，先物価格を基準として，多少の割増・割引を行う．言うまでもなく，高品質豆であるタンザニア産豆は割増額が上乗せされる．

　それゆえ輸出価格形成制度の場合と同様，タンザニア産豆の輸入価格や生豆価格（商社出値（商社→）と卸値（生豆問屋→焙煎業者））も先物価格に連動するし，それらの価格水準を決めるのは，世界の貿易量の 0.9% を占めるに過ぎない同豆の供給量ではなく，ブラジル産豆やコロンビア産豆の供給量である．

　具体的には商社や生豆問屋が，「産地，銘柄（等階級）」（品目）の受渡月毎に，割増・割引額（当該豆の品質や供給量を反映）と値段（当日の先物価格＋割増（〜割引）＋運賃・保険料＋通関・保管等の経費＋利益）を明示したプライス・リストを提示する．例えばタンザニア産豆であれば，「Tanzania, AA FAQ, 2000 年 2 月受渡, ＋28cents/pound, 316 円/kg」「Tanzania, AA Kibo, 2000 年 2 月受渡, ＋35cents/pound, 333 円/kg」とリストに明示してある．

　このリストを参考にして，焙煎業者や生豆問屋が購入を決める．そして実際の生豆購入価格は，相対取引で決定する．それゆえプライス・リスト価格

に対して，さらに当該業者の力関係を反映した割増・割引が行われることになる．大手焙煎業者による購入や大量購入等の場合，買い手の立場が強く，割引を行うことが多い．その結果，購入価格が輸入価格を下回る逆ざや現象が生じる時もある．その場合であっても，商社は在庫の調整や先物市場における取引（ヘッジや投機）によって，利益を確保できているのが普通である．商社は多くても，輸入価格に2〜3％程度上乗せして販売できる程度である．中小焙煎業者向けに，物流単位小口化機能を果たしている生豆問屋であっても，商社からの購入価格に7％程度上乗せするのが精一杯であると言う．

さらに大手焙煎業者や外資系缶コーヒー製造業者は，この当日（契約時）の先物価格を基準として購入価格を決める，日本で主流のアウトライト方式のみでなく（日本企業の場合は，できる限り投機的リスクを避け，またできる限り早い価格固定を通じた敏速な原価計算等を重視する傾向にある），西欧で主流のオープン方式を採用する場合が多い（西欧企業は，価格決定を自分のリスクの中に入れたがる）．違いは，いつの先物価格を基準にするかの選択権である．先物価格の変動を分析し，契約時に決めた締め切り日（ファースト・ノウティス・デイ）までに，自らにとって望ましいと判断した日の価格で固定（フィックス）するのである．売り手が固定権を持つセラーズ・コールと，買い手が固定権を持つバイヤーズ・コールがあるが，両者ともに価格変動リスクを負うため，先物市場で保険つなぎ（ヘッジ）を行うのが一般的である．

ニチメンからUCCがタンザニア産豆を購入する場合は，後者のオープン方式，そしてバイヤーズ・コールが採用されている．固定できる期間は，通常は当該豆が日本の港（神戸）に着くまでで，UCCはその締め切り日までに，価格が最も望ましい（下降した）と判断した時点で先物価格を固定し，それを基準に購入価格が決まるのである．

(2) 焙煎豆・コーヒーの価格形成

焙煎豆の価格は，上記の原料（生豆）価格に対して各種（焙煎（ロース

ト），粉砕（グラインド），配合（ブレンド），包装，配送等）経費と利益を上乗せする形で，焙煎業者がプライス・リストを作り（品目毎の価格を明示），さらに同リストを参考にした小売店や喫茶店等との相対取引（力関係を反映しやすい）で決まるのが一般的である．また喫茶店等のコーヒー価格は，この焙煎豆の価格に対して，さらに各種（抽出，給仕，店舗維持（地代や「雰囲気代」を含む）等）経費と利益を上乗せする形で決まり，メニューが作成されるのである．

4社で50.6％のシェアを誇る大手焙煎業者が未だ，この川下段階における「プライス・メーカー」の地位にあることは間違いない．よって中小焙煎業者にとっては，焙煎の効率性が利益の大きさを決める．しかし中小業者は，少量・多品目の業務用焙煎に特化しがちなこと，焙煎の工場や機械が小さいこと等，効率性追求には限界がある．

さらに同段階においては，コーヒーの需要・消費量を強く意識せざるを得ない．この需要・消費情報をPOS（販売時点情報管理）によって「支配」できるようになった，チェーンストア化した量販店・レストラン等の価格交渉力は，今や大手焙煎業者のそれをしのいでいる．大手焙煎業者のプライス・リストであっても，現在は相対によって，かなりの割引が行われてしまうと言う．すなわち深刻な不況がゆえに，嗜好品の性格を持つコーヒーの価格上昇は，消費意欲の減退につながりかねない．それを恐れる量販店・レストラン等が，価格引き下げ圧力を強めているのである．

それゆえ毎日変動する先物価格，そして同価格を基準とする生豆（輸入）価格とは対照的に，家庭用焙煎豆と喫茶店コーヒーの1品当りの価格変動は穏やかである（図8-6）．ニューヨーク先物価格の短期的高騰，すなわち原料価格が急騰した場合，焙煎業者や喫茶店は，経費削減（メニュー内容やブレンド比率の変更につながってしまうため，高価格豆の利用減による経費削減はほとんどしない）や利益縮小で切り抜けるしかないのである[25]．

しかしこれらの消費者価格に関しても，kg当たりに換算し，さらに中期的変動を見てみると，先物価格や生豆（輸入）価格の変動に劣らないほどの

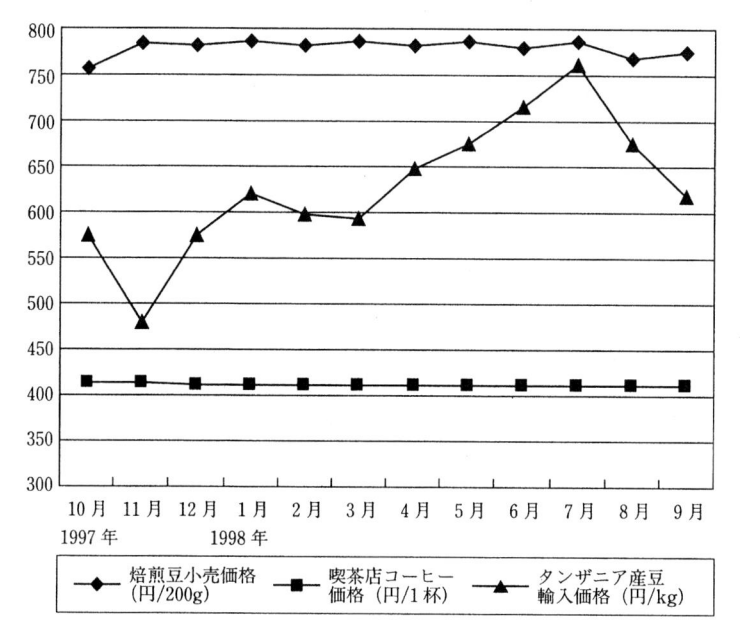

```
800
750
700
650
600
550
500
450
400
350
300
    10月 11月 12月 1月 2月 3月 4月 5月 6月 7月 8月 9月
    1997年       1998年
```

凡例: 焙煎豆小売価格（円/200g）　喫茶店コーヒー価格（円/1杯）　タンザニア産豆輸入価格（円/kg）

注：1）小売価格（東京都区部における価格）に関しては，総務庁統計局編『物価統計月報小売価格資料編』，を参照して作成．焙煎豆小売価格はキリマンジャロとモカの袋入りが基本銘柄．喫茶店コーヒーはブレンド・コーヒー代．
2）輸入価格（CIF）は，全日本コーヒー協会『コーヒー関係統計』1999年10月，32-39ページ，表「コーヒー生豆の国別輸入数量及び価格」（原典は大蔵省編『日本貿易月表』日本関税協会），を参照して作成．

図 8-6　輸入価格と小売価格の月別変化

大きな動きを確認できる（図8-7）．そして焙煎豆価格は，生豆価格にほぼ連動しているが，上昇に比べて下降が緩やかであることがわかる．また喫茶店コーヒー価格は上昇一辺倒である．短期的には上げ難いが，原料価格上昇を理由に一度消費者価格引き上げに踏み切ると，今度は焙煎業者や喫茶店の利益維持を主因として，下げ難くなるという特徴を読みとれる．

なお焙煎業者による家庭用焙煎豆の販売価格は，小売（消費者）価格の6割程度が一般的であり，業務用焙煎豆は同価格より多少高い程度である[26]．また商社，大手焙煎業者，生豆問屋による，先物市場を利用したヘッジは日

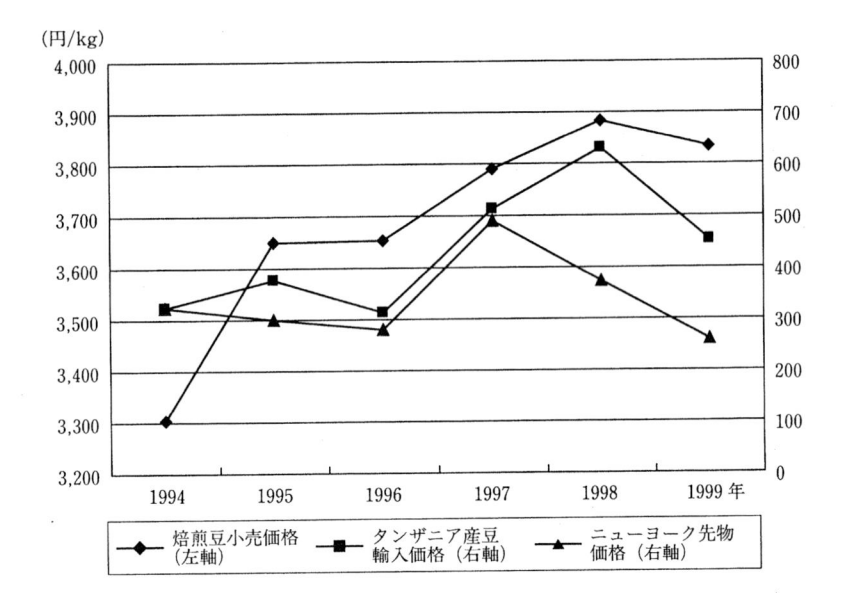

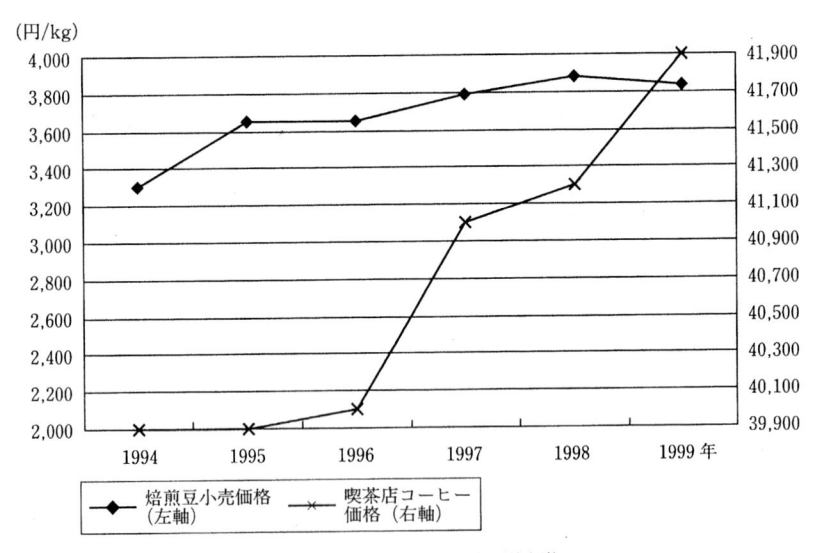

注：1) 小売価格に関しては，出典は図 8-6 と同じで，年平均価格．
　　2) 輸入価格と先物価格に関しては，出典は表 8-2 と同じで，年平均価格．

図 8-7　輸入価格と小売価格の年別変化

常的であるが，その他のコーヒー業者は，ほとんどヘッジを試みていない．

以上のように，焙煎豆・コーヒーの価格水準は，ニューヨーク先物価格を基準にして決まる生豆価格に対して，大手焙煎業者が各種経費と利益をどの程度上乗せするかで決まるが，長引く不況や量販店・レストラン等の取引力強化によって，自由に上乗せできる余裕は失っている．さらにスターバックスをはじめとする低価格コーヒー・チェーン店の人気も，その上乗せを困難にしている．

また変動の激しい先物価格を基準にするため，生豆価格の変動も急激になるが，日本のコーヒー業者にとってはその高騰時に損失を被りやすい．焙煎豆・コーヒー価格の引き上げが困難，あるいは在庫調整やヘッジが困難な業者にとっては，先物価格を基準とする生豆価格形成が続く限り，この価格急騰による損失リスクから逃れることはできないのである．

第4節　生産者価格と消費者価格の格差と南北問題

最後に，タンザニアの生産者から輸出入を経て日本の消費者に至るまでの，コーヒーの流通段階毎の価格水準を比較することで，タンザニアで安く調達された原料が，日本においていかに高価な製品と化するのか，そしてどの流通段階で多くの所得が実現するのかを説明する．

実際は，小農民が買付業者に出荷した後，一定量が倉庫に集まってから，加工工場まで運搬される．また加工工場においても，一定量が集まってから，脱穀，選別を行うし，その後の競売（調査時には2週間に1度）や船積（商船三井が月1~2度，日本郵船が月1度入港）にも時間のロスがある．特にタンザニアは，この国内流通の時間的ロスが大きいと言う．また日本側でも，既述の輸入（先物）価格下降期の買いだめ・保管のみでなく，通常時でも2~3カ月の在庫が一般的であるが，ここでは以上の時間のロスを考慮せず，順調にコーヒーが流通する事例を想定する．

さらに同じコーヒー1kgであっても，収穫直後に外皮，果肉，未熟豆が

除去され，出荷時は内果皮（パーチメント）が付いた状態となる．その後，脱穀，焙煎，粉砕等で豆が軽量化する．そして家庭用焙煎豆は袋入で販売される等，厳密な計算は困難である．それゆえ以下の比較は，それらの減耗や包装等を無視した概算となる．

調査時（98年1~2月）の，ルカニ村（高品質豆の生産地）における協同組合の買付価格（分割払いの第1次支払）は1,200Tshs/kg，民間流通業者の買付価格（一括払い）は1,500タンザニア・シリング（Tshs）/kgである．1月末の為替相場1$＝640Tshsで換算すると，民間の買付価格は2.34US$/kgになる．

組合や民間業者が農民から購入したコーヒー豆はすべて，加工工場を経由した後に，流通公社（TCB）が開催する競売にて輸出業者に販売される．その競売価格（2月26日）は，ほとんどが日本へ輸出される最高品質の北部産AA豆で5.55US$/kg，北部産アラビカ豆で4.86US$である[27]．また3月の日本へのマイルド・アラビカ豆の平均輸出価格（FOB）は4.38US$/kgである[28]．この時点で生産者価格の1.87倍の価格になっている．

タンザニアから日本まで，船便で1~2カ月かかる．5月のタンザニアからの平均輸入価格（CIF）は675円/kgである[29]．5月の為替相場の平均1$＝135.0円で換算すると，5.00US$/kgである．この時点で生産者価格の2.14倍の価格になっている．ちなみに同月のブラジル・サントスNo.2・スクリーン17/18（国内におけるコーヒー生豆の指標品）の平均卸価格は550円/kgで[30]，タンザニアAA FAQは同豆より100円/kg程度高いのが普通であるが，逆ざやになっている可能性が高い．

この段階までは，ニューヨーク先物価格を基準とする価格決めがなされるため，前章で論じたように，タンザニア産豆にとっては低く抑え込まれた価格水準となる．そして日本における加工により，世界最高水準にまで，一気に価格が跳ね上がるのである[31]．

5月の東京における袋入焙煎豆（UCCまたはキーコーヒーの「モカ」または「キリマンジャロ」）の小売価格は787円/200gで，為替相場で換算す

ると，29.15US$/kg になる．この時点で生産者価格の 12.46 倍の価格になっている．また 5 月の東京における喫茶店のコーヒー（ブレンド）1 杯の価格は 412 円，為替相場と 1 杯 10g で換算すると，305.19US$/kg になる[32]．この時点で生産者価格の 130.42 倍の価格になっている．なお喫茶店における「キリマンジャロ」コーヒー（ストレート）の価格は，ブレンド価格より 50 円程度高いのが普通である．

　要するに日本の消費者が，一般小売店，量販店等で，例えば 800 円/200g の焙煎豆「キリマンジャロ」を購入する場合，64.21 円が生産者の取り分，120.21 円が生産国の取り分，さらには喫茶店で，例えば 1 杯 450 円の「キリマンジャロ」コーヒーを飲む場合，3.45 円が生産者，6.46 円が生産国の取り分となっているに過ぎない．コーヒーの真の品質（消費者が求める有用性）は，味と香り，すなわち香味で決まる．そしてその香味は一般的に，7 割が生豆，2 割が焙煎，1 割が抽出に依存していると言う[33]．生産国で 7 割の「使用価値」が付されるのにもかかわらず，生産国の取り分は上記のように 1.44 ％に過ぎないのであり，いかに生産者・生産国にとって不当な価格形成がなされているか，実感することができよう．

　今度は以上の価格を，先物価格が低迷した 99 年の平均価格と比較する[34]．98 年度（98 年 10 月～99 年 9 月）の生産者価格は民間も組合も 1.62US$/kg で，前年度より大きく低下している．99 年における，マイルド・アラビカ豆の日本への平均輸出価格（FOB）は 3.33US$/kg で，これも前年 3 月より大きく低下しているが，生産者価格との格差は 2.05 倍で，さらに拡大している．タンザニアからの平均輸入価格は 454 円（3.98US$）で，同様に生産者価格との格差が 2.46 倍に拡がっている（同年のブラジル・サントス No. 2 の平均卸価格は 305 円/kg）．

　そして焙煎豆価格は，767 円/200ｇと低下しているものの，円高（1$＝113.94 円）がゆえにドル建てで上昇し（33.66US$/kg），生産者価格との格差は大きく拡大している（20.77 倍）．さらに喫茶店コーヒー価格は円建てでも上昇して 367.73US$/kg で，生産者価格との格差は 226.99 倍にも達し

ている．先物価格低下→生産者価格低下の弾力性に比べ，先物価格低下→消費者価格低下の弾力性が小さいことがわかる．

図8-8のOPは，コーヒー豆1kgの販売によりタンザニアの生産者が獲得した収入である．同様にOEが，タンザニアの輸出業者の収入である．OEに貿易量を乗したものが，99年のタンザニアにおけるコーヒー生豆の産出額である．この産出額から，例えば農薬は輸入品であるため，その経費を差し引いたり，多国籍企業による海外送金等を差し引いた残額が，生産国タンザニアによって処分され得る所得である．

さらにOC$_1$は，日本の小売業者が家庭用焙煎豆1kgの販売により獲得した収入，またOC$_2$がコーヒー1kgの販売により喫茶店が獲得した収入である．OCに貿易量を乗したものが，99年の日本における「キリマンジャロ」コーヒーの産出額である．この産出額から，原料の生豆投入額（OEに貿易量を乗したもの），そして例えば焙煎用燃料が輸入品であれば，その経費を差し引いた残額が，消費国日本によって処分され得る所得である．

以上の計算により，99年のタンザニアにおけるコーヒー豆生産が導いた，生産国，消費国の可処分所得が明らか

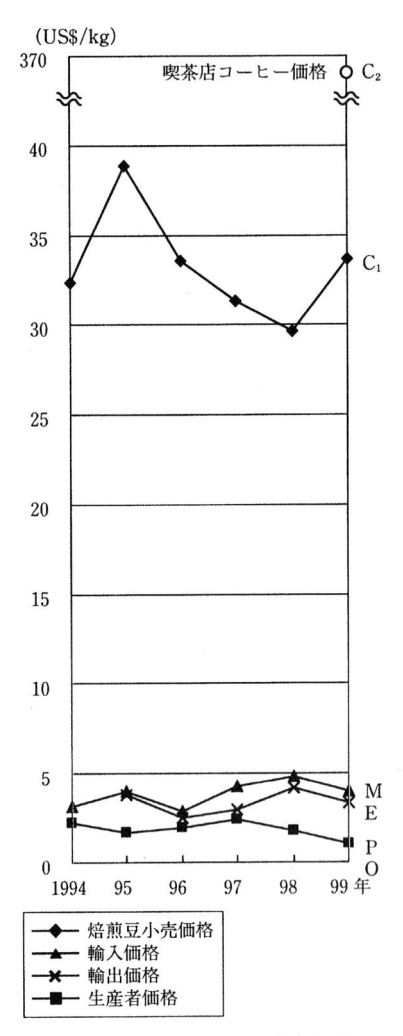

図8-8 生産者価格と消費者価格の格差

になる．しかし上記の差引額の算出は，生豆投入額を除いて困難であるため，以下はそれらを無視した概算となる．

同年の日本向け輸出量は8,219,000kgであり，日本向け生産によって，タンザニアの生産者は13.31百万US\$（15.17億円）を獲得した．また同生産・加工によって，タンザニアの27.37百万US\$（31.19億円）の可処分所得が実現した．

しかし消費国日本は，タンザニア産コーヒー豆を家庭用焙煎豆に加工することで，249.28百万US\$（284.03億円），喫茶店コーヒーに加工することで，2,962.13百万US\$（3375.05億円）の莫大な付加価値を生み出し，生産国の可処分所得の10.11倍，108.23倍の可処分所得が実現しているのである．

以上のタンザニア産コーヒー豆を巡る価格や可処分所得の巨大な格差は，ニューヨーク先物価格の上昇で多少は縮小し，下降でさらに拡大するという変動はあるものの，一次産品の安価さが生産国の経済開発に制約を与える一方で，その安価な原料にできる限りの付加価値を付すことで消費国のさらなる経済発展が促進されるという，南北問題の本質（安価な原料用一次産品という「同じコインの表裏」の関係）を象徴していると考える．

重要なのは，この流通経路を1つのシステム，すなわち「キリマンジャロ」のフードシステムとしてとらえた場合，一部分の破綻がシステム全体の崩壊につながり得ることである．すなわち，ニューヨーク先物価格の低迷により深刻化するタンザニアの生産者の貧困問題は，「キリマンジャロ」コーヒーの香味を世界一愛好する我々日本の消費者の問題でもある．その解決のためには，ニューヨーク先物価格と切り離した価格形成の仕組みを探求すべきであり，その結果，実現する価格安定化は，価格急騰時に損失を受けやすい日本のコーヒー業者にとっても望ましいのである．

注
1) 全日本コーヒー協会『コーヒー関係統計』，2000年10月，19ページ，表「コーヒー市場業態別推定消費量推移」，より算出．
2) 同上書，139ページ，表「総務庁「事業所統計調査報告」による喫茶店の事業

所数,従業員数」.
3) 全日本コーヒー協会『コーヒーの需要動向に関する基本調査（1998年　第9回調査）』, 229-230 ページ.
4) 同上書, 266 ページ.
5) 全日本コーヒー協会『コーヒー関係統計』, 76 ページ, 表「昭和 45 年以降におけるし好飲料等の国内消費量の推移」（農林水産省による調査）, より算出.
6) 同上書, 19 ページ, 表「コーヒー市場業態別推定消費量推移」, より算出.
7) 全日本コーヒー協会『コーヒーの需要動向に関する基本調査』, 103 ページ, 図表「種類別　1 週間あたりの平均飲用杯数：時系列」.
8) 『日本経済新聞』, 2000 年 10 月 4 日.
9) 堀口俊英『コーヒーのテースティング』柴田書店, 2000 年, 2-4 ページ.
10) 全日本コーヒー協会『コーヒーの需要動向に関する基本調査』, 135-136 ページ.
11) 同上書, 182 ページ.
12) UCC 上島珈琲株式会社「ニュースリリース」, 1999 年 8 月 3 日, http://www.ucc.co.jp/corp/rel/rel990803b.html.
13) 全日本コーヒー協会『コーヒー関係統計』, 116 ページ, 表「加盟輸入国の米ドル換算小売価格推移」, を参照して算出.
14) 農林水産省「東京及び海外主要 5 都市における食料品の小売価格調査」, 1999 年 6 月, 参考資料「東京及び海外主要 3 都市における外食の価格調査」（東京の価格は外食産業総合調査研究センター, 海外の価格が日本貿易振興会が調査）, より算出.
15) 山岸和暁「日本におけるコーヒー豆の消費と輸入の動向分析～キリマンジャロコーヒーを中心として～」金沢大学経済学部・世界経済論演習『2000 年度　卒業論文集』, 2001 年.
16) キーコーヒー株式会社「NEWS RELEASE」, 2000 年 2 月 10 日, http://www.keycoffee.co.jp/what/news/000210_3.html.
17) 『日本経済新聞』（NIKKEI プラス 1）2002 年 1 月 21 日. 日経産業消費研究所による, 首都圏に住む 20-60 代男女に対する 2001 年 12 月 8～19 日における調査.
18) 皆川志保『コーヒーのフードシステムに関する実証的研究』京都大学農学部農林経済学学科・卒業論文, 1997 年, 26-28 ページ.
19) 98 年 2 月における流通公社（TCB）, アフリカコーヒー会社, 同年 8～9 月における三菱商事タンザニア事務所における聞き取り.
20) 日刊経済通信社調査部編『酒類食品産業の生産・販売シェアー需給の動向と価格変動－平成 13 年度版』2001 年, 571 ページ, 表 12-8「レギュラーコーヒーの生産集中度」.
21) 皆川志保, 前掲書, 40 ページ. なお近年は, 商社が生豆の小口化機能を発揮

し始め，中規模焙煎業者との直接取引が増えている．また上記の生豆問屋による直接輸入も増え，商社と生豆問屋の垣根がなくなりつつある．

22) 日刊経済通信社調査部編，前掲書，533ページ，表11-11（B）「缶コーヒードリンクの販売集中度」．
23) 家庭用コーヒーの販売（焙煎業者による一般小売店，量販店等に対する取引）に関し，過去に一般的であった卸売業者（商社，食品問屋等）による媒介（皆川志保，前掲書，28-30ページ）は，現在でも帳簿上は残存しているが，実質的な取引に卸売業者は全く介入していない．
24) オルター・トレード・ジャパン「オルタナティブ・トレード（これまでとは違った貿易）」『珈琲と文化』No. 38, 2000年6月．
25) それゆえ先物（原料）価格の高騰時，大手焙煎業者の経営状態も悪化したが，逆に99年以降の価格低迷のおかげで，それは改善されていると言う．
26) ただし業務用豆を購入する場合，焙煎業者による宅配，経営指導，抽出器・看板・コーヒー缶等のレンタル，等の無料サービスを得ることができるため，実質的な焙煎豆価格は家庭用豆を下回る．ちなみにファミリー・レストラン等は，この無料サービスを辞退することで，例外的に安い焙煎豆購入価格を実現している．
27) Tanzania Coffee Board; Auction Sale No. TCB/M13 & H14 Held on 26. 2. 98.
28) Tanzania Coffee Board; Actual Coffee Exports for the Month of March, 1998.
29) 全日本コーヒー協会『コーヒー関係統計』，33ページ．
30) 生豆問屋→焙煎業者の卸値で，圓尾飲料開発研究所による調査．
31) 98年12月時点で焙煎豆小売価格が世界一高いイギリスであっても，最高品質のタンザニア北部産焙煎豆が2000年9月時点のロンドンの自家焙煎店において，918円/250g（734円/200g）で小売りされている．また同時点のロンドンの量販店においては，標準品質のタンザニア産焙煎豆が536円/250gで小売りされている．
32) 総務庁統計局編『物価統計月報　小売価格資料編』1998年5月分，45ページ．
33) 例えば，堀口俊英『コーヒーのテースティング』柴田書店，2000年，7ページ．
34) 出所先は98年のデータと同じ．

第9章　先物市場における価格変動と生産者
―タンザニア産コーヒー豆を事例として―

第1節　史上最低水準の先物価格：新聞記事の整理

　2001年7月19日,「コーヒー, 8年ぶりに安値」の大見出しが日経新聞を飾った. 世界最大の輸出国, ブラジルの豊作がほぼ確定したため (降霜懸念の後退), ニューヨークのコーヒー・砂糖・ココア取引所 (CSCE) におけるアラビカ種コーヒー豆の先物 (期近) 価格 (中米産豆を主体とするアラビカ豆の標準品の平均先物価格で, アラビカ豆のあらゆる取引における国際的な基準価格となる) が, 52.0cents/poundにまで急降下したのだという. その①ブラジルの増産の他, ②ベトナムなど新興生産国の増産 (世界の生豆生産高が史上最高になる見通し), ③景気減速の結果, 欧米, 特に世界最大の消費国, 米国の消費が伸び悩み, 同国内の在庫が膨らんだこと, の3つが, 下落の原因として挙げられている[1].

　その後, ④ブラジル通貨 (レアル) の下落 (アルゼンチンの経済危機が助長), ⑤さらなる価格下落を恐れた投機筋を中心とするパニック売り, 等でさらに売りが膨らんだ結果, 8月に入ってついに, ニューヨーク・コーヒー先物価格が「心理的な支持線」と呼ばれていた50 cents/poundを割り込んだ. そして10月22日, 先物価格は42.50 cents/poundまで降下し, 現在の方式で統計を取り始めた1972年以降で最低の,「史上最安値」が実現してしまったのである (図9-1, 図9-2).

　この「大事件」は, 長引く不況に苦しむ消費国日本にとっては, コーヒー

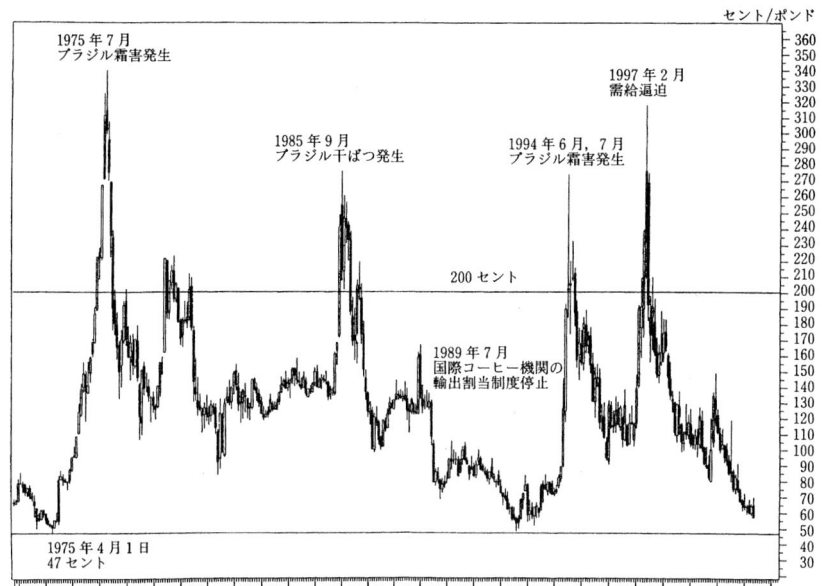

図 9-1 ニューヨーク・コーヒー取引所における先物価格（期近月足）の変動

注：東京穀物商品取引所作成の図を修整の上，転載．

原料（生豆）の安価な調達，コーヒーの消費者価格引き下げが可能になると言う意味で，喜ばしいできごとである．実際，コーヒー生豆の国内卸価格は，指標品であるブラジル・サントス No.2 で 290 円/kg（4 年前の半値以下）と，調査を開始した 1982 年以来の最安値圏にあると言う[2]．

この生豆価格の低下により，量販店における焙煎豆や缶コーヒーの特売が目立つようにはなった（量販店における袋入り焙煎豆（UCC やキーコーヒー等の大手焙煎業者の製品）の小売価格は，専門店に比べ 3 割安から半値ほどで売られていると言う）．しかしながら，我々消費者が大喜びするような，消費者価格全体の大幅な引き下げが実現しているわけではない．特に高品質焙煎豆に関しては，「デフレ知らずの高級コーヒー豆」という大見出しの下で，ここ 5 年ほどの高値安定が報道されている[3]．また缶コーヒーに関しても，価格引き下げでなく品質引き上げによって，激しい販売競争に対応する

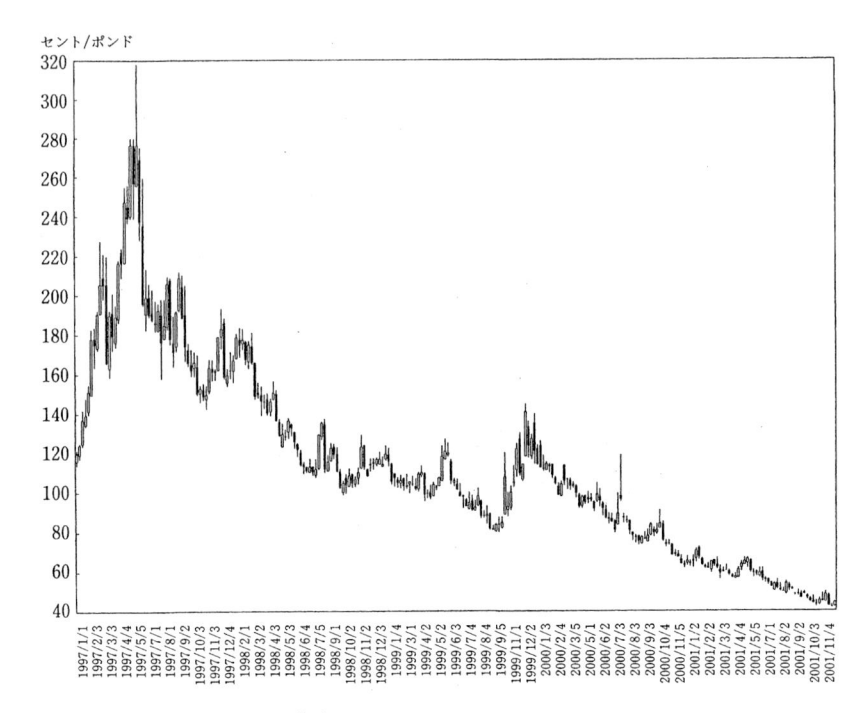

注：圓尾飲料開発研究所による作成．

図 9-2 ニューヨーク・コーヒー取引所における先物価格（期近週足）の変動

戦略がより重視されている．飲料各社が香味改善をめざして，価格低下で手当可能になった 1~2 ランク上質の豆を，原料として積極的に利用しているのである[4]．

その一方で，コーヒー生豆輸出を有力な外貨獲得源とする生産国にとっては，その「大事件」は最悪のできごとであり，すでに 2001 年 5 月以降，コーヒー生産国同盟（ACPC）の下で，在庫留保継続（2000 年 5 月に開始），低級品廃棄等の市況対策を採択してきた．しかしながら，その実施率は高まらず，ACPC 解散の観測が流れるまでに，それは弱体化しているのである[5]．

そして生産地では，生産コスト割れ（機械で収穫するブラジルでは 48 cents/pound 前後，手摘みで収穫する中米では 68cents/pound 前後の価格

が実現しないと，再生産が困難になる）から，品質管理や収穫，さらには農園まで放棄する動きが出始めたと言う．日経新聞は「コーヒー生豆に品質低下懸念」という大見出しの下で，高い香味を求める「輸入国にとっても静観できない事態」であると強調している[6]．そういった意味で，消費国にとっても「史上最安値」は，憂えるべき「事件」なのであり，「コーヒー危機」と呼ばれるゆえんである．

第2節　先物価格とタンザニア小農民：現地調査報告

1. 先物価格低迷と日本の消費者価格

先物価格が低迷しているこの2, 3年，大衆化したコーヒーの中では最も高価である「キリマンジャロ」コーヒー（タンザニア産マイルド・アラビカ種）の焙煎豆でさえ，量販店での特売が確認できるようになってきた．

しかしながら，もちろん「キリマンジャロ」コーヒーは，上記の「デフレ知らずの高級コーヒー豆」に含まれるのであり，消費者価格全体の大幅な引き下げに至っているわけではない．「キリマンジャロ」のブランドを活用する缶コーヒーに関しても，消費者価格の引き下げではなく，それまでの南部産豆を北部産豆に切り替えるという，原料豆の上質化を進めている．

驚くべきことに2002年9月には，北部産の中でも最高品質の「スノートップ」豆を利用した缶コーヒー（日本たばこ産業（JT）の「スノートップブレンド」）が，JT（缶コーヒー担当）とキーコーヒー（レギュラー・コーヒー担当）の共同ブランド「ルーツ」の下で発売された．

消費者価格の弾力性は小さいのである．

2. 先物価格低迷と生産者価格

その一方で，タンザニアの小農民が受け取る生産者価格は，ニューヨーク

先物価格の乱高下に直接的に連動するため，彼らは毎年，それに一喜一憂せざるを得ない．そして上記のように，今年の調査時（2001年8月）には，史上最低水準の先物価格が実現していたのである．

案の定，調査地のルカニ村に到着するや否や，最低の生産者価格に対する深い嘆きを，村民達は伝えてくれた．

先物価格が高騰した97年度に，協同組合価格で1,600タンザニア・シリング（Tshs）[7]/kg，民間価格で1,500Tshs/kgが実現した以降は，コーヒー豆価格は低下する一方である．昨年度は久々の豊作であったのにもかかわらず，組合価格（第1次支払）が600で始まって最後は400Tshs/kg，民間価格も700 → 500Tshs/kg（100Tshs/kgを投入財購入用クーポン券（バウチャー）で支払）に過ぎなかった．

3. 先物価格急落と流通業者

(1) 協同組合への影響

先物価格急落に生産者価格調整が間に合わず，昨年度，キリマンジャロ原住民協同組合連合会（KNCU）は約2億Tshsの損失を被ったと言う．その結果，単協や組合員に約束した150Tshs/kgの第2次支払を実施することができなかった．

このニューヨーク価格急落にともなうKNCUの損失→第2次支払の約束不履行は，2年連続であり，さすがのKNCUも自信を失ったようだ．本年度の総会において，単協代表による非難に応える形で，KNCUはさらなるリストラ（職員数と給与の削減）を約束した．また今後は，世界銀行の技術支援の下で，先物市場におけるヘッジ（保険つなぎ）に努めると言う．

(2) 民間業者への影響

民間業者（ほとんどが多国籍企業）はもちろん，ヘッジの技術をすでに備えており，ニューヨーク価格急落から大きな損失を被ることはないが，輸出

価格低迷期には利益が上がらないため，農村における買付を停止する業者が増えている．

ルカニ村においては，95年度から買付を継続していたイギリス系のミルカフェまでもが，昨年度途中で村を去り，ドイツ系のチボ（Tchibo）がその後がまになった．97年度には3社の民間が同村で買付を行っていたが，現在はその1社だけである．

4. 先物価格低迷と生産者

ルカニ村における本年度の生産量に関しては，昨年度同様，実が付くまでは順調で，2年連続の豊作を期待できた．しかしながら長引く寒気（長雨，日光不足）で，十分に熟さずに落下してしまう実が出始めてしまった．

また超低価格がゆえに，ほとんど収量を見込めない管理放棄（高価な農薬の不利用→病虫害の発生，老木の放置（低い苗木投入率）→世界最低の生産性）ははもはや当たり前で，さらに労働力が必要とされる剪定や草取り等も不実行）の木が増えていること，そしてついに，他作物への植え替えも目立つようになり，村全体としては，近年の平均（十全に管理していた時代の約3分の1）程度の生産量に留まってしまうだろう．

この生産量の下では，生産者価格が1,500～2,000Tshs/kgの水準になって初めて，教育費や医療費，そして次年度のコーヒー再生産（農薬，肥料，労働力等）費にお金が向き始め，そして3,000Tshs/kgを超えると，それらを十分に満たした上で，家の整備・拡張費や農村開発のための寄付金を捻出できると言う．

しかし本年度の「超低価格」の水準は，組合価格（第1次支払）が500Tshs/kg，民間価格が550Tshs/kg（50Tshs/kgがクーポン券）に過ぎず，上記の経費は言うまでもなく，必需品を揃えることさえ困難であると言う．

世界最低水準の生産性の下で，タンザニア小農民は150～200cents/poundのニューヨーク先物価格が実現して初めて，十全な生産コストを満たすこと

ができるのである[8].

5. 先物価格低迷への生産者の対応

ここで上記の「他作物への植え替え」を，より詳細に論じてみよう．

コーヒー老木のかたわらへ，牧草（牛乳生産（主に観光ホテルへの販売）の重視），ひまわり（搾油工場への販売）等を新たに植え付けることが，村内における換金作物多様化の中心であったが，本年度はコーヒー老木の伐採が目立つ．跡地へのコーヒー苗木植え付けも確認できるが，多くがトウモロコシ（ケニアで品種改良され，標高が高い（気温が低い）村内でも生産可），ジャガイモ等の一年生作物の新たな生産である．

この一年生作物の生産開始は，コーヒー先物価格低迷への若者（男性）による対応である．チャガ人の伝統の下では，家の所有が結婚の前提となる．建築費が上昇し，また現金獲得の機会にも恵まれない現在，それを遵守できる男性は多くないが，少なくてもその努力なしには，恋人の両親から結婚の許可をもらえない．早く結婚したい若者は，十分な現金獲得を見込めなくなったコーヒー老木を軽視し，しかしコーヒー苗木が結実する3～4年後を待つ余裕もなく，一年生作物で即金をめざすのである．

しかしトウモロコシやジャガイモは，自家消費の余剰分を，近くの街で開催される青空市場で販売するのであり，主に購買力に乏しい農村住民向けの作物である．驚くべきことに，コーヒー先物価格の「史上最安値」は，輸出向け換金作物であるコーヒーの生産者価格を，本来は自給向けの食料作物の生産者価格水準にまで引き下げ，両者の境界を曖昧にしてしまったのである．

短期的な経済的価値が同水準となったコーヒーと一年生作物の中から，若者（男性）が後者を選択したのは，結婚を巡る社会・文化的価値の下での合理性である．しかし一方で，同じく社会・文化的価値が，その他の村民によるコーヒーへのこだわりを説明する．

結婚願望の強い若者を除いたほとんどの村民は，短期的利益はあきらめ，

それゆえ管理は放棄しているが，しかしコーヒー老木を維持し，将来の利益を期待している．コーヒーの畑や木は，先祖から引き継いだ重要なものであり，容易には捨てられないのである．さらには，コーヒーがチャガ人を育ててくれたのであり，それを捨てるとアイデンティティーの喪失につながるという意見もある．

　この社会・文化的理由のみでなく，経済的にもコーヒーへのこだわりの理由がある．それは既述のように，タンザニア生産者価格がニューヨーク先物価格の乱高下に直接的に連動すること，すなわち生産者の利益の乱高下である．彼らはコーヒー生産を始めて以来，5～10年間我慢すれば必ず1度は価格高騰を享受できる制度の下にいる．短期的には利益が皆無でも（その場合は農薬を投入しないので，費用は労賃（ほとんどが自家労賃）や樹木（ほとんどが耐用年数を越えている老木）の減価償却費程度であり，「低水準の固定費用のみ」と表現できよう），中長期的には必ず利益が膨らむ年度がやってくることを熟知している．管理は放棄できても，永年生の（苗木の結実に3～4年かかる）樹木そのものを放棄してしまうと，その「幸せな年」の利益を逃してしまうのである．ニューヨーク先物価格に連動しない生産者価格形成制度を編み出さない限り，このこだわりは続くことになる．

　ルカニ協同組合の組合長は，8月に開催された総会において，特に若者に対して厳しい口調で，「コーヒーを捨ててはならない」という訓示を発したのである．

6. 価格理論と生産者

　ミクロ経済学の教科書にならえば，コーヒー豆価格が低過ぎて，平均費用を下回っている（利潤が負になっている）可能性が高いのにもかかわらず，その供給を断念（コーヒー豆生産から退出）しない生産者の経済的な非合理性が，非難の対象になるのだろう．

　しかしこの利潤の負の部分は，上記のように中長期的に見れば必ず緩和さ

れるし,「制度の経済学」のように社会・文化的価値をも考慮すれば,「合理的行動」の範疇に入ってくるかもしれない.

さらに重視すべきは,タンザニアが最貧国であることから生じる,機会費用の異常な低さである(上記の平均費用を引き下げるため,超低価格でも供給を継続することが,「合理的行動」の範疇に入ってくる可能性が高まる).上記のように,1年生作物の価値が短期的にはコーヒーと同水準になっているが,それをあからさまに上回るわけではないし,中長期的に見れば明らかにコーヒーの方が上である.たとえ超低価格でも,コーヒー以上の魅力的な換金作物や商品を,村内において見い出すことが困難なのである.また都市における就職口は,たとえ非常勤であってもどんどん狭くなっている.運良く職にありつけた場合でも,農村における余剰労働力の存在がゆえに,その賃金は最低水準に過ぎない.

コーヒー豆の生産地はほとんどが途上国であり,タンザニア同様の極度の低開発状態にある国も多い.その場合,上記のように機会費用,平均費用,供給の価格弾力性が異常に小さくなり,低価格でも生産を継続することになる.「貧困→供給量の増加→価格の低迷」あるいは「貧困→低価格水準での均衡」と表現できよう.

多くのコーヒー生産国・生産者は,5〜10年間に1度の先物価格高騰時を除いて,〔貧困→価格低迷→貧困〕という「コーヒー・フードシステムにおける生産者貧困化のわな」から逃れられないのかもしれない.

第3節　ニューヨーク先物価格の変動要因

1. 各種の変動要因と「史上最安値」

以上のように,生産から消費に至るコーヒー・フードシステム全体に混乱を及ぼす先物価格の変動は,いかなる要因で生じるのであろうか.

東京穀物商品取引所(東穀)は,コーヒーの基礎知識を提供するパンフレ

ットにおいて，同取引所で決まるアラビカ種コーヒー豆先物価格の変動要因を5つ挙げている．東穀においてのみ変動要因となる「国際価格（ニューヨーク先物価格）」を除き，「①需給関係」を2つに分割かつ在庫量を独立させると，以下の6つになる．

①-1生産・輸出量，①-2消費・輸入量，②産地の天候（特に大生産国であるブラジル，コロンビアの天候が重要．過去，ブラジルの霜害によって大きな価格変動．近年は，エルニーニョ現象による中南米の異常気象にも注意），③病虫害（特にさび病），④消費国の在庫量（特に年末在庫量の推移が重要），⑤為替相場．

その他，価格推移の説明のために，東穀は97年の記録的高値の事例を挙げているが，そこでは，⑥コーヒー生産国同盟（ACPC）の輸出枠設定（在庫留保），②に含まれるブラジルにおける霜害の懸念，等が刺激となって，投機資金が流入したこと（⑦投機家の動向），を要因としており，新たに2つの変動要因が加えられている[9]．

さらに東穀は，コーヒー先物取引を紹介するパンフレットにおいて，同価格の変動要因を，供給国サイド，需要国サイド，その他，の3つに分類して図示している．

供給国サイドの要因としては，上記の②，⑥に加え，⑧農業政策（品種改良，生産技術改善を含む），⑨政情不安（港湾ストを含む），⑩ロブスタ種コーヒーの価格動向，を挙げている．また需要国サイドの要因としては，⑪生産国の国内消費動向，⑫消費国の消費動向，⑬飲料全体あるいはその他の飲料（紅茶，ココア等）の需要動向（天候の影響を含む），⑭ロブスタ種コーヒーの価格動向，を挙げている．さらに，その他の要因として挙げられるのは，上記の⑦に加えて，⑮テクニカル[10]，⑯世界の政治経済情勢，⑰各種統計発表，⑱市場内部要因[11]，といった非ファンダメンタルな要因である[12]．

以上の各種変動要因をまとめると，図9-3のようになる．それらの要因を活用して，今回の「史上最安値」を説明すると，以下のようになる．

```
┌─────┐  ②産地の天候
│供給国│  ③病虫害
│サイド│  ⑥生産国同盟の輸出枠設定（在庫量）
│     │  ⑧農業政策
│     │  ⑨政情不安
│     │  ⑩ロブスタ種コーヒーの価格動向
└─────┘
              ↓
┌──────────────┐    ┌─────────────┐    ┌─────┐
│⑦投機家の動向  │    │①需給関係  1 生産・輸出量│←──│⑤為替│
│⑮テクニカル    │──→│           2 消費・輸入量│    │相場│
│⑯世界の政治経済情勢│    └─────────────┘    └─────┘
│⑰各種統計発表  │              ↑
│⑱市場内部要因  │
└──────────────┘
┌─────┐  ④消費国の在庫量
│需要国│  ⑪生産国の国内消費動向
│サイド│  ⑫消費国の消費動向
│     │  ⑬飲料全体・その他飲料の需要動向
│     │  ⑭ロブスタ種コーヒーの価格動向
└─────┘
```

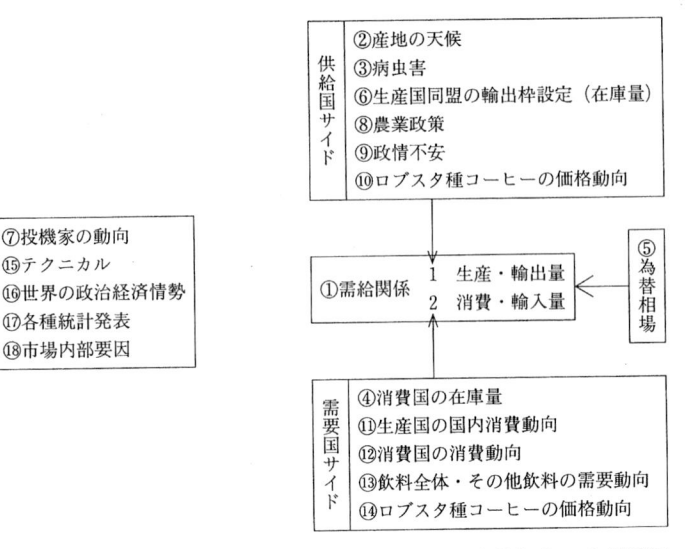

図 9-3　ニューヨークのコーヒー取引所における先物価格の変動要因

　「②産地の天候」に含まれるブラジルの霜害に関する懸念が後退したことで，「①-1 生産・輸出量」（ブラジルの豊作）が確定したことを最大の要因とし，その他，ベトナムなどの新興生産国の増産という「①-1 生産・輸出量」の要因，景気減速→消費停滞→在庫累積という「④消費国の在庫量」「⑫消費国の消費動向」→「①-2 消費・輸入量」の要因が加わって，先物価格は 52.0cents/pound にまで急降下した．その後，レアル下落という「⑤為替相場」の要因，投機家を中心とするパニック売り（「⑦投機家の動向」）の要因，が加わり，先物価格は 42.50cents/pound の「史上最安値」まで下落してしまったのである．それに対して，「⑥生産国同盟の輸出枠設定（縮小）」が決まったが，十全なる実施の可能性は低く，価格への影響は皆無である．
　すなわち，「②産地の天候」→「①-1 生産・輸出量」というファンダメンタル要因に沿った変動に対して，「⑦投機家の動向」という非ファンダメンタル要因が加わった結果（ファンダメンタル要因に投機家が強く反応），ファンダメンタル要因で理解できる以上の暴落が生じたと評価できよう．

2. 各種要因のウェイト：中長期的変動に関して

上記の各種変動要因は，東穀の一般向けパンフレットに記載されているものであり，想定できる多種多様な要因のうちの，重要なものだけに限られている．しかしその中でも，各種要因の重要度（ウェイト）は大きく異なる．

1989 年に国際コーヒー協定（ICA）の経済条項が停止し，国際コーヒー機関（ICO）指標価格を安定価格帯（83 年協定では 120〜140 cents/pound）内に収めるための輸出割当制度が崩壊した後は，その後継制度となるべきコーヒー生産国同盟の輸出留保制度が機能してないため，「⑥輸出枠設定（在庫留保）」の重要度は凋落した．

東穀の説明[13]によると，93 年の生産国同盟設立（輸出の 20% 削減を決定）により，17 年ぶりの安値水準からは脱却できたが，その後の中長期的変動の要因は，ほとんどがブラジルの「①-1 生産・輸出量」に影響を与えるものである[14]．

例えば 94 年の価格暴騰は，ブラジルにおける「②産地の天候」（13 年ぶりの降霜）が要因である．同じく暴騰した 97 年に関しては，ブラジルの「①-1 生産・輸出量」（同年度の減産）と「⑨政情不安」（港湾スト）の「懸念」をきっかけにして上がり始め，さらにブラジルの「②産地の天候」（霜害）の「懸念」によって導かれた「①-1 生産・輸出量」（減産）の「見通し」が，20 年ぶりの 300 セント突破を実現させたのである．ただこの 97 年の暴騰に関して，実際は，「見通し」や「懸念」程の大きな霜害はなく，全日本コーヒー協会は「需給の不均衡に乗じた投機筋の買出動が主因」と評価している[15]．つまり今回の「史上最安値」同様，ブラジルの「①-1 生産・輸出量」というファンダメンタル要因に沿った変動であることに間違いないが，その「①-1 生産・輸出量」に関する投機家の予測が過少，あるいは彼らの過剰反応がゆえに価格が暴騰したのであり，「⑦投機家の動向」という非ファンダメンタル要因がより強く反映している．

この 97 年の価格暴騰以降は,ブラジルの霜害懸念や干ばつ懸念で短期的に上昇することはあったが,結果的にはブラジルの豊作が続いて降下傾向が止まらず,今回の「史上最安値」にまで至ったのである[16]。

3. 各種要因のウェイト:短期的変動に関して

上記のように,中長期的変動の主因はブラジルの「①-1 生産・輸出量」であるが,同要因で理解できる以上の暴騰・暴落には,「⑦投機家の動向」が強く反映している.短期的変動の場合は,さらに「⑦投機家の動向」が重要になり,複雑な変動が生じてしまう.本項では,1999 年 11 月~2000 年 2 月の急激で変則的な価格変動の要因(東穀の説明によれば「ブラジルで干ば

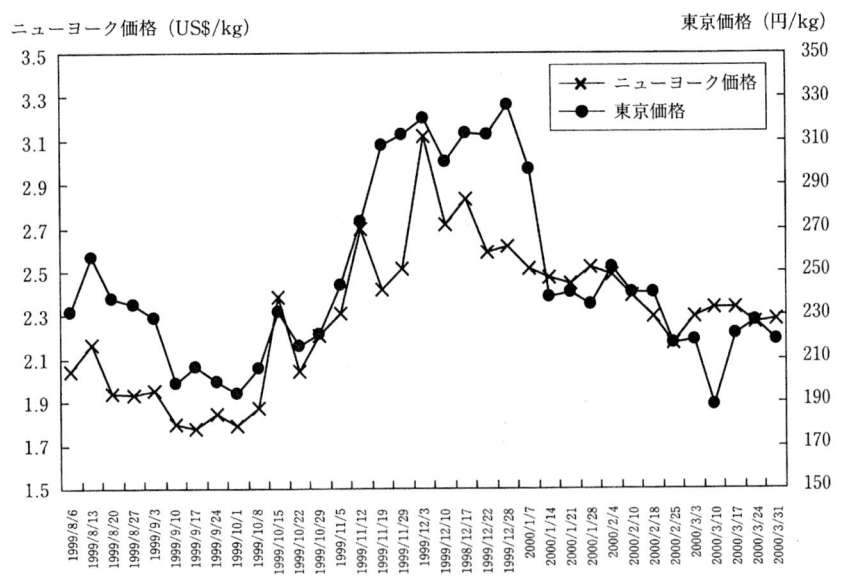

注:1) 伊藤久美子「コーヒー豆の先物価格の変動とその要因」金沢大学経済学部・世界経済論演習『2000 年度 卒業論文集』,2001 年,図 1-図 4,を参照して作成.
2) 毎週金曜日のアラビカ・コーヒーの期近価格(終値).

図 9-4 ニューヨークと東京のコーヒー先物価格の変動

つ懸念」が要因）を評価する（図9-4）．同期間を11月，12月，1～2月に分割し，日経新聞の説明[17]をまとめる形で，東穀とニューヨーク取引所（CSCE）における先物価格の変動要因を探っている，伊藤の論文を参照する[18]．

(1) 上昇期－1999年11月－

11月半ば以降顕著になった東京価格とニューヨーク価格の乖離は，急激な為替変動が要因である．前半は「全限月がストップ高．（中略）為替の円安進行も支援材料」(11月3日)，「円安や海外に比べた割安感から商社が買いを入れた」(11月9日)，という東京価格の説明だったが，後半は「他限月は円高で売られた」(11月30日)，「海外相場に比べた割高感が広まっていたため，商社勢の売りが膨らんだ」(11月27日)，と一転している（「⑤為替相場」）．同時にニューヨーク価格との乖離（割高・割安感）が，商社の裁定取引を増やしているようである（東穀においてのみの要因である「国際価格」）．

急激な価格上昇の要因としては，「ブラジルの豊作を見込んで売り込んでいたファンド勢が少雨を見て買いに転じたのが主因」(10月27日)，「ブラジルの降雨量は前年同期比で約25％少なく」「減産予想がその根拠」である「強気ファンド勢の買い上げ」(11月27日)（ブラジルにおける「②産地の天候」→ブラジルの「①-1生産・輸出量」の予測→「⑦投機家の動向」）であると言う．

その他，「納会を控えた当ぎりは「渡し妙味がない」として売り方が買い戻した」」(11月13日)，「11月物は商社の受け姿勢が強く急騰納会となる」(11月16日)，「期近物は端境期のため渡し物が少ないとの観測が強材料視」(11月25日）等，「⑱市場内部要因」も価格を引き上げる要因になっている．

(2) 乱高下期－1999年12月－

同期間の前半は，「ブラジルでの干ばつによる減産観測」(12月7, 17日)，

の情報に対して，ブラジル産地の「降雨情報」(12月8日)や「乾燥懸念の後退」(12月11日)の情報が入り乱れた結果，商社・焙煎業者・投機家の売り買いが交錯し，価格が乱高下している．「干ばつは降霜のように短期間で被害規模が明確にならないため，実を結ぶ年明け以降でなければ被害実態は把握しにくい」がゆえに「生産量を巡って強弱の見方が対立」し，「上値重い展開」「大幅な下落も想定しにくい」(11月27日)という状況なのだと言う(ブラジルにおける「⑫産地の天候」→ブラジルの「①-1生産・輸出量」の予測)．

後半に入ると，「ブラジルの生産統計が発表されるとの情報があり」(12月18日)，その統計が「強材料になるとの観測が買いを誘った」(12月21日)が(ブラジルの「⑰各種統計発表」「①-1生産・輸出量」の予測)，実際は「ブラジルの生産見通しが予想を上回り，投機筋の手じまい売りで海外相場が急落」(12月23日)したのである(ブラジルの「⑰各種統計発表」「①-1生産・輸出量」→「⑦投機家の動向」)．

(3) 下降期－2000年1～2月－

1月前半の価格降下，特に東京価格の急落は，「ファンドの売りを浴びた海外相場の急落と為替の円高進行をみた買い方の間に投げ売りを急ぐ動きが目立った」(1月18日)と説明されている．

1月後半以降は，東京価格の方は，「円安を受けて堅調」(2月1日)，「円安をみた個人投資家の新規買いが優勢」(2月18日)等，「⑤為替相場」を要因とする多少の上昇を確認できる．しかしながら「国際価格(ニューヨーク先物価格)」の影響，すなわち干ばつ被害が最小限に留まり(ブラジルの「①-1生産・輸出量」)，「先安観が強まって」(1月26日)ファンド勢の売りが続くニューヨークに釣られる形で，下降傾向が強まっている．この期間は，「海外安を映して個人投資家の手じまい売りが進んだ」(1月22日)，「個人投資家の投げ売り」(2月16日)，さらには「石油製品や貴金属など他商品に投資人気は移っている」(1月28日)等，「⑦投機家の動向」に関する説明が目

立つようになっている．

　その他，上昇期同様，「大手商社の現受け姿勢はさほど強くないとの観測から，買い方の個人投資家の投げを誘った」（1月12日），「納会での渡し物があるとの情報から高値修正の売りが殺到した」（1月15日）等，「⑱市場内部要因」も価格を引き下げる要因になっている．

　以上のように，1999年11月～2000年2月の急激で変則的な価格変動においても，ブラジルにおける「②産地の天候」というファンダメンタル要因が重要である．しかしその天候の影響で，ブラジルの「①-1生産・輸出量」がいかなる水準に確定するか，その予測の下で，上昇期は投機家の買出動，乱高下期は売り買いの交錯，下降期は投機家の手じまい売りが，価格を急変させたのである．すなわち非ファンダメンタルな「⑦投機家の動向」が価格を釣り上げ，そして引き下げたのである．

　その他，この価格変動に対しては，ブラジルの「⑰各種統計発表」，「⑱市場内部要因」という非ファンダメンタル要因や，「⑤為替相場」も強く影響を与えており，さらに「⑦投機家の動向」内の「その他の国際商品（石油製品や貴金属等）の先物価格」も影響を及ぼす等，短期的変動の予測のためには，非常に多様な要因を考慮しなくてはならないことがわかる．それゆえ「⑮テクニカル」分析を好む投機家が増えることになる．

第4節　む　す　び

　前節の議論により，ニューヨーク先物価格の最重要な変動要因として，ブラジルにおける「産地の天候」→ブラジルの「生産・輸出量」というファンダメンタルな要因と，同要因に反応する「投機家の動向」という非ファンダメンタルな要因が挙げられることがわかった．短期的変動の場合は，「ブラジルの天候→生産・輸出量」より「投機家の動向」の要因の方が優勢となり，中長期の場合は「ブラジルの天候→生産・輸出量」の要因の方が優勢となるようである．

そうであるとすると，タンザニアの小農民が「生産者貧困化のわな」から逃れることができるのは，ブラジルの天候，すなわちブラジルにおける降霜や干ばつによって，ブラジルのコーヒー豆生産・輸出量が大幅に減少する時，あるいは減少を多くの投機家が予測する時のみに限られてしまう[19]．

いずれにせよ，ニューヨーク取引所で決まる先物価格を基準とする，コーヒー豆現物の価格形成制度が変わらない限り，あるいは輸出留保制度が機能しない限り，タンザニアをはじめとするコーヒー小生産国[20]農民の生活水準を上下させるのは，ブラジルの天候，そして投機家の動向であり続ける．

タンザニアの貧しいコーヒー小農民は，彼ら自身の努力で生活水準を大きく引き上げることができない．彼らの生活は，遠く離れたニューヨークで決まる価格，遠く離れたブラジルの天候，資産運用が目的でコーヒー豆現物には興味がない投機家の動向に，強く従属しているのである．

注
1) 『日本経済新聞』2001 年 7 月 19 日．
2) 『日本経済新聞』2001 年 12 月 6 日，11 日．
3) 『日本経済新聞』2001 年 12 月 24 日．
4) 『日本経済新聞』2001 年 12 月 11 日．
5) 『日本経済新聞』2001 年 10 月 6 日，11 月 17 日．
6) 『日本経済新聞』2001 年 10 月 31 日，11 月 17 日．
7) 2001 年 8 月時点の為替相場は，1Tshs＝890 ドルである．
8) ニューヨーク先物価格が 50cents/pound の水準の時，タンザニア生産者価格が 500Tshs/kg の水準であるため，1,500〜2,000Tshs/kg の生産者価格水準を実現するためには，現在の 3〜4 倍の先物価格水準が必要であろうとする概算．実際，97 年度はその水準が実現している．
9) 東京穀物商品取引所『Coffee』．
10) 経済の基礎的要因（ファンダメンタル要因）は，商品先物価格の場合は，当該商品現物の需給関係，あるいはそれに直接的に影響を与える要因のことを指す．しかしながら「テクニカル」分析においては，ファンダメンタル要因を価格を動かす 1 要因に過ぎないととらえ，特に今後の短期的変動にとっては，市場参加者（特に投機家）の心理，予測，思惑等の非ファンダメンタル要因が重要であると考える．そして過去の値動きを記録したチャートから一定のパターンを読みとり，今後の価格を予測するのである．

11) 例えば納会直前に現物受渡量，損益額，運用枠等を考慮して手仕舞い，建玉調整を行うことで，「納会相場」と表現される価格の乱高下が生じることがあるが，そういった先物取引の仕組みを巡る特質から生じる需給要因のこと．
12) 東京穀物商品取引所『アラビカコーヒー先物取引のご案内』．
13) 東京穀物商品取引所『東京　アラビカコーヒー　先限週足』．
14) ブラジルに次ぐ貿易シェアを誇るコロンビアでは，山間部での生産が一般的である．平野部で生産されるため，天候や病虫害によって，全体の木や実が短期的に被害を被りやすいブラジルとは異なり，コロンビアの被害は部分的，漸進的である．被害規模を予測することが容易であるため，投機性も薄く，それゆえコロンビアの「生産・輸出量」は，先物価格の変動要因になりにくいと言う．
15) 全日本コーヒー協会『コーヒー関係統計』2001年10月，125ページ．
16) 97年度の価格暴騰時にブラジルで植え付けられた多数の苗木が，2001年度以降の大豊作に貢献していると言う．
17) 『日本経済新聞』1999年10月27日〜2000年2月29日．東京価格に関しては，主にマーケット総合面の「商品先物」欄，ニューヨーク価格に関しては，主に商品面を参照．
18) 伊藤久美子「コーヒー豆の先物価格の変動とその要因」金沢大学経済学部・世界経済論演習『2000年度　卒業論文集』，2001年．
19) タンザニア小農民にとって不運なことに，ブラジルにおけるコーヒー豆の主産地は，南部における深刻な霜害を避けるため，その被害を被りにくい中北部に移っている．逆に干ばつの被害は出やすいが，霜害程の深刻なものにはならない．
20) 世界市場において市場支配力がなく，当該国にとってその貿易財の価格が所与となる場合，国際経済学ではその国のことを「小国」と呼ぶ．

第10章　オルタナティブな価格形成制度の探究
―タンザニア産コーヒーのフェア・トレードの実践―

第1節　問題意識と分析課題

　第7章や第9章で明らかにしたように，ニューヨーク先物価格を基準として輸出価格を設定する支配的流通経路の下では，タンザニア産コーヒー豆の生産者価格を大きく引き上げるのは困難である．特に先物価格の暴落・低迷時に，生産者は大きな被害を受ける．価格支持政策を嫌悪するWTO体制，グローバル市場主義の時代において，国際コーヒー協定の経済条項（輸出割当制度）再興やコーヒー生産国同盟（輸出留保制度）の機能が不可能なのであれば，支配的経路とは別の，新しい流通経路を創出する方向で，生産者価格の引き上げ，あるいは暴落・低迷防止の対策を講じざるを得ない．そしてすでに，その試みは始まっている．

　本章では，その新しい流通経路創出の試みであるフェア・トレード（FT）の理念から始まり，日本におけるタンザニア産コーヒーのFTの現状，そしてタンザニアにおけるコーヒー豆のFTの影響と課題に至るまで，特にFTが探求する新しい価格形成制度の解明を最大の課題として，詳細なる構造分析を試みる．

　なお本章は，マイルド・アラビカ種，特に北部産豆を中心に分析する．さらに利用するデータは，日本における資料収集と聞き取り調査（99年6月，10月，12月），タンザニアにおける参与観察（ルカニ村）と聞き取り調査（99年8～9月，2000年4～5月）で収集したものが中心となる．

第2節　フェア・トレードの理念

1. フェア・トレードの歴史

　貧困にさいなまれる途上国の生産者から，手工芸品や食品（一次産品，加工品）をできる限り直接的に，そしてできる限り高く購入することで，彼らの生活水準の改善を支援するフェア・トレード（「公正貿易」，あるいはオルタナティブ・トレード「もう1つの貿易」）は，オックスフォード飢餓救済委員会（OXFAM・イギリスのNGO）の「ブリッジ計画」（1964年開始）が始まりであると言われている．それは生産者と消費者の大きな断絶の「橋渡し」を企図していた[1]．

　1989年には国際オルタナティブ・トレード連盟（IFAT）が設立され，現在では生産国を含めて46カ国，142のフェア・トレード組織（FTOs）が会員になっている[2]．また世界中のFTOsによる年間売上高は2億US$を超えると言う[3]．

　このフェア・トレード（FT）の国際的発展には，認証マーク（ラベル）の成功が大きく貢献している．1988年にオランダで始まったマックス・ハヴェラー計画は，マックス・ハヴェラー財団によって，公正な貿易を経ていると認証されたコーヒー豆に対して，「マックス・ハヴェラー」品質マークを貼り付け，通常のコーヒー豆との差別化や販売促進を図るものである．今やオランダ全体で販売されるコーヒー豆の2.75%に，同マークが貼付されていると言う[4]．

　この成功はマーケティング研究者によって，ラベリングの「第4の波」と呼称されていると言う．「第1の波」は消費者に対する商品の安全性の保証，「第2の波」は商品の消費にともなう消費地の非環境破壊の保証（「環境に優しい」第1段階），「第3の波」は商品の生産にともなう生産地の非環境破壊の保証（「環境に優しい」第2段階），そして「第4の波」は商品の貿易に

おける生産者の公正な待遇の保証である．すなわち「環境に優しい」から，「生産者に優しい」への前進である[5]．

このオランダを中心とする「マックス・ハヴェラー」品質マークの成功例に導かれて，1992年にイギリスを中心にフェア・トレード財団が設立され，「フェア・トレード」マークが導入された．さらに1993年には，トランスフェア・ドイツとヨーロッパ・フェア・トレード協会（EFTA）が，トランスフェア・インターナショナルを設立し，「トランスフェア」マークを確立した．そして1997年，上記の組織が中心となって，国際フェア・トレード・ラベリング機関（FLO）を設立し，共通のフェア・トレード基準の下での認証制度が整えられた．認証マークも統一の方向に進んでいる．現在，17消費国にFLO認証制度を管理する組織（国内ラベル主導組織, National Label Initiatives）がある[6]．

日本におけるFT運動は，1985年に設立されたプレスオールターナティブ社による第三世界ショップの開設（1986年），1986年に発足した日本ネグロス・キャンペーン委員会によるFTの開始（1987年）とオルター・トレード・ジャパン社の設立（1989年），1991年のグローバル・ヴィレッジの設立とその輸入・販売の実務を担うフェアトレードカンパニー社の設立（1995年），1995年のFTOsの共同出資によるFT商品専門店「ぐらするーつ」の開設，等が有名である．

ただし日本では，FLO認証制度に対する評価は低く，国内ラベル主導組織のトランスフェア・ジャパン（わかちあいプロジェクトが中心になって1993年に設立）は存在するものの，上記の代表的なFTOsはそれに従っていない．つまり，基準や「フェア・トレード」の表示は多様である．日本のFTの特質は，生産者との直接的関係（「顔の見える関係」）の重視であり，普及に関しては限界があるものの，信頼できる生産者への直接的支援により，FLO認証制度よりも大きな貧困緩和への貢献を果たしている場合が多い．

2. フェア・トレードの原則

1999年IFAT総会において合意されたフェア・トレードの定義,目標は,以下の通りである[7].

「フェア・トレードは支配的な国際貿易に対抗する,オルタナティブなアプローチである.それは排除された不利な状況にある生産者の持続的発展をめざす,貿易パートナーシップである.よりよい貿易条件の提供,知識の向上,キャンペーン活動を通じて,その発展を探求するのである.

フェア・トレードの目標は,以下の通りである.

① 市場アクセスの改善,生産者組織の強化,買付価格の引上,貿易関係の持続化を通じて,生産者の生計と福祉を改善する.

② 不利な状況にある生産者,特に女性と先住民にとっての発展機会を促進する.そして生産過程における搾取から,子供を守る.

③ 国際貿易が生産者に与える悪い影響に関して,消費者の知識を高めることで,消費者の購買力を良い方向に向ける.

④ 対話,透明性,尊敬を基礎とした,貿易パートナーシップの1つの手本を確立する.

⑤ 支配的な国際貿易のルールと実践を変えるために,キャンペーン活動を行う.

⑥ 社会正義,環境保全,経済的保障の促進により,人権を擁護する.」

以上の定義,目標に鑑み,FLOは以下の基準を満たす商品に対してのみ,フェア・トレード認証マークの貼付を認めている[8].

(1) 生産面の基準

　① 最低賃金

　② 適切な住宅

　③ 最低限の保健・保障

　④ 環境基準

(2) 貿易面の基準
　①最低価格（同価格には，労働者や生産者の生活・労働条件を改善するために利用される「プレミアム」が含まれる）
　②融資基準[9]
　③長期の貿易関係
さらにコーヒー豆に限って，上記の基準（特に貿易面）を具体化したものは，以下の通りである[10]．
(1) FLOが規定した基準（民主性，協同性，開放性，品質の維持等）を満たし，登録を果たした小規模コーヒー豆生産者の組織から，直接的に購入しなくてはならない．
(2) 買付価格は，FLOが規定した基準に従って設定しなくてはならない．その基準の要点は，以下の通りである．
　①アラビカ豆に関しては，ニューヨーク市場の価格（C約定）が計算の基準になる．同価格（cents/pound）に対して，該当豆の品質に沿った割増・割引を行い，輸出価格（FOB）を決める．
　②同輸出価格に対して，5cents/poundの固定的なプレミアムを上乗せする．
　③公式な認証を得た有機コーヒー豆に関しては，さらに15cents/poundの固定的なプレミアムを上乗せする．
　④最低価格（プレミアムを含む）は，コーヒー豆の種類と生産地に従って，表10-1のように規定されている．

表10-1　フェア・トレードの最低価格

コーヒー豆の種類	普通豆		有機豆（要認証）	
生産地 タイプ	中米 メキシコ アフリカ	南米 カリブ海	中米 メキシコ アフリカ	南米 カリブ海
水洗式アラビカ	126	124	141	139
非水洗式アラビカ	120	120	135	135

注：FOB価格で単位はcents/pound．

(3) 焙煎業者・買付業者はコーヒー豆生産者に対して，収穫期の初めに，契約したコーヒー代金の最高 60% の融資（平均的，国際的な利子率を適用）を与える義務がある．

(4) 生産者と焙煎業者・買付業者の関係は，長期的契約（1～10 年）を基礎とすべきである．

なお上記の最低価格からプレミアムを引いた価格，例えばアフリカ産水洗式（マイルド）アラビカ豆であれば 121cents/pound は，生産コストを差し引いても生産者に利益が残る最低水準の輸出価格であるとみなされている．またプレミアムは，輸出代金とは別に積み立てられ，生産地における社会開発プロジェクト等のために利用される[11]．

3. フェア・トレードによる価格形成の仕組み

上記のフェア・トレード（FT）基準から，価格形成の仕組みを読み取ると，以下の概念的な説明ができる（図 10-1）．

ニューヨークのコーヒー取引所における先物価格が高騰している場合，輸出価格の設定方法（先物価格を基準とし，品質に沿った割増・割引）に限れば，FT と支配的貿易の違いはほとんどない．しかし先物価格が低迷している場合，同様の仕組みで価格設定する，すなわち先物価格の変動に追随して低価格で購入する支配的貿易とは対照的に，FT は最低の輸出価格を固定している．生産コストが保障される（フルコスト原理が満たされる），公正な生産者価格を維持するためである．

この輸出価格の下支え（→生産コストの保障）に加え，FT は支配的貿易では確認できない，固定的なプレミアムの支払を義務付けている．プレミアムは生産地の社会開発等に利用されるため，FTOs の利益の一部を生産地へ還元していることに等しい．

つまり FT は，①最低輸出価格の固定（→生産者価格の下支え），②利益の一部（フェア・トレード・プレミアム）の生産地への還元（→消費者価格

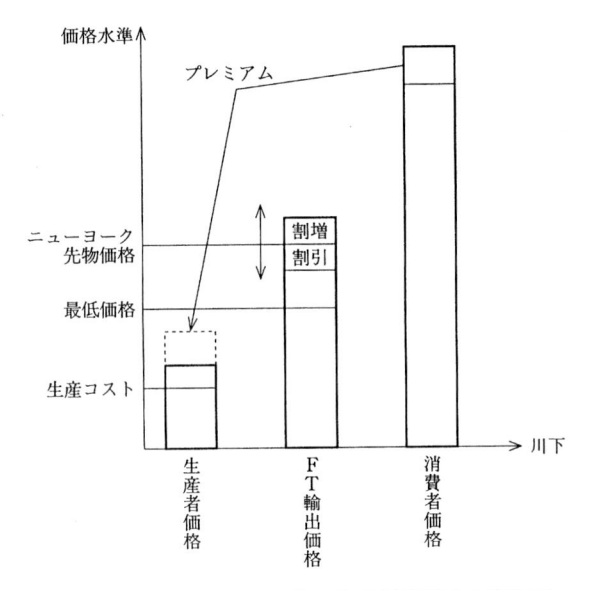

図10-1 フェア・トレードによる価格形成の概念図

の一部の生産者価格への移転)，の2つの手段により，消費者価格のより多くの部分を，生産者の取り分にするよう努めているのである．

第3節　日本におけるタンザニア産コーヒー・フェア・トレード

1. コーヒーのフェア・トレード

日本におけるコーヒー豆のFTに関しては，例えば第三世界ショップがメキシコ，ブラジル，ペルー，ハイチ産，オルター・トレード・ジャパン社（ATJ）がペルー，メキシコ，タンザニア産，グローバル・ヴィレッジがペルー産，等を扱っている．またわかちあいプロジェクトは，FLO認証制度の下で，「トランスフェア」マークのメキシコ，ボリビア，ペルー，グァテマラ，タイ産，等のコーヒー豆を販売している．

ATJは1996年，国際産直コーヒー事業「みんなでつくるコーヒー」を，

第三世界情報ネットワーク（TWIN・1985年に設立されたイギリスのNGO）との提携の下で開始し，ペルー，メキシコ，タンザニアの生産者協同組合から，より直接的にコーヒー豆を輸入している．

2. タンザニア産コーヒーのフェア・トレード

(1) フェア・トレードのシェア

日本におけるタンザニア産コーヒー豆のフェア・トレード（FT）は，現時点ではATJのみが，TWINと家族計画国際協力財団（ジョイセフ）と共同で実践している．

これまでの輸入数量は，96年（96年度豆）4コンテナ（67.2トン），98年（97年度豆）1コンテナ（16.8トン），99年（98年度豆）1コンテナ（16.8トン）であり（1コンテナ280袋（280×60＝）16.8トンで計算），日本におけるタンザニア産豆の総輸入数量に占めるFTの割合は，96年0.58％，98年0.21％，99年0.20％となる[12]．

日本におけるコーヒー豆のFTは，ほとんどが無農薬有機栽培のコーヒー豆を扱っているが，タンザニアでは無農薬や有機の実験栽培が始まったばかりである．無農薬あるいは有機栽培の豆をタンザニアから輸入できれば，ATJの最大の販売先である複数の生活協同組合（グリーンコープ事業連合，生活クラブ連合会，首都圏コープ事業連合等）の流通経路を利用できる．現在は1％に満たないタンザニア産豆のFTのシェアを，大きく引き上げる可能性は残されているのである．

(2) オルタナティブな流通経路－輸出から消費まで－

ATJはTWIN貿易（TWINが設立した輸入・販売の実務を担当する会社）経由で，キリマンジャロ原住民協同組合連合会（KNCU）輸出部からコーヒー豆を購入している．豆はKNCU（タンガ港）から直接的にATJ（横浜港）に輸送されるが，注文はTWINを経由させる．つまり契約上は

KNCU → TWIN → ATJ の経路で日本に輸入される.

TWIN を経由させる理由は，上記の FT 基準の1つである，購入額の最高 60% の収穫前における融資，すなわちタンザニアにおいては，KNCU の第1次支払用の資金貸付の義務を果たすためである．ATJ には融資の余裕がないため，TWIN がそれを代行している.

ATJ が輸入している AA FAQ の豆は，焙煎業者である珈琲実験室によって加工され，ATJ の販売経路（FT 商品の小売業務を行う FT 専門店や NGO が主体で，上記のように生協経路はまだ利用できてない）を流れて消費者に至る（ATJ→珈琲実験室→FT 専門店・NGO）. さらに 99 年 12 月より，全国チェーンの喫茶店「コーヒーハウスぽえむ」が販売を開始した（ATJ→コーヒーハウスぽえむ）.

また 98 年に ATJ が輸入した1コンテナの3分の1（5.6トン）の A FAQ の豆は，ジョイセフの「キリマンジャロコーヒー国際協力キャンペーン」事業によって販売されている．ジョイセフは，卸売（現時点では，ATJ→ジョイセフ→珈琲実験室→東京の小売店（伊勢丹の食品専門店「クイーンズ・シェフ」等），ATJ→ジョイセフ→静岡の製茶・焙煎業者，等）と直販（消費者への通信販売）の2つの販売経路を備えているが，主体は後者である．ジョイセフは，消費者個人からファックスやインターネット等で注文を受けた後，焙煎業者である珈琲実験室かハットリ製茶に加工，送付を委託するのである（ATJ→ジョイセフ→珈琲実験室・ハットリ製茶→消費者）.

(3) 価格形成の仕組みーオルタナティブな価格形成制度の探究ー

ニューヨーク先物価格を基準とする支配的経路における輸出価格設定方法とは対照的に，TWIN／ATJ による FT 経路においては，モシ競売価格を基準とする KNCU の希望価格を，ほとんどそのまま ATJ が受け入れる形で価格決めがなされる[13].

モシ競売所での企業内取引を特徴とする民間経路・支配的経路においては，第7章で明示したように，競売価格の水準はほとんど意味を持たず，その結

果，輸出価格が競売価格を下回る逆ざや現象が生じることが少なくない．その場合，ATJ が競売価格を基準に輸出価格を決めた時点で，すでに支配的経路の輸出価格より高価となる．また最低価格は，FLO の規定通り 126 cents/pound で固定されており，上記の FT 基準を満たしている．

さらに TWIN／ATJ は，買付価格が最低価格を超える場合，輸出価格の 10%（FLO が規定する 5cents/pound では少な過ぎるという認識）を，同価格にプレミアムとして上乗せしている．プレミアムは KNCU が積み立て，生産地の社会開発に利用されるため，ATJ の利益あるいは消費者価格の一部を，生産地へ還元していることに等しい．

ジョイセフの事業用に輸入している豆に関しては，この輸出価格 10% のプレミアムは支払われないが，ジョイセフ自身が消費者価格（800 円/200 g）の 10%（80 円）を積み立て，生産地で自らが推進するインテグレーション・プロジェクト（1983 年に開始した，家族計画，母子保健，健康教育，寄生虫予防，栄養改善等を統合した社会開発プロジェクト（実践機関である現地の NGO，タンザニア家族計画協会（UMATI）に対する，ジョイセフの継続的な資金・技術支援の結果，現在では 109 村・36 万人に神益者が拡大)[14]の経費として利用している．上記のプレミアム同様，消費者価格の一部を生産地へ還元していることに等しい．

ATJ 自身は，日本の FT の特質である「顔の見える関係」を最大限に重視する ATO であるが，イギリスの TWIN との連携がゆえに，このタンザニア産コーヒー豆の FT に関しては，上記のように FLO の FT 基準を遵守し，さらに上乗せまで施している．

(4) 生産者価格引き上げへの貢献

第 4 章で解明したように，組合第 1 次支払価格の引き上げが民間生産者価格引き上げの条件であるが，自由化にともなう政府保証下での銀行借入金の停止（民間銀行による貸し渋り）が，第 1 次支払を破綻させ，KNCU を崩壊寸前にまで追い込んだ．TWIN／ATJ は KNCU に対して，この第 1 次

支払用の資金を貸付しているため，民間生産者価格の引き上げに貢献し得るのである．

またモシ競売価格の引き上げが，組合生産者価格引き上げの条件であるが，民間の所有権不移動取引が支配的な現状下では，競売価格は最低価格に近い低価格で決まる．それゆえ最低価格を，意図している通りの下支え価格として機能させるように，競売を活性化する必要がある．ATJはモシ競売価格を基準に価格決めをし，KNCU輸出部からコーヒー豆を購入している．それゆえKNCUの輸出力増強，モシ競売価格の引き上げ等を通じた競売の活性化をもたらし，組合生産者価格の引き上げに貢献し得るのである．

さらにATJは，生産地における社会開発プロジェクトのために利用されるプレミアムを，輸出価格に上乗せしている．それは消費者価格の一部を，間接的に生産者価格に還元する仕組みである．

そして我々日本の消費者は，ATJとジョイセフが販売しているこのFT経由のコーヒー豆を購入することで，タンザニアのコーヒー産業の再生に貢献し得るのである．

第4節　タンザニアにおけるコーヒー・フェア・トレードの影響

1. キリマンジャロ原住民協同組合連合会への影響

(1) キリマンジャロ原住民協同組合連合会（KNCU）輸出部の設立

KNCU輸出部は93年に設立された．それ以前，KNCUが単協・小農民から集荷したすべてのコーヒー豆は，競売所にて輸出業者に販売されていたが，第4章で説明したように，その競売価格が低いため，それを上限とする生産者価格の低迷を余儀なくされた．この低価格に対する単協・小農民の生産者サイドからの不満は，輸出業者の買いたたきを避け，KNCUが直接的に輸出すべきであるという問題提起につながった．

また消費国サイドにおいても，タンザニア産コーヒー豆のフェア・トレー

ド (FT) には興味があり，しかし既述の FT 基準を満たすためには，小農民組織からの直接的購入が求められる．そこで TWIN は，両サイドの必要性を満たすために，KNCU に対する輸出開発計画（輸出業務の訓練，市場調査の提供，資金・機材の確保等）を実施し，輸出部の設立を導いたのである．

(2) KNCU による輸出構造

しかし KNCU は，先進国の顧客確保に成功しておらず，97 年度の月別の輸出数量シェアは 0.5～1.5％ 程度に過ぎない[15]．同年度のような国際価格が高い時は注文が入らず，年間 10～15 コンテナ（170～250 トン）の輸出数量に下落するが，国際価格が低い時は年間 30～40 コンテナ（500～670 トン）となる．

97 年度は 8～9 割が FT 向けの輸出であった．しかし国際価格が低迷している 98～99 年度は，最低輸出価格を設定している FT 経路の価格が，支配的経路の価格を大きく上回っている．その結果，FT 向け輸出が停滞すると同時に，支配的経路への輸出が増え，FT の割合は 4～5 割になっている．

FT 向け輸出に関しては，その 7 割（近年の平均で，それぞれが年間 6 コンテナずつ）を，オランダのフェア・トレード協会（FTO）とドイツの第三世界パートナーシップ促進協会（GEPA）が購入している．その 2 大フェア・トレード組織（FTOs）に次ぐのが TWIN と ATJ であるが，前者が 1.8 割（年間 3 コンテナ），後者が 0.6 割（年間 1 コンテナ）に過ぎない．その他，アメリカ，フィンランドの FTOs から注文が入ることがある．

現在タンザニアにおいて，FT に関わっているのは KNCU だけである[16]．マイルド・アラビカ豆の輸出数量に占める FT の割合は 1％ 程度であるが，上記のように KNCU による輸出は，その FT 経路に大きく依存している[17]．

(3) プレミアムの影響－KNCU フェア・トレード開発委員会－

FTOs が支払うプレミアムは，すべて KNCU が管理している．上記の

GEPAの要望に従い，そのプレミアムを管理する組織として，96年にKNCUフェア・トレード開発委員会（KFTDC，総会で選出された12名の委員から成る）が設立された．

その他のFTOsからのプレミアムは，すべてKNCUの予算に組み込まれており，KNCUの経営改善→生産者価格の改善という，生産地への間接的な影響を意図していた．しかしながら，本来のプレミアムの目的（生産地の社会開発等）を直接的に満たすため，99年度よりすべてのプレミアムをKFTDCが管理することになった．

今後，プレミアムの利用に関しては，十分な額が積み立てられた時点で，単協経由で組合員に告知され，彼らが提案するプロジェクトに対して，KFTDCが資金を割り当てることになる．KFTDCが設定しているプロジェクトの優先順位は，①小農民の教育・訓練，②病虫害管理や無農薬有機栽培等のための新しい生産技術の普及，③小農民への小規模融資（果肉除去機，農薬や水の散布用スプレー，剪定用はさみ，日干し用金網等の購入支援），④実験農園や育苗場の運営，である[18]．

(4) 収穫前融資の影響

収穫前融資の額は，FT基準が決める最低価格（126cents/pound→2.8 US\$/kg）で計算されている．KNCUが年間250トンの9割をFT向けに輸出し，FTOsから60％の収穫前融資を受けた場合，その融資額は約38万ドル（3億タンザニア・シリング（Tshs））となる．KNCUが必要とする第1次支払のための銀行借入金は年間50億Tshs程度であるので，現時点では，民間銀行の貸し渋りにともなう借入金減額を補うまでには至っていない．

このように額は不十分であるが，タンザニア国内の利子率は高く，自らが設立した協同組合銀行（KCB）であっても，短期借入で18～19％の利子率を余儀なくされる．国家商業銀行（NBC）や協同組合・農村開発銀行（CRDB）の商業銀行の利子率は，20％を超える．しかし収穫前融資は，6～10％の先進国の利子率水準であり，しかも借入期間が銀行より長い．さ

らに少しでも第1次支払用資金に余裕があれば，銀行からの借入時の交渉力が強まる．

　KNCUは近年，不十分ながらもなんとか，銀行借入金の必要額を確保していると言うが，それは協同組合銀行の貢献が大きい．しかしこのFTOsによる収穫前融資も，一定の役割を果たしているし，購入額が十分に増えれば，大きな貢献になると考える．

(5) 生産者価格への影響

　上記のように，収穫前融資が銀行借入金確保に貢献しているのであれば，FTは民間生産者価格の下落を妨げていると言える．

　組合生産者価格に関しては，偶然，KNCU輸出部による高めの購入に恵まれた極少数の単協組合員にとっては，ボーナス支給の可能性がある[19]．またボーナス支給に至らなくても，FTOsによる購入価格（FOB）の高さ→KNCUの利益→KNCUの経営改善→生産者価格の改善という，間接的な影響はあり得るだろう．しかし最も重要な，組合生産者価格の全体的引き上げのためには，競売の活性化が求められる．そのために不可欠なKNCUの輸出力増強は，上述のように実現していない．

　しかし輸出の経験に乏しいKNCUが，支配的経路を大きく拡大する可能性は限られている．やはりFT経路の拡大に期待するしかないであろう．

(6) フェア・トレード経路拡大と無農薬有機栽培

　食品に対する安全志向の高まりは，消費国における無農薬有機栽培コーヒー豆への需要を拡大させており，日本の事例で説明したように，それがFT拡大の「触媒」となる．その需要に対応する生産者の努力が，FT経路を拡大させるための最も重要な課題である．

　消費国における数度の市場調査を行っており，またFTOsとの強いつながりを持つKNCUは，もちろんその課題に気付いている．すでに開始している無農薬有機栽培の試みは，現時点におけるFTの最も大きな影響である

と言ってよい．

それを担当するのは上記のKFTDCであり，無農薬有機栽培の普及は，プレミアムを利用したプロジェクトの優先権（2位）を得ている．また1位の小農民訓練・教育も，現在はコーヒー豆の品質向上を目的としているが，長期的には無農薬有機栽培の普及へ方向付けられていくと言う．

ただ最大の問題は第5章で説いたように，農薬散布を不可欠とする木の古さであり，耐病性の高い新品種の確立と普及は緊急の課題である．KNCU，国内NGO，海外FTOs等からの強い要望を受け，国立農業試験・訓練所は新品種確立を急ぎ，ほぼそれに成功した．2001年までには，政府がその新品種の大量増殖と普及の事業を始めると言う．それゆえKNCUは，5年後には無農薬有機栽培が大きく普及すると期待している[20]．

2. 単位協同組合・小農民への影響

(1) KNCUによる影響

既述のように，99年度よりすべてのプレミアムはKFTDCの管理下にあるが，FTOとGEPA以外のプレミアムは，KNCU傘下の96単協に振り分けるのには少な過ぎる．それゆえKNCUは特例として，FT拡大のために必要なハンド・ピッキング（輸出前に欠点豆を素手で取り除くこと）場の新設と検査（リカリング）室の整備のために，そのプレミアムを利用した．

FTOとGEPAのプレミアムは，約1,000万Tshs（138万円）たまっている．しかし1単協あたりに換算すると約10.4万Tshs（1.4万円）に過ぎず，いまだ資金積立の段階にある．

98年度以前のプレミアムに関しては，GEPAのものだけが，小農民訓練・教育に利用されてきた．具体的には，コーヒー生産の教科書の作成と配布，新協同組合法のスワヒリ語訳と配布（各単協に10部ずつ），ケニアでの国外研修（50名の単協代表が参加），セミナーの開催，等である．

セミナー開催に関しては，ほとんどが無農薬有機栽培の普及を目的として

いる．プレミアムだけでは不十分であるため，GEPA, FTO, フリードリッヒ・エバート財団（ドイツのNGO）からの資金援助，およびKNCU教育基金（コーヒー販売1kg当たり3Tshsを組合員から徴収）も利用し，KNCU訓練農園（国立試験所が確立した新品種を利用）での「中央セミナー」のみでなく，複数の村（単協の庭）で「青空セミナー」を開催している．「中央セミナー」では，各村（単協組合員）から選ばれた小農民代表と農業普及員が，国立試験所の専門家，ドイツ技術協力公社（GTZ）の病虫害管理専門家，KNCUのセミナー担当者から得た新知識を，村へ普及していくシステムが採られている．すでに複数の村で，無農薬有機栽培の実験農園が整備されており，今後は同農園での「青空セミナー」を中心に，普及を進めていくと言う[21]．

ルカニ村においては，農業普及員や若い小農民による「中央セミナー」への参加とともに，98年に「青空セミナー」が開催され，新しい有機栽培の技術が紹介された．伝統的に魚取り用の毒として利用されてきた薬草を，タバコの葉とともにすりつぶし，それに牛や山羊の尿を混ぜて，コーヒーの木に噴霧する方法である．

KNCUとしては，初期（1930, 40年代まで）の無農薬有機栽培の経験を記憶している，長老の積極的関与を期待していたが，残念ながらほとんどの老人は，長年，農薬や化学肥料を尊重する技術指導を受けてきた影響で，それを「大昔へ回帰する反開発の動き」ととらえてしまい，なかなか理解を得られない．

しかし農業普及員の指導を受けた1名の若者が，98年度より同技術を積極的に取り入れ，有機転換に成功している．その成功に触発され，彼の近所に住む若者4名が，同技術を取り入れ始めた．彼の畑が，同村の実験農園の役割を果たしていると言える．

(2) ジョイセフによる影響

NGOであるジョイセフの活動は，小規模ではあるが非常に素早い．2000

年2月時点で，93,520円（1,169袋・233.8kgの販売分）を生産地，特にタンザニア家族計画協会（UMATI）が83年から事業を継続しているキリマンジャロ州ハイ県の特定の村を中心に，還元を果たしている．

具体的には，①ワリ村における養殖池づくり（成魚は村人に安く売り，栄養改善運動に貢献）のためのコミュニティ・ローン（返済後は他の開発プロジェクトの資金源）の提供，②抗生物質の提供（有料で供給し，代金は継続的供給の資金源），③寄生虫を駆除するための薬の贈与（子供達に提供する際に，衛生・健康教育を実施），④伝統的助産婦への灯油ランプの贈与，⑤医療用ゴム手袋の贈与，⑥有機栽培用コーヒーの苗木の贈与，である[22]．

特に⑥に関しては，KNCUとは別に，UMATI自身が無農薬有機栽培の実験農園を開設している．具体的には，国立試験所の近隣にあるキラニ村において，学校，教会，モスク，少数の小農民の畑，等の11カ所を選択し，そこに同試験所が確立した新品種の苗木を提供している．さらに農業普及員に手当を支払い，またUMATIの職員も同村を訪れて，同実験栽培の進展状況を入念に観察している．

またジョイセフ／UMATIのインテグレーション・プロジェクトでは，各村から選ばれた代表2名が年1回（3週間）のセミナーに参加し，そこでUMATIの職員から得た新知識を，村へ普及していくシステムが確立されている．そのCBD（Community Based Distribution）システムを利用して，上記の実験栽培で確立した新しい有機栽培技術の普及に努めると言う[23]．

3. フェア・トレードの課題

(1) 「顔の見える関係」の課題－直接取引と波及効果のジレンマ－

KNCUとジョイセフのプロジェクトを比較しただけでも明らかなように，大組織である協同組合連合会を介することで，生産地へのプレミアム還元の早さも程度も弱められてしまう．またそれがフェア・トレード（FT）の成果であることを，知らない小農民がほとんどである．またFTの輸出価格の

高さも，連合会を介することで弱められてしまうため，ほとんどの小農民が直接取引を望んでいる．そもそもFTは，生産者とのできる限り直接的な関係を好むし，特に日本では「顔の見える関係」として，直接的関係が最大限に重視されている．

しかしながらタンザニアで，連合会がFT経路の主役となる理由は，3免許（農村買付，加工工場，輸出）制度，競売制度の存在である．つまりフェア・トレード組織（FTOs）が単協や小農民組織から直接的に購入し，それを輸出するためには，少なくとも買付免許と輸出免許が不可欠となり，しかも競売所で所有権不移動取引を行わなければならない．FTOsにはその余裕がないため，KNCUに単協からの買付，および競売参加と輸出を，委託せざるを得ないのである．

この3免許と競売の制度がFT経路拡大を妨げることを，政府は理解しており，すでに対策が考案されている．登録を果たしたFTOsへの販売であり，かつ競売所へ販売量等を報告さえすれば，小農民組織によるFT経路への直接的販売（競売外販売）を可能とする対策である．

ただその競売外取引が増えると，FT経路の拡大→KNCUの輸出力増強→競売の活性化という波及効果が消え，本論で重視する組合生産者価格の全体的引き上げにはつながらない．それゆえジョイセフのように，豆の購入はKNCUに任せ，プレミアムは直接的に生産地で運用する取引方法が，現制度の下では望ましい[24]．あるいは競売外取引の販売量と価格を，競売に反映させる仕組みを熟考する必要がある．

ところで，98年7月に農業省が公表したコーヒー部門戦略[25]によると，99年7月までにFTの競売外販売が可能になるはずであるが，2000年8月時点において，その実施機関であるコーヒー流通公社に担当者がいないばかりか，同対策についての情報もない．廃案になった模様である．

(2) 無農薬有機栽培の課題

肥料に関しては，従来からほとんどの小農民が牛や山羊の糞を利用してい

る.そして第5章で論じたように,自由化にともなう農薬経費の高騰がゆえに,その使用量は急激に低下しており,既に多くの小農民が無農薬栽培(少なくとも減農薬栽培)を開始していると言ってもよい.

さらにルカニ村の小農民は,農薬が身体や環境に及ぼす悪影響について,すでに気付いている.散布直後の体調の悪化を,皆が経験している.同村における近年の癌による死亡率の高さを,農薬のせいにする住民が多い.

同時に農薬の効果に関しても,多くの小農民が疑問を抱き始めている.価格高騰にもかかわらず,無理して投入した農薬が全く効かず,無農薬栽培の農家の方が収穫量が多い事例も,確認できるようになった[26].

この農薬への興味の喪失は,今後のKNCUによる無農薬有機栽培の普及にとって,非常に好都合である.ただし無農薬の場合,現在の生産方法,そして耐病性の低い古い品種のままでは,気候や病虫害をめぐる運に大きく左右され,収穫量も激減しやすい.

それゆえ実験栽培で確立した有機栽培技術,および耐病性の高い新品種を,小農民に安価に普及することができれば,有機転換拡大の可能性は高いのである[27].

しかしながら同技術で収穫できたコーヒー豆を,すぐに「有機コーヒー豆」として輸出できる可能性は低い.「有機農産物」の厳格な国際的基準があり,国際的認定機関による検査に合格しなくてはならないからである.その「グローバル・スタンダード」を,タンザニアの小農民が満たすためには,意識的,積極的な土壌改善の努力,そして区画整理(境界の確保により,隣接農地からの農薬・化学肥料の浸透を回避)や記帳(投入財利用から販売に至るまでの詳細な記録)の実施等,多くの課題が残されている.

さらに第3章で明らかにしたように,現在のタンザニアの格付制度は,大きさ,形,重量,色,香味を評価するものである.つまり無農薬有機栽培が重視する「生産者,消費者,環境の安全性」は,同格付の下では無視される.逆に同栽培により,例えば豆の大きさが減じた場合,その豆の価値が降下してしまう.それゆえ無農薬有機栽培豆の価値を正当に評価するためには,支

配的経路とは別の流通経路を備えるのが手っ取り早い．その意味では，FT豆の競売外販売を可能とする上記の政府案は評価できる．

しかしながらここにおいても，上記の直接取引と波及効果のジレンマが生じてしまう．それゆえ現格付制度の下で，無農薬有機栽培豆を評価する仕組みを考案することも重要であろう．

(3) 長期的課題としての新基準価格の探求

FLOのFT基準に沿った価格形成の場合，価格高騰時には支配経路と同様，ニューヨーク先物価格を基準とする．しかし「支配的な国際貿易に対抗する，オルタナティブなアプローチ」を謳っているのであれば，たとえ価格高騰時であっても，支配的経路とは異なる新しい基準価格を見つけるべきである．その意味で，モシ競売価格を基準として尊重するTWIN／ATJの価格形成は，望ましいものであると考える．

最後は，FT基準に沿った最低輸出価格（121cents/pound）で，本当にあらゆる生産者の「生産コストと一定の利益」が保障されるのか，という疑問である．その真の保障のためには，川下（消費者）からの「援助」的な価格形成のみでなく，川上（生産者）からの「自律」的な価格形成が必要である．つまり販売農協をはじめとする小農民組織による，自分達の生産・生活費を価格に反映させる努力が求められるのである．具体的には，まずはモシ競売所における価格メカニズムの機能，そしてKNCU／単協による供給調整に成功すれば，小農民の必要性（生産・生活費等）を基準とする，真に新しい価格形成の仕組みが実現すると考える．

残念ながら，モシ競売所もKNCU／単協も弱体化しており，FTがそれぞれの活性化にいかに貢献できるのか，今後の重要な課題である．

注
1) 詳しくは，ベリンダ・クーテ（三輪昌男訳）『貿易の罠』家の光協会，1996年（原典は，Coote, Belinda, *The Trade Trap: Poverty and the Global Commodity*

Markets, Oxfam, 1992), 第13章を参照されたい.
2) List of IFAT members, http://www.ifat.org/membership.html. なお, 本章で参照しているホームページは, 99年10月に検索したものである.
3) Fair Trade - Frequently Asked Questions Prepared by Bob Thomson, Managing Director, Fair TradeMark Canada, October 1998, http://www.web.net/fairtrade/who/fair2.html.
4) Results so far, http://www.maxhavelaar.nl/eng/eng-ach7.htm.
5) 詳しくは, ベリンダ・クーテ, 前掲書, 第14章, を参照されたい.
6) The Fairtrade Foundation Annual Review 1998-99, http://www.fairtrade.org.uk/. なお国内ラベル主導組織は, 1カ国に1組織しか認められない.
7) Fair Trade Definition, http://www.ifat.org/fairtrade-defin.html.
8) Background to Fairtrade, http://www.fairtrade.org.uk/.
9) 小農民から集荷する以前に代金の一部を前払いする.
10) 詳しくは, Fair Trade, http://www.web.net/fairtrade/fairtrade/info-eng.html, を参照されたい.
11) 詳しくは, General Criteria for Awarding the Fairtrade Mark, http://www.fairtrade.org.uk/, を参照されたい.
12) ATJから聞き取りした数値, および全日本コーヒー協会『コーヒー関係統計』, 2000年10月, 26-31ページ, 表「コーヒー生豆の国別輸入数量及び価格の推移」, より算出.
13) TWINによるFT経路では, 競売所が存在する生産国の場合, その競売所の価格を尊重している. また競売所が存在しない生産国の場合, 支配的経路や通常のFT経路でなされる該当豆の品質に沿った割増・割引を行わず, TWINはニューヨーク先物価格をそのまま適用している. ほとんどの生産国の場合, 割引が適用されるのが一般的であり, この時点で, 通常の経路より高い輸出価格が実現していると言える. さらに既述のFLOが規定する最低価格に関して, TWINは生産地を差別せず, 例えば普通豆であれば, どの生産地であっても 126cents/pound で購入している.
14) ジョイセフ「1杯のコーヒーがタンザニアの村民の生活を変えます」.
15) Tanzania Coffee Board, Actual Coffee Exports for the Month of November 1997 - April 1998, より算出.
16) 本論では分析対象から外しているロブスタ豆に関しては, カゲラ協同組合連合会 (KCU) がFTに関わっている.
17) KNCU輸出部の部長および次長からの聞き取り.
18) KFTDC委員長からの聞き取り.
19) KNCU輸出部は高めの購入に努めていると言うが, 平均競売価格が基準となっているため, それを大幅に上回ることはない. Tanzania Coffee Board の Auction Sale, KNCU の Auction Report より概算すると, KNCU の購入価格

は平均価格を10〜20cents/kg上回っている（97年12月〜98年2月）．また最低輸出価格が適用される場合も，低い競売価格との差額はKNCUの予算に組み込まれ，単協には還元されない．なおFTOsへの輸出は，その時点でKNCUが保持している最も品質の良い豆が向けられる（ロンボ県のマムセサ単協やタラケア単協，モシ県のウル北部単協による出荷の豆が多い）．
20) KFTDC委員長からの聞き取り．ちなみに国立試験所から直接的に購入すれば，すでに新品種の苗木を利用できるが，通常の品種が50〜100Tshs/seedlingで普及しているのに対し，460Tshs/seedlingと非常に高い．
21) KNCU輸出部長およびKFTDC委員長からの聞き取り．
22) ジョイセフ「キリマンジャロコーヒー国際協力キャンペーン現地還元のご報告」，2000年3月．
23) UMATIの北部地域マネージャーからの聞き取り．
24) ただし「協同精神」を尊重するKNCUは，特定の村のみへのプレミアム還元はあまり好まないと言う．なお，特定の村でKNCUに購入させた豆を，競売所でKNCUに所有権不移転取引させ，直接取引を実現することは可能であり，ATJ／ジョイセフはこの方向をめざしている．
25) Ministry of Agriculture and Cooperative, *Coffee Sector Strategy*, July 1998.
26) 例えば99年度は，コボックスというKNCU推奨の新しい農薬を利用した農家の収穫量が激減してしまった．逆にそれを利用せず，日当たりがよかった畑（特に低地）であれば，平均的な収穫量を実現できた．ただ無農薬栽培で，かつ日当たりが悪く気温が上がらなかった畑の場合，果実病が大発生してしまい，収穫量が激減した．
27) 果実病に対して耐性の高い品種が，ケニアから密輸入され，一部で栽培されている．しかし高価（500〜1,000Tshs），違法であることから，大きな普及には至っていない．

結章　南北問題とコーヒー・フードシステム
―垂直的価格調整システムの不利さ―

第1節　コーヒー産業と南北問題・構造調整政策

　タンザニアは，1999年の1人当たりGDPが240ドル（約31,000円）で世界で11番目の低所得経済国であり[1]，国連が認定する「最貧国（後発発展途上国，LDC）」[2]や，世界銀行・IMFが認定する「重債務貧困国（HIPCs）」[3]に含まれている．

　南北問題論に従えば，その低開発性の要因は，同国が生産特化した一次産品の交易条件の劣悪化にある．それを導く一次産品の安価さ，あるいはそのさらなる低下傾向が，経済開発の制約条件とされるのである．そしてタンザニア最大の一次産品は，本研究の分析対象であるコーヒー豆なのであり，97年の輸出額の16.4%を占めている（1976〜80年平均は30%余り）．とりわけ同国の場合，その最有益な輸出品の約9割を小農民が生産しており，コーヒー豆の価格有利化や輸出総額拡大は，国民経済全体の成長のみならず小農民の貧困緩和にも貢献し得る（第3章第1節）．

　しかしながら，一次産品価格の高め安定化を重要課題とした南北問題運動は，すでに過去の政策となってしまい，現在のグローバル市場主義の価値観の下で，市場メカニズムを最大限に尊重する自由主義的な貿易，開発政策が支配的になっている．本研究の分析対象であるコーヒー豆貿易に関しても，国際コーヒー協定による価格支持政策（輸出割当制度）はすでに崩壊してしまった．同じくタンザニアの開発政策に関しても，下記の説明の通り，市場

経済化が急速に進んでいる．

　独立後にアフリカ型社会主義を導入し，大きな注目を浴びたタンザニアであるが，80年代前半に同社会主義が破綻した後は，世銀・IMF主導の構造調整政策に沿って，経済自由化を進めている．

　コーヒー豆流通に関しても，社会主義時代の小農民→(協同組合→) 流通公社→輸出という単線経路は，94年の民間業者参入で複線化し，政府による生産者価格支持政策は廃止された．農業投入財 (農薬や肥料等) の流通も自由化され，政府補助金も廃止された (第3章第2節)．

　しかしながら，このコーヒー産業の構造調整がめざしている，政府統制の廃除と民間業者の参入にともなう生産者価格の上昇，すなわち買付競争で価格を引き上げて，小農民の生産意欲を喚起する方策は，ほとんど機能していない．その一方で生産コスト (特に農薬経費) が大きく上昇した結果，利益に乏しいコーヒー豆生産は放置して (樹木の管理を放棄して)，他作物生産や都市への出稼ぎに力を入れる小農民が増えている (第1章，第3章第3節，第6章第2～3節，第9章第2節)．さらに構造調整は，コーヒーの品質管理の緩慢化に貢献しているのみであり，価格引き上げが実現しない限り，経済自由化の枠組の下での品質改善は困難である．このまま放置した場合，10～20年後にはコーヒー産業，特に小農民生産は壊滅するという意見もある (第5章)．

　それではなぜ，構造調整政策の意図する価格上昇が実現しないのであろうか．まずは生産から輸出に至るまでの流通段階毎の分析により解明された，生産者にとっての価格形成の不利さ，生産者価格の水準を抑え込む「需要独占」の力，等を再整理する．

第2節　農村段階における価格形成の不利さ

1. 品質情報の不完全性・非対称性と価格形成

　農村段階で取り引きされるのはパーチメント・コーヒー（内果皮が付いた豆）である．遠く離れた消費地で求められているコーヒーの「真の品質」たる「香味」は，この段階では全く評価できない．それゆえ「色（清潔度，乾燥度）」「密度・重量（完熟度）」「形（変形度）」という「シグナル」によって，買い手側（組合と民間）が格付けするのである（第3章第2節）．その「シグナル」と「真の品質」が乖離するリスク（「需給遠隔」が同リスクを高める）は，低価格での買付の動機となる．

　この場合，売り手側の生産者は，[「シグナル」整備費用＜「シグナル」整備利益] であればその努力を行うが，農薬経費の高騰と品質差別的支払制度の不全が（第5章第3節），その可能性をつぶし，〈「真の品質」悪化の可能性→低価格での買付の動機〉につながってしまう．もちろん〈高めの買付価格→高品質豆生産のインセンティブ〉は機能し難い．

　また上記のように，格付（近年は組合も民間も，「買付」か「拒絶」の2階級のみ）は買い手側が行うのであり，「真の品質」情報に関しては売り手，買い手ともに持たずに対称的であるが，「シグナル」情報は買い手側に偏在し，安く買い叩かれる環境が生じる．

2. 価格情報の非対称性と基準価格：不利さ①

　一方，以下で強調するように，この農村段階においても，ニューヨーク先物価格が基準（参照）価格になってしまっている．その先物価格に関する情報，すなわち実際の生豆販売価格の水準を熟知しているという意味で，価格情報は明らかに買い手側に偏在しており，安く買い叩かれる環境が強化され

る.

　というよりも，民間も組合もニューヨーク先物価格の水準から「費用減算（コスト・マイナス）」方式で生産者価格の水準を発見した上で（第4章第2節），品質「シグナル」情報と価格情報が生産者側に不足している（どの程度の価格引き上げの余地があるかを知らない）という環境下において，上記の「真の品質」との乖離リスク，そして基準価格が先物価格であることから生じる，買付後・販売前の大きな価格変動リスクを考慮して（第9章），低めの「固定買付価格（キリマンジャロ州統一価格）」を設定することになる（同年度中は基本的に買付価格を固定）．

　ただし組合による買付の場合は，実際にモシ競売所で実現した現物の販売価格が高ければ，第2次支払，ボーナスによって生産者に還元がなされる．しかし民間による買付の場合は，後払いを行わず，しかも上記のリスク考慮のみならず，最大限の利益追求が，生産者価格をさらに抑制する動機になる．

3. 生産者の取引力と協同組合の弱体化：不利さ②

　生産コストと一定の利益（生活水準）を確保するために高価格で販売する生産者の動機は，以上の価格形成に全く反映されていない．買い手側による格付と価格設定（「付け値」）に従うのみであり，ここに買い手側の支配的な規定・取引力（「需要独占」の力）を確認できる．

　価格引き上げを求める生産者側の交渉の可能性は，組合の第1次支払価格設定の仕組みの中にしかない．それはKNCU傘下のすべての単位協同組合（2000年に96単協）の代表が参加する，協同組合連合会（KNCU）の総会で決まる．それゆえ協同組合に不可欠な民主的意思決定機能が備わっているのであれば，発言力は［単協＞連合会］であって，第1次支払価格の引き上げが実現するだろう．そして第1次支払価格引き上げは，それを下限とする民間の買付価格をも引き上げるため，非常に重要なのである（第4章第2節，第4節）．

しかし残念ながら，歴史的にこれらの単協は「連合会の買付所」として機能してきており，未だに発言力は［単協＜連合会］である．結局，上記のリスクを考慮した低めの第1次支払価格を連合会側が提起し，単協代表がその案に盲従してしまうのが現状である．
　そもそも第1次支払価格をはじめとするコーヒー生産者価格は，長年，政府が設定してきたものであり（第3章第2節），生産者は価格交渉の経験が乏しく，それゆえその技術に欠けている．
　また，たとえ第1次支払価格の引き上げが総会で決まったとしても，それは競売所で販売する前の生産者に対する支払いであるため，銀行借入金が不可欠である．しかし自由化にともない，民間銀行がもうからないKNCUに対する貸付を渋るようになり，その支払制度が破綻寸前になっている（第2章第3節）．組合員に対して十全な第1次支払を行い，民間生産者価格を下支えする競争力を，KNCUは失いつつあるのである．
　以上のように，「需要独占」の力に対抗する生産者の取引力（交渉力，取引技術，対抗力等）は弱小であり，協同組合にはその取引力を補う，あるいは強化する機能が期待されているが[4]，残念ながらKNCUの民間に対する競争力も弱体化し，そもそも同機能を組合が発揮できる価格形成システムが整えられていないのである．

4. 価格の外部性と価格形成

　上記のように品質差別的支払制度の不全がゆえに，〈高めの買付価格→高品質豆生産のインセンティブ〉は働きにくいが，〈高めの買付価格→増産のインセンティブ〉はもちろん機能する．そして増産のためには，農薬投入を始めとする品質管理の充実が求められるため，結果的には「シグナル」が改善し，〈「真の品質」の改善の可能性→高めの価格での買付の動機〉にまでつながり得る．そう考えると，「高めの買付価格」は必ずしも需要量を減らさない．

このように買付価格引き上げは，正の循環を生み出し，高価格豆を求める生産者のみならず，高品質豆を求める消費者にとっても非常に重要なのである．

ただし増産インセンティブが生じる買付価格は，農薬経費の高騰がゆえに，非常に高い水準になっており，低いニューヨーク先物価格を上限とする組合と民間の努力は（第4章第4節），ほとんど意味を成さない．それゆえ民間は，低い買付価格による最大限の利益追求の方を優先するのである．

しかも，同年度の買付価格水準（組合第1次支払価格）が生産者に伝わるのは6月のKNCU総会以後であるが，農薬・肥料を投入して同年度のための生産管理を始めるのはその半年前の1～2月である（ただし果実病を避けるための2回目の農薬投入（結実する6～7月）は，価格水準を踏まえて実施されるため，多少の増産には貢献する）（第1章第6節）．つまり高めの買付価格が大きな増産につながるのは次年度（苗木投入の場合は3～4年後）以降であり，とりわけ民間のように単年度の利益追求が重要である場合，やはり高めの価格での買付の動機は生じ難いのである．

5. 競争構造と価格形成

小規模多数の生産者（ルカニ村の場合，290農家），つまり「原子的競争」の売り手に対して，農村における買付業者は1組合と1～3社の民間，つまり「寡占的競争」の買い手である．その民間業者の数は，ニューヨーク先物価格（≒貿易価格）の水準に比例する．高価時のみに村で事務所を開設する民間業者が多く，まさに単年度主義である．

これも上記の「価格の外部性」に含まれるだろう．すなわち高めの生産者価格が結果的に品質「シグナル」を改善させ，同じく高めの貿易価格が農村買付の競争性を高める可能性がある．もしそうであれば，品質調整システムや競争構造は，価格調整システムに影響を及ぼすと同時に，価格調整システムの成果から影響を受けることになる．

ただし，農村買付を含むコーヒー流通業への新規参入に関しては，国内に事務所を開設する義務（農村買付の場合は，村に買付所を開設する義務），登記や免許取得の煩雑さ（汚職への対応を含む），最低資本金や免許料金の高価さ，そして既存のカルテルへの参加等，かなり高い障壁があると言える．

さらに下記のように，たとえ複数の民間が参入したとしても（ルカニ村の場合，97年度に3社で現在は1社），価格カルテルによって競争性がそがれてしまう．

6. 価格カルテルと「フルコスト・マイナス」：不利さ③

農村買付業務に参入を果たした複数の民間業者は，価格カルテルにより同じ買付価格を設定している．構造調整が意図していた「自由な買付競争」は，民間業者間では生じず，実質的に「組合」と「民間」の2社の競争が存在するに過ぎない．

組合と民間の「寡占的競争」は，組合第1次支払価格に対して200〜300 Tshs を上乗せして，民間が価格設定する形で行われる．組合にとって，これは崩壊に追い込まれる程の激しい競争である（第2章第3節）．しかし民間（ほとんどが強大な多国籍企業）にとっては，弱体化して十分な機能を持たない組合が相手の，ささいな競争に過ぎない．

結局，民間業者は，上限とする貿易価格，あるいはニューヨーク先物価格から，費用・利益・「品質・価格リスク」を「フルコスト・マイナス」して最低水準の価格を設定しやすい，非常に恵まれた非競争的環境の下にいるのである．

その結果，民間買付価格はニューヨーク先物価格に強く連動する（第7章第5節）．それゆえその基準価格が，同先物価格となるのである．なお民間買付価格が供給実勢を反映しているか否かの評価に関しては，貿易価格や先物価格の評価と重なるため，第4節での議論にゆずる．同じく組合買付価格の評価に関しては，直接的な基準価格がモシ競売価格となるので，第3節で

の議論にゆずる．

　このように民間業者にとってパーチメント・コーヒー農村市場は，「フルコスト・マイナス」した価格を設定しやすいという意味で「買い手独占」的であるが，対照的に小規模多数の生産者にとっては，価格が所与のものであるという意味で「純粋競争」的なのである．

7. 生産者を取り巻く経済・社会・文化条件と価格形成

　上記の生産者にとっての所与の価格が，2001年度以降のように「史上最安値」の水準になっても，コーヒー豆生産からの退出者が少ない要因は，生産者の経済的非合理性ではない．上記のように生産者価格の基準となる先物価格の乱高下（5～10年間我慢すれば必ず1度は価格高騰を享受），途上国であるがゆえの機会費用の異常な低さ，そして社会・文化的価値（先祖から引き継いだ重要なコーヒーの畑や木，民族のアイデンティティとしてのコーヒー）が要因である（第1章第2～3節，第9章第2節）．

　機会費用の低さには，「余剰労働力」→「低賃金」が大きく貢献しているため，そういう意味では，プレビッシュ・シンガー・テーゼのいう一次産品価格の安価さの要因が，タンザニア産コーヒー豆にもあてはまる．しかしそれはあくまで，大いに不満であっても，仕方なく最低水準の生産者価格を受け入れてしまう，それに耐えてしまう要因に他ならない．

　その場合彼らは，世帯員の生活水準を切り詰めるのみでなく，農薬経費を始めとする可変費用を最大限削減し（第9章第2節），さらに社会・文化的価値（互酬性の価値観）の下での伝統的社会保障制度，つまり拡大家族内での相互扶助の「義務」に支えられて（第1章第3節），何とかその「窮地」をしのぎ切り，価格高騰を待つのである．そういった生産者の強い「忍耐力」も，一次産品価格が劣悪である1要因と言えよう．

第3節　競売所段階における価格形成の不利さ

1. 品質情報の不完全性と加工工場・検査所の内部組織化

　流通公社（TCB）は流通業者に対し，農村買付免許，加工工場免許，輸出免許の3免許を別々に発行しているが，近年はそのすべてを持つ民間業者が増えている．輸出業者による内部的成長（後方垂直的な事業多角化），あるいは子会社設立（後方垂直的な準統合）である．

　さらに，ほとんどの加工工場には検査所がある（鑑定士がいる）．つまり加工工場における機械による脱穀と選別（「大きさ」「形」「重量」「色」により13階級に格付），そして鑑定士によるサンプルの品質検査（機械選別の正確さと味覚（「香味」）で17等級に格付）は，コーヒー豆の所有者自身が行うのである（第3章第2節）．

　この加工工場・検査所を内部組織化する動機も，品質情報不完全性で説明できる．この段階になって初めて，「真の品質」たる「香味」の検査が実現し，「シグナル」との乖離リスクが縮小する．この品質検査の結果を買い手（消費国の輸入業者）に提示することで，〔乖離リスク→低価格購入の動機〕をやわらげる．その最重要な業務を，他社に任せるわけにはいかないのである．

　しかしこの段階でリスクが小さくなっても，民間生産者価格の引き上げには貢献し難い．第2次，3次の支払い（還元）がある組合生産者価格の引き上げには貢献し得るが，以下の理由で実現していない．

2. 品質情報の不完全性と競売所における企業内取引

　モシ競売所においては，加工工場で脱穀されたグリーン・コーヒー（生豆）が取引される．機械選別の段階では，まだ「大きさ」「形」「重量」「色」

のシグナルで格付けされているに過ぎないが，検査所において，サンプルの「香味」テストが行われる（ただしこの段階では，実際の消費国で求められる「香味」と異なったり，所有者自身の格付であるため甘めの結果が生じる可能性がある）．以上の格付データと自らの「香味」検査の結果を参照して，輸出業者が競売で生豆を購入することになる（第3章第2節）．

しかし民間の場合，上記のように3免許を持っている．そして自らが農村で適切に買い付け，自らの工場で適切に加工，格付けした信用度の高い（豊富な品質情報を持つ）豆を，自らが競り落として輸出するのである．つまり売り手と買い手が同じ業者で，所有権が移動しない内部取引（企業内取引）が支配的なのである（第4章第3節）．

このように，競売を内部組織化する動機も，品質情報不完全性をやわらげる，自らの農村買付や「香味」検査の重要性によって説明できるのである．

3. 入札談合と購入競争制限：不利さ①

上記の企業内取引が円滑に進むよう，民間業者は他社所有豆のセリには口を出さないというカルテル（入札談合の一種）を結んでいる．その結果，競売が不全となり，実現する価格は最低競売価格（TCBが価格下支えのために，ニューヨーク先物価格を参照して設定）に近い低価格となってしまう．

KNCUも輸出部を持つが取引量が小さいため，組合が持ち込んだ豆（近年の組合のシェアは約50％に過ぎない）に対しては所有権移動取引，すなわち購入競争がある．しかし輸出業者が重視するのはあくまで自社豆購入で，組合豆購入は補助的なものに過ぎないため，その購入競争はささいなものである．

その結果，競売全体の価格が不当に低い水準となり，組合生産者価格も低水準を余儀なくされるのである（第4章第3節）．

4. 基準価格と供給実勢：不利さ②

　それゆえモシ競売価格は，最低競売価格の基準であるニューヨーク先物価格に強く連動し，さらにはモシ競売価格を基準とする組合生産者価格も同先物価格に連動する．結果的に，タンザニア国内におけるあらゆるコーヒー取引の基準価格が，同先物価格となってしまうのである．

　その場合，第5節で説くように，世界のアラビカ豆の供給量（特にその3割余りを占めるブラジル産豆の供給量）が同先物価格の水準を決めるため，モシ競売価格と組合生産者価格の水準もその供給量が決める．モシ競売価格と組合生産者価格は，世界のアラビカ豆（特にブラジル産豆）の供給実勢を表現しているに過ぎないことになる．

　タンザニア産豆の基本価格の決定，価格発見機能を果たす場として設けられたはずのモシ競売所は，少なくても同豆の供給実勢を全く評価できていない．売り手であり，かつ買い手でもある民間業者にとって，この段階には市場が存在しないに等しい．組合豆に対する需要は過少となり，やはり価格は〔最低競売価格←ニューヨーク先物価格〕の水準で決まる（第4章第3節）．売り手である組合にとっては，生産者同様，価格は所与のものに近い．

5. 競争構造と価格形成

　ちなみに，98年1月28日開催の北部産マイルド・アラビカ豆の競売に，売り手は民間10，組合1（販売量シェアは上位から順に，ドルマン20.7%，テイラー・ウィンチ14.8%，アフリカコーヒー会社14.6%，オラム10.8%，その他）が参加している．そして2月中に北部産マイルド・アラビカ豆を輸出した業者の数は，民間16，組合1（輸出量シェアは上位から順に，ドルマン33.8%，テイラー・ウィンチ15.9%，アフリカコーヒー会社8.4%，オラム8.3%，その他）である[5]．

既述のようにコーヒー流通業への新規参入は難しく，第2位の輸出国日本の大手総合商社でさえ，この競売に参加できていない．特にカルテルへの参加をはじめとする既存の民間企業（多国籍企業）との裏取引が，高い障壁になっているようである（第7章第3節）．

第4節　貿易段階における価格形成の不利さ

1. 品質情報と価格形成

この流通段階以降は，売り手と買い手がともに「香味」検査を終えた生豆を，直接的に取引する．売り手が提示するプライス・リストに記されるのは，「Tanzania AA FAQ」のように，主に「大きさ」（機械選別の結果）と「香味」（売り手によるサンプル検査の結果）を複合させた品質（規格）であるが，買い手自身もサンプルの「香味」検査を行ってから購入を決めるため（第7章第3節），「真の品質」との乖離リスクは低下する．

そして消費者に近づく，つまり「需給遠隔」が縮まるほど同リスクは低下し，低価格買付の1動機がやわらぐのである．この段階以降の急激な価格上昇（その結果としての，生産者価格と消費者価格の大きな乖離）の1要因は，品質情報不完全性の緩和であると言える．しかしそれが生産者価格引き上げに貢献し難いのは，すでに指摘した通りである．

2. 多国籍企業による企業内貿易：不利さ①

ただし輸出業者はほとんどが，主要な消費国に事務所を持つ強大な多国籍企業である．例えばドルマンは，99年において世界のコーヒー豆貿易量の3％のシェアを持つ（第5位），イギリス系で最大のコーヒー商社E.D.エフマンの子会社である．またアフリカコーヒー会社は，イギリス系で最老舗のコーヒー商社シュルターの子会社，そしてテイラー・ウィンチは，世界の貿

易量の11％のシェアを持つ（第2位），スイス系のコーヒー商社ボルカフェの子会社である．さらには，タンザニア北部産マイルド豆の輸出量シェアは11位に過ぎないが，マザオは世界最大のコーヒー商社ノイマン（ドイツ系，13％のシェア）の子会社，そして輸出量シェア7位のチボは，世界第5位のドイツ系焙煎業者（焙煎量シェア5％）である[6]．

　彼らにとっては，自社に対する輸出，すなわち企業内貿易が主体であり，その場合はこの段階においても，市場が存在しないに等しい．結局彼らは，生産国における農村買付から消費国における輸入までを垂直的に「所有統合」し，消費国で得た注文に沿った品質・数量をできる限り低価格で，農村において調達するよう努力する．その動機に制約を与えるのは，弱体化した協同組合との買付競争のみである．多国籍企業の必要性は，容易に満たされてしまうのである．

3. 日本向け輸出の競争構造と品質情報の不完全性

　日本向け輸出の場合は例外で，既述のようにタンザニア国内での取引に参入できない日本商社が，輸出業者から購入することになる．ただしタンザニア産豆をストレートで消費することの多い日本は，最高品質豆を求めるため，品質情報不完全性の下でもそれを調達できる，信用度の高い輸出業者との取引に限定される．その結果，上記の有名な西欧系多国籍企業の販売量シェアが高まる．

　また買い手である日本の業者数は10社に満たない程度であり，中でもニチメンの購入量シェアが高い．品質情報不完全性の下にあり，隣国ケニアで「香味」検査を行う同社が信用を得ているからである．

　ニチメンは従来，品質面で信用できるアフリカコーヒー会社と固定的，排他的取引を行っていたが，タンザニア産豆全体の品質低下，年毎の品質格差拡大の下で，1社のみから最高品質豆を必要量確保するのが困難となり，最近は上記の4大コーヒー多国籍企業の豆を比較して，高品質豆の質と量の維

持に努めている．

4. フォーミュラ・基準価格と供給実勢：不利さ②

　貿易価格に関しては，超稀少豆を除くすべてのアラビカ豆に対して，「ニューヨーク先物価格を基準とし，当該豆の品質や供給量，そして輸出入業者間の力関係に沿った割増・割引をして設定」（第7章第4節）という公式（フォーミュラ）が適用される．タンザニア産豆は高品質で，それだけでも割増が乗るが，日本が求める最高品質のタンザニア産豆の場合，品質の高さに供給量の少なさが加わり，さらに大きな割増となる．

　また上記のように市場シェアが高く，それゆえ取引力が強い西欧系多国籍企業からの購入となり（コーヒー豆輸入量に関して日本最大の三菱商事であっても，世界におけるシェアは1％余りに過ぎない），さらに割増が乗せられる．日本商社はこの時点で，かなり高価なタンザニア産豆を購入していることになる．

　そうであるとは言え，割増・割引は貿易価格の水準を動かす程の大きな額にはならず（貿易価格の1割程度），その水準を決めるのはやはり，基準であるニューヨーク先物価格である．その場合，既述のモシ競売価格と組合生産者価格と同様，タンザニア産豆の貿易価格もニューヨーク先物価格に連動し，世界のアラビカ豆（特にブラジル産豆）の供給量でその水準が決まることになる．タンザニア産豆の需給実勢は，割増・割引額にのみ反映するのである．

　その結果，タンザニア産豆の貿易価格や民間生産者価格も，タンザニア産豆の供給実勢ではなく，世界全体のアラビカ豆（特にブラジル産豆）の供給実勢を表現することになる．

第5節 基本価格・基準価格・「需要独占」

1. ニューヨーク・コーヒー取引所の価格発見機能

　89年の輸出割当制度の停止により，コーヒーの基本価格決定は「需給実勢価格形成型」に近付いたが（序章），同方式に不可欠な価格発見機能を果たす場として，タンザニア産豆の場合はモシ競売所が設けられている．しかし上記のように貿易価格の基準がニューヨーク先物価格である限り，同競売価格と同先物価格の動きが乖離することは，逆ざやの可能性も生じて望ましくない．それが1要因となって，入札談合・企業内取引が講じられるのだが，競売所で企業内取引をしない輸出業者にとっても，同競売所の形骸化→同競売価格と同先物価格の連動，はありがたい．

　その結果，貿易価格や民間生産者価格のみならず，競売価格や組合生産者価格の基準も同先物価格になってしまう．つまりタンザニア産豆の基本価格の決定は，ニューヨーク・コーヒー取引所でなされることになってしまうが，そこでは既述のように，同豆の供給実勢は全く評価されない．

　さてこれまでの議論においては，ニューヨーク先物価格の水準に関し，世界のアラビカ豆の供給量，特にその3割余りを占めるブラジル産豆の供給量で決まるとした．これは基本的に正しいが，さらに正確に言えば，それが先物価格であるがゆえに，中長期の場合であっても，ブラジル産豆供給量に沿った変動を「投機家の動向」が激化してしまうことがある（実際の供給量で理解できる以上の暴騰・暴落）．そして短期の場合は，同じく「投機家の動向」によって，実際の供給量では説明できない複雑な動きが生じてしまう[7]．この乱高下は，コーヒー・フードシステム全体に混乱を及ぼす．2割余りを占めるコロンビア産豆の供給量が強い変動要因にならないのも，その生産量が急激に変化せず，投機性に乏しいからであり，やはり先物価格であることが要因である（第9章第3~4節）．

ちなみに世界における近年のコーヒー需要量に関して，主要輸入国においては，停滞あるいは価格変動にともなう需要量増減，そしてブラジルを初めとする輸出国においては，輸出にあぶれた低品質豆の消費増加を確認できるのみで，価格を動かす大きな構造変化が生じていないため，強い変動要因にならない．

　このように先物市場の投機性を考慮した場合，ニューヨーク・コーヒー取引所の需給実勢評価機能のうち，少なくても供給実勢評価に関して不十分と言わざると得ないが，さらに問題にすべきは商品価値評価機能である．

　同取引所における現物の受渡可能豆は，「標準品」であるメキシコ，エル・サルバドル，グァテマラ，コスタ・リカ，ニカラグア，ケニア，パプア・ニューギニア，パナマ，タンザニア，ウガンダの10国産豆に，格上「供用品」のコロンビア産豆，そして格下「供用品」の8国産豆を加えた計19国産の標準品質豆のみであり（最大のシェアを誇るブラジル産豆は受渡不可），また購入者にどの品目が引き渡されるのか，最後まで明かされない．しかもこれらの現物の受渡を目的として，先物取引する者はあまりいない．

　数少ない現物取引ではあるが，その場合は，実現した取引価格で「標準品」，そして同価格プラス2cents/poundで格上「供用品」，さらには同価格マイナス1〜4cents/poundで格下「供用品」の受渡がなされるだけで（これらの受渡可能豆や割増・割引額は数年間固定），それぞれの品目の価格は決まらない．

　つまりニューヨーク・コーヒー取引所は，不十分ながらも，世界のアラビカ豆の需要と供給を引き合わせ，それらの実勢を評価していると言えなくもないが，もう1つの重要な機能とすべき品目毎の品質格差の比較，すなわち相対価格の決定という商品価値評価を，全く行っていないのである．

　結局，貿易価格を設定する公式内のささいな割増・割引額の中に，タンザニア産豆の「需給実勢」のみならず，その「商品価値」までもが集約されていることになる．

　この重要な割増・割引額は，主に輸出入業者が設定する．その相場は公表

されないが，ファックス等で取引相手や競争相手の設定額が流布しており，国際的にも業者間でも同水準に収まる．しかしながら，ごく少数の売り手と買い手による相対取引で，取引力の格差も小さくないため，「需給実勢」と「商品価値」の適正なる評価が実現しているか疑わしい（詳細なる分析は今後の課題とする）．

　コーヒー・フードシステムには，需給実勢と商品価値を十全に評価する機能が備わっていないと言った方が正確かもしれない．

2. コーヒー・フードシステムにおける「需要独占」の力

　既述のように多国籍企業は，タンザニアにおける農村買付から消費国における輸入までを垂直的に「所有統合」し，あるいは例外的な日本への輸出であっても，農村買付から輸出までを「所有統合」している．外部取引は農村段階，そして輸入段階（日本向けは輸出段階）でなされるのみである．そして「不公正」な南北間の取引は，なんと農村段階で挟まってくる．それゆえ「需要独占」の力（需要側の独占的，支配的な規定力，取引力）は，農村段階における価格形成の分析により解明される．

　多国籍企業は，上限とするニューヨーク先物価格から「フルコスト・マイナス」したい（費用・利益・「品質・価格リスク」を価格水準に「転嫁」したい）という強い動機を持つ．

　この「安く買いたい多国籍業企業の必要性」に対抗し得るのは，「高く売りたい（生産コストと一定の利益（生活水準）を確保したい）組合員の必要性」を販売事業によって満たすべき（生産者の弱い取引力を補うべき）協同組合であるが，残念ながらその競争力は弱体化しており，結局，生産者は，買い手側による格付や固定価格に従うのみである．

　この協同組合の不全，それを導く構造調整（政府保証下での銀行借入金停止，民間業者との競争），そして民間業者間の価格カルテル→弱体化した「組合」と「民間」の2社の競争，等の恵まれた水平的環境（競争構造）の

下で，さらに品質（「シグナル」）情報と価格情報が生産者側に不足しているという垂直的環境にも恵まれて，上記の多国籍企業の動機が満たされてしまう．つまり生産者価格の水準をできる限り抑え込む価格調整システムの確立，ひいては「需要独占」の力が機能しているのである．

　さらには，その最低水準の生産者価格を，生産者が仕方なく受け入れてしまう要因として，「余剰労働力」→「低賃金」という経済条件，そして強い「忍耐力」（伝統的社会保障，生活水準切り詰め，等）やコーヒーの社会・文化的価値（遺産，民族アイデンティティー，等）といった社会・文化条件，等を挙げることができる．また本研究では分析できなかったが，最低水準での買付に対して多国籍企業が良心の呵責を感じない背景には，植民地時代に形成された差別的なコーヒーの買付ノルム（規範）がある．さらにそれは，多国籍企業の自由な利潤最大化行動を望ましいとする，現在のグローバル市場主義の価値観に影響を受けていることを，調査時に強く実感する．

　次に貿易段階において確認できる「需要独占」の力は，前項で強調した貿易価格の基準がニューヨーク先物価格であること（次項で強調する基準価格が国外にあること）から生じる．

　生産コストと一定の利益（生活水準）が生産者価格の基準になり，さらにはその「高く売りたい生産者の必要性」，タンザニア産豆の需給実勢と商品価値，等を反映したモシ競売価格が基本価格，そして貿易価格の基準になるという，下から積み上げる価格形成システムが理想である．しかしながら現実のシステムは，その供給側からの「コスト・プラス」方式とは対照的に，需要側のニューヨークで貿易価格の水準が決まり，そこから「コスト・マイナス」方式で生産者価格の水準を算出するものである．しかもニューヨーク先物価格は，「ブラジルの天候」や「投機家の動向」によって動かされ，タンザニア産豆の供給実勢を全く評価できないのである．

3. 基準価格の国内化の重要性

　以上で議論した，生産者価格が上昇しない要因をまとめると，①生産者価格の基準（上限）となるニューヨーク先物価格の低迷，という制約の下で，さらに②農村における民間業者のカルテル，および③モシ競売所における民間業者のカルテル（→競売所の機能不全），による価格抑制力が機能し，しかもその抑制力に対抗すべき，④協同組合の機能不全（民間業者との競争力の大きな格差），ということになる．

　それゆえタンザニア政府は，構造調整圧力の下で盲目的に「自由化・民営化」を推し進めるのみでなく，「小さな政府」の枠組から脱して，市場メカニズムが「公正に」機能する環境の整備（「市場の失敗」を妨げるための介入）に努めなければならない．反トラスト法の整備，民間業者に対する監督の強化，生産者に対する価格・品質情報の提供システムの整備（情報提供による「需給遠隔」の緩和），品質差別的支払制度の確立，そして〈競売所の活性化→タンザニア産豆の需給実勢機能の発揮〉を導くこと，等が求められよう．さらには，小農民の弱い取引力を補うため，多国籍企業に対抗できる競争力・取引力を備えた協同組合の育成も重要であろう．

　しかしそれだけでは，生産者価格の大きな引き上げを望めない．ニューヨーク先物価格が生産者価格の上限となっているからである．構造調整政策の最大の限界はここにある．生産者価格の基準がこのように国外にある場合，国内でいかに買付競争を激化させたとしても，その基準価格に頭打ちされる．構造調整政策は，あくまで国民国家を単位とする改革であり，世界の構造を「調整」することはできないのである．

　しかも同先物価格に関しては，①供給過多の状況下にある世界のアラビカ豆の需給関係を表現していること（ブラジルの生産量が平均的であれば，それだけで世界のアラビカ豆の供給過多の状況が実現し，供給過少なタンザニア産豆であっても価格が低迷する），②生産者の必要性を反映し難い，遠く

離れた消費地に取引所が立地していること（先物市場での現物取引を考慮する場合，消費地にある取引所においては，できり限り低価時に買い建てて，その後の消費者への販売のしやすさを考慮する消費者側の必要性が，価格に反映しやすい），等が理由で，引き上げ圧力に乏しい．結局，ブラジルにおける降霜を待ち望むしかないのである．

それゆえ生産者価格の基準を国内化すること，ひいてはモシの産地現物市場の価格を基本とする価格形成システムを実現することは，〈構造調整→生産者価格上昇〉を可能にする等，生産者側の必要性を価格に反映させるための重要な課題となる．

第6節 消費国日本における価格形成の不利さ

1. 生豆の価格形成：商社から焙煎業者へ

最後に，日本におけるタンザニア産コーヒーの輸入から消費までを分析し，消費国で確認できる生産者・生産国にとっての価格形成の不利さを明らかにする．

既述のように，貿易段階以降の急激な価格上昇の1要因は，買い手自身がサンプルの「香味」検査を実施し，また買い手自身が消費者に近づくことにともなう，品質情報不完全性の緩和である．そうであると言っても，最高品質豆を求める日本の業者の場合，それを調達できる信用度の高い商社との取引が重視される．それゆえタンザニア産コーヒー豆に関しては，隣国ケニアにコーヒー専門家を駐在させ，「香味」検査を充実させているニチメンの市場シェア（約3割）が高まる（第7章第3節）．

生豆の価格形成に対しても，既述の「ニューヨーク先物価格を基準とした割増・割引」というフォーミュラが当てはめられる．そして売り手の高いシェア，コーヒー豆の高い品質と少ない供給量が，割増額を引き上げる圧力となる（第7章第4節）．

ただしニチメンの最大の顧客は，99年において15.3%（1位）の生産シェアを持つUCCと，13.0%（2位）のキーコーヒーであり（第8章第2~3節），これら大手焙煎業者に対する販売の場合は，売り手の高いシェアも強い引き上げ圧力にはならない．またそれは，ささいな割増額に限定された引き上げ圧力である．よってこの段階では，生産者価格の2.14倍（98年）の価格水準に留まっている（第8章第4節）．

2. 焙煎豆・コーヒーの価格形成：焙煎業者から小売店・喫茶店へ

上記のUCCとキーコーヒーに，アートコーヒーとユニカフェを加えた4社で，日本で消費されるレギュラー・コーヒーの50.6%を製造している．この高い「売り手集中比率」の恵まれた競争構造の下で，大手焙煎業者は上記の原料（生豆）価格に対してフルコストと利益を上乗せする形でプライス・リストを作り，それを参考にした小売店や喫茶店等との相対交渉（ネゴシエイション）を経て価格を決める．相対交渉の場合，特に売り手と買い手の取引力格差が価格水準を歪めてしまう．売り手である大手焙煎業者の強い取引力が引き上げる焙煎豆の価格水準，そして他の中小焙煎業者によるその価格水準を基準とする取引（大手焙煎業者による「プライスリーダーシップ」）が，この段階における生産者価格との格差を12.46倍にまで跳ね上げる（第8章第4節）．

この世界最高水準の焙煎豆価格の要因としては，①上記の価格形成システム，のみならず，②最高品質豆の利用，③少量多品種の豆を調達，焙煎し，小規模多数の喫茶店にまで配送する非効率性，④それら喫茶店に対して経営指導や器材レンタル等の各種無料サービスを行うこと，等を挙げることができる．

そして小規模多数（日本全国で101,945店（96年度）→88,926店（01年度））の喫茶店にとっては，取引力の弱さが原料の焙煎豆価格を引き上げるのみでなく（プライス・リストが提示されず，焙煎業者の「言い値」に従う

場合も多い），世界最高水準の人件費や地代をそれに上乗せせざるを得ない．

その結果，我々消費者は，世界最高水準の価格でコーヒーを飲料することになる．ここにおいて，生産者価格と消費者価格の格差は，130.42倍という巨大なものになる（第8章第4節）．

3. フェア・トレードの必要性とシステム疲弊

消費国日本で確認できる，生産者・生産国にとっての価格形成の不利さは，この巨大な原料価格と販売価格の格差（マージン），ひいては可処分所得の格差である．コーヒー生豆の安価さがタンザニアの経済開発に制約を与える一方で，その安価な原料豆にできる限りの付加価値を付すことで，コーヒー消費国日本のさらなる経済発展が促進されるという，南北問題の本質を象徴していると考える．

しかし逆に考えれば，この日本のコーヒー業者にとっての恵まれた環境，そして高価なコーヒー消費から退出しない日本の消費者の高い購買力は，消費者価格の一部，ひいては可処分所得の一部を，生産者・生産国に還元するフェア・トレード（第10章）の余地を拡張しているのである．とりわけ日本は，タンザニア産マイルド・アラビカ豆の25～34％，しかも最も高価な北部産マイルド・アラビカ種の最高品質豆のほとんどを輸入している（第8章第2節）．日本におけるフェア・トレードの発展は，タンザニアの経済開発に大きく貢献し得るのである．

折しも，ニューヨーク先物価格の「史上最安値」（「コーヒー危機」）が，この巨大な格差をさらに拡大させ，タンザニア小農民の忍耐力も限界に差し掛かっている（第9章）．ニューヨーク先物価格を境界として，生産国側（農村段階以降）では「高品質原料豆の安価な調達」，消費国側（特に焙煎段階以降）では「高品質原料豆に対する付加価値の上乗せ」を実現するための秩序と化している「タンザニア産コーヒーのフードシステム」は，生産者側から崩壊しつつあり，このまま放置した場合，高品質豆消費の困難化という

消費者側の崩壊にもつながり得る．この崩壊を妨げる力を持った，商品協定や生産国同盟の制度に期待できない今，フェア・トレードの必要性がこの上なく高まっている（第4章第4節）．

ただし残念ながら，上記の日本におけるフェア・トレードの大きな余地は，①長引く深刻な不況にともない，消費者の購買力が弱体化していること，②その弱体化に対応した低価格重視の量販店・レストランの取引力が強まり，焙煎業者による自由な付加価値の上乗せが困難になっていること，③エスプレッソを売り物にするセルフ・サービス形式の低価格コーヒー・チェーン店の人気で，高品質豆を利用したストレート・コーヒーを扱う従来型小規模喫茶店が激減していること，等を理由として，急速に縮小している．ニューヨーク先物価格の反転で原料価格が跳ね上がった場合，従来型にこだわるコーヒー業者は大きく淘汰されると言われている．

このように生産国側はもちろん，消費国側でもその秩序の維持が困難になっており，生産者と消費者を媒介する中間業者の利益を最優先する「コーヒーのフードシステム」は，疲弊していると言わざるを得ない．高品質豆生産に対する十全なる生産者価格の支払いと，その高品質豆の正当な価格での消費を保障する新しい秩序，新たなシステムの構築が，緊急課題になっていると考える．

第7節 「途上国産一次産品のフードシステム」 の分析枠組確立をめざして

本章の議論を踏まえ，序章において先行研究を整理する形で導いた「本研究における分析枠組の概念図」（図0-1）に欠けている部分を指摘し，それらを補うためのさらなる分析を，「途上国産一次産品のフードシステム」の分析枠組確立ための今後の課題としたい（図11-1）．

まずは，価格調整システムに影響を及ぼす環境として位置づけた競争構造と品質調整システムであるが，「価格の外部性」（例えば高めの生産者価格が

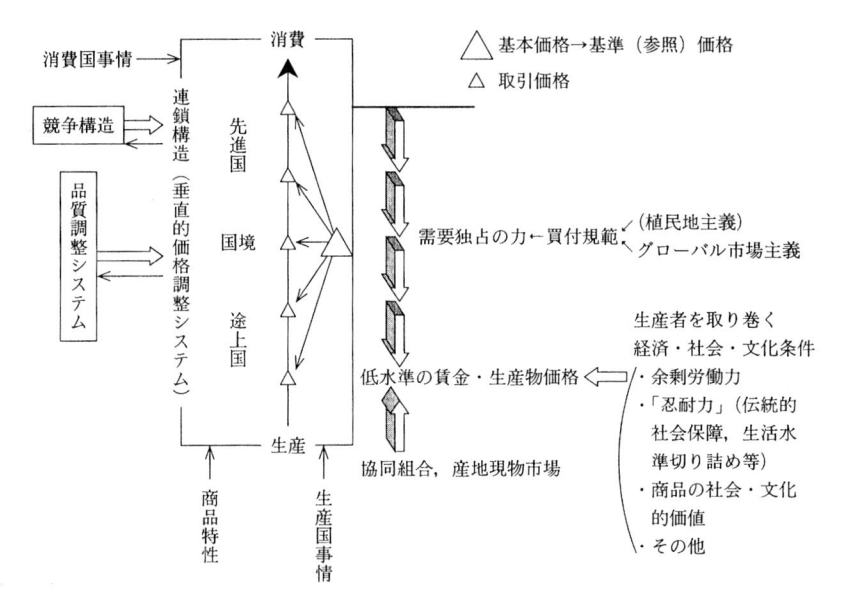

図 11-1 「途上国産一次産品のフードシステム」の分析枠組の概念図

品質を改善する,高めの貿易価格が農村買付の競争性を高める等)を考慮すれば,影響のベクトルは双方向である.

次に,生産者を取り巻く経済・社会・文化条件を,生産国事情から独立させて,低水準の賃金・生産者価格を導く要因,ひいては価格調整システムに影響を及ぼす環境として位置づけること,同様に協同組合と産地現物市場を,競争構造や価格調整システムの中でも,特に「需要独占」の力に対抗して賃金・生産者価格を引き上げる手段として,強く位置づけることが重要である.さらには,過去の植民地支配や現在のグローバル市場主義の価値観に影響を受けた多国籍企業の買付ノルム(規範)も,「需要独占」の力や価格調整システムの環境として重視すべきである.

その他,基準(参照)価格の分析の重要性を理論的に強調すること(まずは「ネオ制度学派」ホジソンの理論の整理),そしてその基準価格が先物価格である場合,「投機家の動向」が異常な価格変動(数年間に1度の価格高

騰の魅力が，低価時の「忍耐」や過剰生産につながり，低水準の賃金・生産者価格の1要因となる）を導くが，それを理論的に検討すること（まずはオルレアンの「コンヴァンシオン理論」の整理），さらには各流通段階の取引に対して基準価格の情報を提供するシステム（図中の基本価格から取引価格への矢印）を価格調整システムの重要な内容として位置づけること，同様に品質情報提供システムを品質調整システムの中に位置づけること，消費国事情のさらなる分析，等が，今後の重要な分析課題となろう．

注
1) World Bank, *World Development Report 2000/2001*, Oxford University Press, Table 1, pp. 274-275.
2) 1人当たりGDP 900ドル未満，人口75百万人以下，等が2000年におけるLDCの認定基準である．現在，世界の49カ国がLDCに認定されている（アフリカ34カ国，アジア9カ国，大洋州5カ国，中南米1カ国）．
3) 96年に定められた認定基準は，1人当たりGNPが695ドル以下，現在価値での債務合計額が輸出年額の2.2倍以上もしくはGNPの80％以上（93年時点）．現在，世界の42カ国がHIPCsに認定されている（アフリカ34カ国，中南米4カ国，アジア3カ国，中近東1カ国）．
4) 詳しくは，藤谷築次『現代農業の経営と経済』富民協会，1998年，第3章第3節，第4章第2節，を参照されたい．
5) Tanzania Coffee Board, Auction Sale No. TCB/M11 & H12 Held on 28.1.98., Actual Coffee Exports for the Month of February, 1998.
6) 東京穀物商品取引所『世界の主なコーヒー生産国事情』，2001年，293ページ．
7) オルレアンは株式市場を事例とし，ファンダメンタル要因では説明できない異常な価格変動を導く「投機家の動向」を，以下のように理論的に説明している．「共有信念（コンヴァンシオン）」（集団に共通の参照基準）は，「ファンダメンタル主義的（客観的）合理性」に沿った投資行動を支配的にし，市場を安定化させる．しかし「共有信念」に対する懐疑心が生じると，「戦略的合理性」が力を増して（一部の市場参加者が他者の信念・行動についての分析をもとに戦略的に行動する），相場の過剰変動性が導かれる．さらに「共有信念」が崩壊すると，「自己言及的合理性」が作用して（上記の戦略的行動が一般化してすべての市場参加者のものとなる），価格暴騰・暴落の危機が生じるのだと言う．本理論のコーヒー先物市場への適用は，今後の重要な課題となろう．詳しくは，アンドレ・オルレアン（坂口明義・清水和巳訳）『金融の権力』藤原書店，2001年，第2章，を参照されたい．

あとがき:「ポスト構造調整」の萌芽

構造調整の枠組

　著者のこれまでの研究(前著『南部アフリカの農村協同組合』と本著『コーヒーと南北問題』)は,構造調整政策の枠組という制約条件の下で,タンザニアをはじめとするアフリカの農村協同組合やコーヒー産業が直面している問題点とその解決手法を,特に小農民の貧困緩和を最優先課題として議論するものであった.

　ただし構造調整の枠組に関しては,すでに過去のものとして議論される場合もある.1999年以降世銀・IMFは,低所得国に対する低利融資や重債務貧困国救済措置(HIPCsイニシアティブ)の前提条件として,「主体的」な『貧困削減戦略文書』の策定を途上国政府に「義務付け」,「貧困削減」を最大目標として設定するようになったからである.

　ただしタンザニアを見ている限り,構造調整(経済自由化)は「貧困削減」のための最重要な必要条件として位置づけられており,構造調整の枠組は強く維持されていると言える.また農村においては,教育予算改善にともなう初等教育(小学校)の多少の活性化を確認できるが,池野も強調しているように,「貧困削減政策など話題にも上がらない」[1].

流通改革と政府の役割

　ところが2002年9月,日本の飲料業界紙において,タンザニア政府による突然のコーヒー流通制度の統制が報道された[2].民間業者は農村買付,加工工場,輸出のうち,1つの免許しか所有できなくなり,しかし多国籍企業は輸出業務を放棄するわけにはいかず,買付・加工業務から撤退せざるを得なくなったと言う.

佐藤（ニチメン砂糖コーヒー課・課長（当時））はこの流通改革の目的を，①事実上の外資排除で協同組合の経済力を取り戻すこと，②大票田である協同組合の支援により総選挙に備えること，であるとする．これが正しければ，第6章で説いたカゲラ州における組合救済のための暫定措置（一定期間の民間に対する買付免許発行停止）が正式措置に，そして全国のコーヒー産地に，大きく拡張されたことになり，間違いなく構造調整の枠組を超えている．慌てて現地調査（2003年3月）に向かった．

　突然の流通改革の真の目的を理解してもらうためには，同紙で報道されなかった重要な制度変更の内容を伝える必要がある．それは競売時において，豆の所有（出荷）者名を公表しなくなったことである．主催者の流通公社（TCB）が伝える情報は，階級（AA, A, …），総合品質（Good, FAQ, …），重量（kg），生産州（キリマンジャロ，アルーシャ，…）などに減った．これまで最重要指標であった所有者名よりも，検査所の品質評価や自社の味覚テストを重視するよう促しているのである．

　つまりタンザニア政府は，本研究が解明した通り，多国籍企業による企業内取引，およびそれを円滑に果たすための談合（他社所有豆の競売に口を出さない）が，競売価格や生産者価格を低迷させる要因であると正確に理解し，小農民の貧困緩和をめざして，企業内取引を困難にする改革を断行したのである．

　このシングル・ライセンス制度（競売豆所有者名の未公表を含む）は，競売における販売者と購買者を切り離し，品質を最重要指標にした自由競争を促すものであり，構造調整が尊重する市場原理と相反するものではないのである．ただし，それが同時に尊重する「小さな政府」からは脱する動きであり，第7章の最後で指摘した「価格メカニズムを機能させる環境」整備の役割を，政府が果たし始めたという意味で，高く評価することができよう．

　ところが多国籍企業は狡猾で，すでに制度を骨抜きにしてしまった．子会社を設立して，加工・精選業務を維持した彼らは，まさに自らの精選（品質評価を含む）であるがゆえに，競売時にTCBが表示する競売豆の階級と重

量の情報（例えば，Lot1，AA，1234kg）から，自社所有豆であることを見抜いてしまう．そして談合である．

もちろんTCBは，この相変わらずの企業内取引を確認できている．しかし「不公正」ではあるが，「合法」であると認識している．多国籍企業は農村買付においても子会社を設立し始めており，手間をかけさえすれば，これまで同様の，高品質豆をできる限り安く調達する仕組みを維持できる．

実際，新制度導入直後（9～10月）のオークション価格高騰（最高価格で2.62US$/kg）[3]は長続きせず，2月のアラビカ豆の平均競売価格は約1.2US$/kgで，昨年度平均より0.2US$余り上昇したに過ぎない[4]．この程度であれば，多少の競争創出と多少のニューヨーク先物価格上昇で説明できてしまい，小農民の必要性が反映するようになったとは言い難い．案の定，生産者価格は500～600Tshs/kg（0.5～0.6US$/kg）であり，100Tshs/kg程度の上昇に過ぎない．

単協による直接販売・教育事業

ついに小農民は，上から押し付けられる低価格に耐え切れず，連合会を通さずに単協が，あるいは新たに設立した生産者組織が，直接的に競売所へ販売する方法を選択し始めた．

例えばルカニ単協は同年（2002年）度に，総会の決定に従い，事業悪化が著しく汚職の噂も絶えないKNCUへの出荷を停止した．そして単協組合長の私用小型トラックを利用して（1回20袋ずつの複数回の運搬），競売所への直接的販売を開始したのである．第1次支払のための資金は，協同組合銀行からの融資と競売所での販売代金（11月競売）の一部を当てている．その結果（11月，1月，2月，3月に競売），KNCUの買付価格が総額600Tshs，民間が500Tshsであるのに対し，彼らは3月時点で第1次500Tshs，第2次150Tshsの支払を終え，さらにボーナスも期待できると言う．昨年度のKNCUへの出荷が約29トン（×400Tshs）であったのに対し，この小農民の主体的販売事業の開始が人気を集め，また多国籍企業の子会社が撤退

あとがき：「ポスト構造調整」の萌芽

したこともあり（国内系の民間1社が2カ月間のみ買付），同単協は本年度，約50トンの集荷を実現した．

　もちろん単協は，供給調整で価格引き上げを図ったり，セリ人（TCB）に指値を提示できるような取引力を持たないし，そもそもそれらが困難な制度の下にいる．また競売所における企業内取引が，この小農民による価格引き上げ努力をも挫いてしまうという限界がある．

　なおこのルカニ単協の事業改善は，上記の「民主的意思決定機能」（総会決定の実践）と「販売事業」，さらには第6章で説いた「営農指導事業」，そして以下の「教育事業」の機能を充実させることで実現しており，前著で「南部アフリカにおける農村協同組合の基本的価値」として，それらの重要性を強調した通りである．

　社会主義時代に開設された村の共同農場（コーヒーとトウモロコシの生産）は，現在，単協所有となっているが，コーヒー用農地をすべて民間業者（ACCの子会社）に賃貸し，その代金を単協による社会開発（学校や診療所の改築，道路補修等）の予算としている．同歳入を活用してルカニ単協は，近隣村にあり，多くのルカニ村民が通学する2つの中等学校（新校舎建設）に対し，2000年度50万Tshs，2001年度190万Tshsの支援を行い，今後も継続する予定であると言う．

　以上の単協による「内発的」事業の発展も，「従属的」な構造調整に対抗する動きとして，高く評価したい．

「フェア」と「スペシャリティー」

　第10章で説いたフェア・トレードは，現在のような連合会（KNCU）との取引でなく，この単協の「内発的」事業をはじめとする，小農民の主体的努力につながるべきであろう．ただしその「フェア」な直接取引も，競売制度とシングル・ライセンス制度が妨げてしまう．この制約の中で小農民に近付こうとする試みが，ジョイセフによる生産地へのプレミアム直接還元であり，それを参考にルカニ村民の主体的努力につながった，著者達のルカニ

村・フェアトレード・プロジェクトである[5]．

　また日本の大手焙煎業者による興味深い動きも確認できる．ユニカフェは2003年，TCBの全面的協力を得て，第1回タンザニア・スペシャリティー・コーヒー・コンテストを開催した．そして最高品質豆を出品した3グループに賞金を与えるとともに（1位5万US\$，2位2万US\$，3位1万US\$），商品化が可能であった第2位のTEC農園（小農民が組織する教会の農園）の豆を輸入し（キリマンジャロコーヒー会社→伊藤忠→ユニカフェ），「タンザニア・エクアトール・スノー」ブランドのスペシャリティー・コーヒーとして，自家焙煎店への販売に努めている．

　一般的にスペシャリティー・コーヒーとは，固定的（ニューヨーク先物価格に連動しない）高価格で，特定の大農園から買い付けられた超高品質豆のことである．しかしこの「タンザニア・スペシャリティー」に関しては，同先物価格に高プレミアムが上乗せされるのみである．ただしコンテスト参加は，一次加工場（CP）を持つ小農民グループや単協に限られており（外国人所有の大農園は排除），多くの小農民の生産意欲やコーヒー豆の品質水準を引き上げる可能性を指摘できよう．

　本書を締めるにあたり，数えきれない程の多くの方々からいただいたご支援に対して，感謝の言葉を述べさせていただきます．

　生産国タンザニアサイドの事例分析を巡っては，特に「名誉村民」として著者を受け入れてくれるルカニ村民（Lukani Villager）の皆様，中でもホームステイ先のアレックス（Alex）さんを初めとするシラー（Silaa）一家の方々，調査アシスタントの役割を担ってくれるキマロ（Kimaro）先生とブライソン（Bryceson）君から，献身的なご支援をいただきました．そしてタンザニアと日本の橋渡しに努める根本利通・金山麻美夫妻やソコイネ農業大学のムランビッティ（Mlambiti）先生から，特に農村調査の準備の際に強いご支援をいただきました．流通公社（TCB）と協同組合連合会（KNCU）からの資料・情報の提供も貴重でした．

消費国日本サイドの事例分析を巡っては，支配的流通経路に関して，総合商社から喫茶店に至るまで，様々な業界関係者の方々からご支援をいただきました．特に圓尾飲料開発研究所の圓尾修三様からは，研究者では知り得ないコーヒー実務の専門知識をふんだんに与えていただきました．またオルタナティブな流通経路に関して，オルター・トレード・ジャパン社（ATJ）からの資料・情報の提供がたいへん有益でした．

　以上の事例分析のほとんどは，金沢大学で研究させていただいた成果です．本研究に対する貴重なアドバイスと時間をいただいた経済学部教官の皆様と世界経済論の演習生の皆様に，心から感謝の意を表します．

　また序章と結章における理論的検討のほとんどは，京都大学農学研究科で研究させていただいた成果です．同じく，本研究に対する貴重なアドバイスと時間をいただいた生物資源経済学専攻教官の皆様と農業組織経営学演習の学生・院生の皆様，特に農村協同組合や農産物流通の分析方法をご教授いただいた藤谷築次先生，フードシステムの分析方法に関して直接的なご指導をいただいた新山陽子先生に，心から感謝の意を表します．

　さらには，相変わらず稚拙さが目立つ著者の研究を，末原達郎先生は積極的に，地域農業研究やアフリカ研究の中に位置づけてくれました．また吉田昌夫先生，池上甲一先生は，共同研究に著者を誘ってくれました．そして著者の問題意識を共有し，ルカニ村・フェアトレード・プロジェクトを支援してくれている多くの方々，特に診療所支援の募金を呼びかけていただいた関西・南部アフリカネットワークの下垣桂二様，フェアトレード基金の積み立てに直接的に関わっていただいている天保好博様，丸山友美恵様，伏原納知子様，小山徹様…．すべての方々のお名前を挙げることはできませんが，皆様のご支援が執筆過程における精神的支えにもなりました．

　なお本書は，日本学術振興会・平成15年度科学研究費補助金（研究成果公開促進費）による助成を受けて刊行されました．出版事情の悪化にもかかわらず，刊行を快く引き受けてくれたのは，日本経済評論社の栗原哲也社長と清達二氏です．

皆様のご支援が本書を創り上げてくれました．本当にありがとうございました．

2004年1月23日

生産者の必要性が満たされるコーヒー・フードシステムの実現を願って

辻 村 英 之

注
1) 池野旬「タンザニアの貧困削減政策と農村貧困問題」島田周平（研究代表者）『アフリカの農村貧困問題に関する社会経済史的研究　科学研究費補助金（基盤研究（A）(1)）研究成果報告書』2003年3月，27ページ．
2) 『帝飲食糧新聞』2002年9月11日．
3) Tanzania Coffee Board, Taarifa fupi juu ya mwenendo wa kahawa msimu 2002/2003.
4) TCBの総務部長からの聞き取り．
5) 詳しくは，http://homepage2.nifty.com/tsunji/，を参照されたい．

索　引

[欧文／略語]

AA FAQ　82-83, 155, 161, 181-82, 188, 220, 245
AAプラス（Plus）　82-83, 155, 178
ACC　→アフリカコーヒー会社
ACPC　→コーヒー生産国同盟
ACU：アルーシャ協同組合連合会
ATJ　→オルター・トレード・ジャパン社
CBD　→果実病
CP　→1次加工場
CRDB：協同組合・農村開発銀行
CSCE　→コーヒー・砂糖・ココア取引所
FLO　→国際フェア・トレード・ラベリング機関
FLO認証制度　213-15
FT　→フェア（オルタナティブ）・トレード
FTO　→フェア・トレード協会
FTOs　→フェア・トレード組織
GATT　→関税と貿易に関する一般協定
GEPA　→第三世界パートナーシップ促進協会
GTZ：ドイツ技術協力公社
ICA　→国際コーヒー協定
ICA：国際協同組合同盟
ICO　→国際コーヒー機関
IFAT　→国際オルタナティブ・トレード連盟
IMF　→国際通貨基金
JT（日本たばこ産業）　197
KCB　→キリマンジャロ協同組合銀行
KCU：カゲラ協同組合連合会

KFTDC：KNCUフェア・トレード開発委員会
KNCU：キリマンジャロ原住民協同組合連合会
NGO：非営利・非政府組織
POS：販売時点情報管理
STABEX　→輸出所得安定化制度
TCB：タンザニア・コーヒー流通公社
TCCCO：タンガニーカ・コーヒー加工工場
TCGA：タンガニーカ・コーヒー生産者協会
TWIN　→第三世界情報ネットワーク
UCC（上島珈琲）　172, 177, 179-80, 183, 188, 195, 254
UMATI　→タンザニア家族計画協会
UNCTAD　→国連貿易開発会議

[あ行]

アウトライト（ジャン決め, フラット）方式　160, 183
アグリビジネス（論）　6-8, 19, 21
アフリカコーヒー会社（ACC）　64, 88, 99, 101, 115, 119, 153-55, 160, 244-45, 262
1次加工場（CP）　106, 111-12, 114, 123, 135, 263
一次産品　2-3, 5, 9, 12, 16-19, 21-22, 125, 191, 213, 234, 241, 256
一括払い制度　65-66, 89, 95, 113, 141-42
伊藤忠商事　153-54, 263
ウォーラーステイン　4-5
ウジャマー　43, 56, 60, 62, 67, 77
営農指導事業　142, 262
エステート（大農園）　75-76, 80, 105-06,

111, 181, 263
オープン（ベーシス）方式　160, 183
オラム　88, 90, 99, 101, 115, 138, 153, 244
オルター・トレード・ジャパン社（ATJ）　214, 218-23, 231
オルレアン　258

[か行]

顔の見える関係　33, 214, 221, 228-29
価格弾力性　12, 190, 202
拡大家族　38-39, 52, 54-55, 241
格付（制度）　79-83, 105-07, 113, 120-24, 155, 230-31, 236, 242-43
掛売制度　63, 65-66, 87, 108-09, 119, 123
果実病（CBD）　47, 50, 108, 138, 239
家庭畑　34, 36, 52-53, 71, 75
果肉除去機　48, 110-12, 118, 123, 224
缶コーヒー　169, 171, 177, 179-83, 195-97
関税と貿易に関する一般協定（GATT）　2, 13
企業内取引（貿易）　99-100, 157, 220, 243, 246, 248, 260-61
キーコーヒー　177, 179, 188, 195, 197, 254
基準（参照）価格　19-20, 22, 165, 194, 231, 236-37, 240, 244, 251-52, 257
喫茶店　169, 171-72, 180-85, 189-91, 254-55, 256
キボ　33, 155, 177-78, 181
基本価格　9, 12-14, 19-22, 248, 251, 258
牛乳（牧草）　35, 46, 48, 53, 88, 142, 200
教会　40-43, 51, 71-72, 228, 263
共謀（談合）　10, 12, 20-21, 79, 94, 96, 99-100, 153, 156, 162, 243, 248, 260-61
キリマンジャロ協同組合銀行（KCB）　67-68, 131, 261
銀行借入金　59-60, 65-66, 68, 89, 95-96, 102, 109, 123, 140, 221, 224-25, 238, 250
経済的合理性（価値）　31-33, 52, 200-01, 241, 251, 257
兼業（農家）　36, 52
構造調整（政策）　1, 56-57, 60-61, 68, 75, 87, 93, 103, 105-08, 120-24, 127, 129, 150, 162, 165, 234-35, 240, 250, 252-53, 259-60, 262
香味　82-83, 105, 110, 121, 155, 171, 189, 191, 195, 197, 236, 242-43, 245-46, 253
コカ・コーラ　177, 179-80
国際オルタナティブ・トレード連盟（IFAT）　213, 215
国際コーヒー機関（ICO）　13, 74, 76, 84, 93, 97, 103, 205
国際コーヒー協定（ICA）　12, 205
国際通貨基金（IMF）　56, 234-35, 259
国際フェア・トレード・ラベリング機関（FLO）　214-16, 221, 231
国立農業試験・訓練所（国立試験所）　118, 227-28
国連貿易開発会議（UNCTAD）　2-3
互酬性　38-39, 47-48, 52, 241
コーヒー・エクスポーターズ　101, 153, 179
コーヒー危機（史上最安値）　194-97, 200, 203-04, 241, 255
コーヒー・砂糖・ココア取引所（CSCE）　94, 97, 149, 159, 162, 172, 182, 194, 210, 217, 248-49, 253
コーヒー生産国同盟（ACPC）　13, 76, 103, 134, 136-37, 165, 196, 203-05, 256
コンヴァンシオン理論　11, 15, 28, 258

[さ行]

作物多様化　40, 143, 200
さび病（CLR）　108, 119, 203
差別的買付・支払制度　106, 113-15, 121-22, 236, 238, 252
産業組織論　6, 10-11, 21, 149
参照基準　73, 95-96, 258
産地現物市場　73, 253, 257
参与観察　30-33, 76, 107, 212
自家焙煎店　172, 178, 180, 263
社会・文化的合理性（価値）　31-33, 52, 200-02, 241, 251, 257

索　引　　　267

ジャガイモ　200
収穫カレンダー　46-47
従属　3-4, 103, 132, 139-40, 158, 161, 210, 262
需給遠隔（概念）　19-21, 236, 245, 252
首長制度　34-35, 38-39, 50, 53, 61-62, 71-72
需要独占　5, 14, 17, 20-22, 235, 237-38, 250-51, 257
ジョイセフ（家族計画国際協力財団）　219-21, 227-29
商品連鎖　4-6, 17, 22
情報の経済学　15-16
自律的開発組織　51-52
新制度派経済学　15-16, 28
スターバックス　171, 187
スノートップ　178, 181, 197
スペシャリティー　172, 263
生産者貧困化のわな　202, 210
制度の経済学　15, 19, 28, 31, 202
政府介入　57, 59-60, 68, 128, 252
世界銀行（世銀）　1, 56, 121, 198, 234-35, 259
世界システム（論）　1-7, 9, 16, 19, 21
世界貿易機関（WTO）　13, 212
専業（農家）　36, 44
総会（単位協同組合，連合会）　58, 63, 90, 96, 102, 114, 131, 198, 201, 237-39, 261
霜害（降霜）　73, 137, 194, 203-06, 208, 210-11, 253
総合品質　83, 154-155, 178, 181, 260
相続（畑，土地，リーダー）　35-37, 44, 47, 52-54, 106

[た行]

第三世界情報ネットワーク（TWIN）　219-21, 223, 231
第三世界パートナーシップ促進協会（GEPA）　223-24, 226-27
高橋正郎　7-8
タンザニア家族計画協会（UMATI）　221, 228
小さな政府（政府予算の制約）　43, 59, 108, 120-23, 252, 260
チボ　199, 246
低品質の悪循環　88, 124
テイラー・ウィンチ　101, 153, 179, 181, 244-45
出稼ぎ　88, 235
テクノ・サーブ　136
伝統的社会保障（制度）　47, 52, 241, 251
等階級　79-83, 88, 105-06, 113-14, 134, 136, 154-55, 178, 181-82, 236, 242, 260
投機家の動向　203-10, 248, 251, 258
東京穀物商品取引所（東穀）　202-03, 205-07
投入財バウチャー（クーポン券）　118-20, 122, 139, 198-99
トウモロコシ　35-36, 46, 88, 141-42, 200
独占的買付権　60-62, 64-66, 68, 72
取引力　5, 14, 17, 22, 237-38, 250, 252, 254, 256, 262
ドルマン　88, 91, 99, 101, 119, 138, 153-54, 244-45

[な行]

中野一新　6, 8
南南問題　2, 13
南北問題（論）　1-4, 9, 12, 16-19, 168, 187, 191, 234, 255
新山陽子　7, 9-12
西川潤　3
ニチメン　153-55, 160, 179, 183, 246, 253-54, 260
ニューヨーク先物（国際）価格　94-97, 103, 149, 159-65, 172-73, 182, 184, 187-88, 191, 194, 197-210, 212, 216-17, 220, 231, 236-37, 239-40, 243-44, 247-53, 255-56, 263
ネスレ日本　153
農業普及員　42, 51, 79, 115, 117-18, 120, 142, 227-28

農薬　47-50, 52, 54, 63-67, 78, 87-90, 93, 106-09, 117-18, 122-23, 133, 135, 138, 141, 143, 199, 201, 229-31, 233, 235-36, 238-39, 241
ノルム（規範）　20, 251, 257

［は行］

原洋之助　14-15
バナナ　34, 36, 40, 46, 49, 53, 71, 87
販売事業　63, 96, 102, 127, 131, 143, 165, 250, 261-62
日陰樹　34, 53-54
ひまわり　35, 42, 88, 200
表示に関する公正競争規約　180
肥料　47-50, 53, 64, 108-09, 118, 141, 199, 227, 229-30, 235, 239
フェア（オルタナティブ）・トレード（FT）　33, 104, 131-32, 142-43, 165, 212-53, 255-56, 262-63
フェア・トレード基準　214-17, 220-21, 223-24, 231
フェア・トレード協会（FTO）　223, 226-27
フェア・トレード組織（FTOs）　213-14, 217, 221, 223-26, 229
フェア・トレード・プレミアム　216-18, 221-24, 226, 228-29
不完全市場（経済）論　14-15
父系制度　35-36
藤谷築次　9-10
フードシステム（論）　6-9, 11-12, 16-22, 168, 191, 202, 248, 250, 255-56
プレビッシュ・シンガー・テーゼ　3-4, 241
分割払い制度　63, 66-67, 89, 95, 141-42
ヘッジ（保険つなぎ）　160, 183, 185-87, 198
ホジソン　20, 31, 257
ボルカフェ　154, 246

［ま行］

マザオ　181, 246
三菱商事　153-54, 179, 247
ミルカフェ　64-65, 88-90, 99, 115, 119, 138, 142, 199
民主的意思決定　142-43, 237, 262
無農薬有機栽培　142-43, 219, 224-31
モシ競売所（価格）　63, 65, 73-74, 83-84, 95-100, 102, 113-14, 149, 153-56, 162, 165, 220-22, 231, 237, 240, 242-45, 247-48, 251-53
森田桐郎　4-5

［や行］

野菜　88, 142
輸出所得安定化制度（STABEX）　112, 117-18, 120
輸出留保制度　13, 76-77, 103, 134, 136-37, 205, 210
輸出割当制度　13, 74, 76-77, 103, 148, 165, 205, 212, 234, 248
ユニカフェ　179, 254, 263
ユニバーサル貿易　88, 99, 138

［ら行］

ルカニ開発協会　43, 51
ルカニ協同組合（ルカニ・ロサー農業協同組合）　43, 50, 61-68, 88-90, 113-15, 139-43, 261-62
ルカニ小学校　44-45, 50-51
ルカニ診療所　41-43, 51
ルカニ村・フェアトレード・プロジェクト　262
レギュラシオン理論　6, 15, 28

［わ行］

割増（プレミアム）・割引（ディスカウント）額　159, 161, 182, 247, 249

著者紹介

辻村　英之（つじむら　ひでゆき）
1967年愛知県生まれ．1998年京都大学農学研究科博士課程修了，農学博士（農林経済学）．在タンザニア日本大使館専門調査員，金沢大学経済学部助教授（世界経済論）を経て，現在，京都大学農学研究科助教授（生物資源経済学）．
著書：『南部アフリカの農村協同組合－構造調整政策下における役割と育成－』日本経済評論社，1999年（第3回国際開発研究大来賞受賞）．

コーヒーと南北問題
「キリマンジャロ」のフードシステム

2004年2月25日　第1刷発行

著　者　辻　村　英　之
発行者　栗　原　哲　也
発行所　株式会社 日本経済評論社
〒101-0051　東京都千代田区神田神保町3-2
電話 03-3230-1661　FAX 03-3265-2993
振替 00130-3-157198
装丁＊渡辺美知子　　藤原印刷・協栄製本
落丁本・乱丁本はお取替えいたします　Printed in Japan
© TSUJIMURA Hideyuki 2004

Ⓡ〈日本複写権センター委託出版物〉
本書の全部または一部を無断で複写複製（コピー）することは，著作権法上での例外を除き，禁じられています．本書からの複写を希望される場合は，日本複写権センター（03-3401-2382）にご連絡ください．

コーヒーと南北問題（オンデマンド版）

2005年4月5日　発行

著　者　　辻村　英之
発行者　　栗原　哲也
発行所　　株式会社　日本経済評論社
　　　　　〒101-0051　東京都千代田区神田神保町3-2
　　　　　　電話 03-3230-1661　FAX 03-3265-2993
　　　　　　　E-mail: nikkeihy@js7.so-net.ne.jp
　　　　　　　URL: http://www.nikkeihyo.co.jp/

印刷・製本　株式会社 デジタルパブリッシングサービス
　　　　　　URL: http://www.d-pub.co.jp/

AC609

乱丁落丁はお取替えいたします。　　　　Printed in Japan
　　　　　　　　　　　　　　　　　　ISBN4-8188-1637-X

Ⓡ〈日本複写権センター委託出版物〉
本書の全部または一部を無断で複写複製（コピー）することは、著作権法上での例外を除き、禁じられています。本書からの複写を希望される場合は、日本複写権センター（03-3401-2382）にご連絡ください。